Minitab을 이용한 빅데이터 분석

Mahalanobis-Taguchi System을 이용한 패턴인식시스템 개발

김종욱 지음

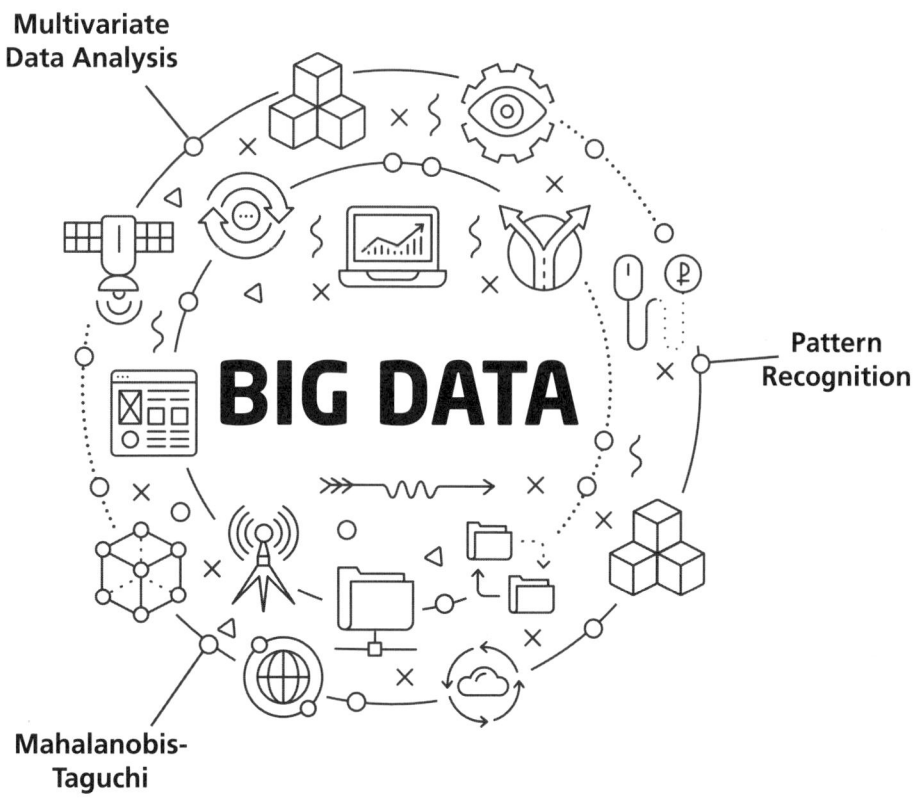

Multivariate Data Analysis

Pattern Recognition

Mahalanobis-Taguchi

미라, 새암, 제나에게

서문

이 책의 목적은 마하라노비스-다구찌 시스템(MTS)의 기본개념과 활용방법을 소개하는 것입니다.

이 책은 2012년 출간된 <마하라노비스-다구찌 시스템>의 개정판으로 쓰여졌으나 출판과정에서 책 제목을 <Minitab을 이용한 빅 데이터 분석>으로 변경 하였습니다.

이렇게 책 제목을 변경하게 된 배경은 MTS가 제품과 서비스 생산과정에서 생성된 대량의 데이터를 이용하여 패턴인식 시스템을 개발하는 방법으로 근래 주목 받고 있는 4차 산업혁명, 인공지능(AI), 빅 데이타 등과 무관하지 않기 때문입니다.

2012년 초판 때와 비교하여 이번에 새로이 추가된 내용은 마하라노비스-다구찌- 그람 –슈미트(MTGS) 방법입니다.

1장에서 MTS의 기본개념으로서 패턴인식에 대해 간략히 설명하고 MTS의 주요도구와 적용분야 등을 소개 하였습니다.

2장에서 다변량 데이터를 하나의 측도로 나타내는 방법과 MTS의 통계학적 배경을 설명하였습니다.

3장에서 MTS 이론과 활용방법을 자세히 설명하고 사례를 통해 응용능력을 배양 할 수 있도록 하였습니다. 학계와 산업계에서 늘리 사용하고 있는 통계 소프트웨어 Minitab을 활용하여 마하라노비스 거리를 쉽게 계산할 수 있는 Minitab 매크로 활용방법을 함께 소개하였습니다.

4장에서 마하라노비스-다구찌-그람-슈미트(Mahalanobis-Taguchi-Gram-Schmidt)방법의 개념과 활용방법을 자세히 설명하고, 데이터를 그람-슈미트 방법으로 변환하기 위한 Matlab 코드를 함께 소개 하였습니다. 4장은 개정판에서 새로이 추가된 장으로서 다변량 데이터의 다중 공선성(multicollinearity)문제와 정밀계측에서 발견되는 표준편차가 0 인 측정데이터의 문제 해결방법을 함께 다루고 있습니다.

3장과 4장은 이 책의 핵심이 되는 개념을 다루고 있으므로 빠트리지 말고 학습할 것을 권합니다.

5장부터 12장까지는 생산, 의료, 금융, 통신, 환경 등 다양한 분야에 적용된 MTS와 MTGS 사례를 다루고 있으므로 장의 순서와 무관하게 독자의 판단에 따라 선택적으로 학습하여도 무방합니다.

한국 교통대학교 공과대학의 홍정의 교수님께 감사 드립니다. 홍정의 교수님이 제공한 자료가 없었다면 이 책의 7장은 쓸 수 없었을 것입니다. 미국 디트로이트 머시 대학의 키우마르 파리아니 교수님은 GM 차량개발 연구소 재직시의 경험을 공유해 주었고 책의 추천서까지 흔쾌히 써 주셨습니다. 또한, 미국 캘리포니아 대학교 (University of California at Irvin) Machine Learning Repository 에 공개된 자료가 큰 도움이 되었습니다. 소중한 데이터를 공개 해준 캘리포니아 대학에 고마움을 전합니다.

무엇보다도 산업계에 MTS를 소개하고자하는 저자의 취지에 공감하고 개정판 출판을 결정해 주신 ㈜이레테크 데이터 랩스의 김지현 상무님과 임직원 여러분께 감사드립니다.

2019년 3월
Waterloo에서
김 종 욱

추천사

키우마르 파리아니 / 디트로이트 머시 대학교

저자로 부터 추천의 글을 요청 받고서 필자가 제너럴 모터스(GM)의 차량개발 연구소 재직시 수행했던 마하라노비스-다구찌 시스템(MTS) 프로젝트에 대해 설명하고 미국 자동차 산업에서 MTS가 차지하는 중요성과 그 가치에 대해 설명하는 것이 가장 좋은 추천서가 되겠다고 생각하였다.

마하라노비스 다구찌 시스템(MTS)은 다변량 데이터를 사용하는 진단 및 예측 방법이다. 측정변수와 기준그룹(대조군)패턴과의 상관관계를 이용하여 마하라노비스 거리(mahalanobis distance)라고 하는 하나의 측도(measure)를 계산한다.

MTS가 주목 받고있는 이유는 상관관계가 있는 적은수의 데이터로 예측의 정확성을 높일 수 있기 때문이다. MTS는 적은 수의 데이터로 유용한 변수들을 선정할 수 있기 때문에 다차원 시스템의 중요변수를 선정하는데 비용을 절감할 수 있다.

필자는 GM의 차량개발 연구소 재직시 생산자가 결정하는 하위시스템의 품질속성(attribute)과 소비자만족 점수(CSRs)로 나타난 소비자 행동 사이의 관계를 분석하는 프로젝트 팀에서 핵심멤버로 활동하였다. 우리 팀의 목표는 MTS를 사용하여 완성차 성능과 소비자 만족점수 와의 상관관계를 분석하고 승차감, 핸들링, 가속성능 등 완성차 품질특성으로 소비자 만족점수(CSRs)를 예측하여 소비자 중심의 제품품질 개선을 하는 것이었다.

일반적으로 소비자는 완성차 레벨에서 차량의 성능과 품질을 평가하고 생산자는 소비자가 구입 가능한 가격으로 제품을 공급하기 위해 하위 시스템이나 부품 레벨에서 생산비용과 관련된 중요한 의사결정을 한다. 소비자는 승차감, 핸들링, 가속성능, 브레이크 성능, 넓은 공간 등 완성차 레벨의 품질특성을 중요시 하므로 생산자는 차량 아키텍쳐의 각 레벨에서 완성차 품질특성에 영향을 주는

다수의 인자들을 파악하고 인자들 사이의 상호관계를 이해해야 한다. 차량 설계자가 승차감을 결정하는 설계인자, 핸들링 성능에 영향을 주는 설계인자, 가속성능에 영향을 주는 설계인자들을 따로 구분할 수 있다면 설계품질 향상 뿐 아니라 보다 경제적인 차량을 설계할 수 있을 것이다. 하지만 자동차처럼 복잡한 제품설계에서는 이러한 기대가 현실화 되지 못하고 있다. 자동차 설계에서 하위 시스템, 조립품, 부품레벨의 설계인자들은 여러 개의 완성차 품질특성에 영향을 주고 있고, 설계인자들과 품질특성 사이에도 상관관계가 존재하기 때문에 상황은 매우 복잡해진다. 우리는 이러한 문제를 해결하기 위해 MTS를 활용하였다.

우리 팀은 패턴인식 방법인 MTS를 적용하기 위해 차량의 하위레벨 성능을 완성차 레벨의 고객만족 점수로 변환하는 작업을 하였다. MTS 적용 절차와 관련기법들은 사내 연구보고서와 외부 전문 기술저널로 부터 얻을 수 있었다.

소비자 만족점수(CSRs)는 소비자 설문조사를 통해 산출되었고, 승차감, 가속성능, 핸들링 등 성능 품질은 연구소시험, 설계요소 분석, 역공학(reverse engineering) 등을 통해 얻었다. 예를들어, 완성차 레벨의 품질 특성치중 하나인 승차감은 6개 측정 파라메타와 67개의 측정 데이터로 분석하였다. 설계엔지니어들이 6개 파라메타의 목표값을 정하면, MTS 방법으로 6개 측정 파라메타와 차량 67대를 대상으로 측정한 소비자 만족 점수(CSRs)의 관계를 분석하였다.

MTS 분석의 첫 단계는 "정상그룹" 또는 "건강한 그룹"으로 표현되는 마하라노비스 공간(mahalanobis space)을 정의하는 것이다. 정상그룹은 측정단위의 기준점을 정하는 것이기 때문에 MTS 에서 매우 중요하다. 비정상그룹은 건강한 그룹 밖에 존재하는 것을 말하며, 시료의 비정상 정도는 정상그룹을 기준으로 측정된다.

우리 팀은 67개 고객만족도 점수로 히스토그램을 작성하여 중위수(median) 주변의 시료군 24개를 정상그룹으로 선정하였고, 정상그룹(reference group)에 포함되지 않은 시료중 6개는 실험군(test group)으로 정하였다. 정상그룹과 비정상그룹을 구분한 다음 정상그룹의 마하라노비스 거리를 계산하여 고객평가가 높은 시료 순으로 나열하고 실험군의 마하라노비스 거리를 계산하였다. 6개 측정변수의 예측능력을 평가한 결과 정상그룹과 비정상그룹을 잘 구별하는 것으로 확인 되었다. 직교배열표(OA)를 이용한 실험으로 SN비를 계산하고 예측에 유용한 측정변수를 선정한 결과 기존의 6개에서 5개로 줄일 수 있었으며 측정변수 1개 측정 시간과 데이터 수집 비용을 절감할 수 있었다.

MTS로 선정한 변수와 고객만족도 점수와의 상관계수는 0.864였다. 이러한 결과는 입력층(input layer), 숨은층(hidden layer), 출력층(output layer)이 각 하나인 역전파 알고리즘 (back propagation algorithm)을 이용한 신경망(neural network) 분석결과와 같았다. MTS는 정상그룹의 데이터 수가 적고 분석시간이 더 짧기 때문에 신경망 분석방법 보다 효율적이다.

GM의 차량 설계자들은 우리 팀이 개발한 방법으로 고객만족도 예측과, 제품품질 특성 개선을 할 수 있게 되었다. 또한, 소비자 만족도와 설계 인자 사이의 상관관계를 규명함으로써 하위시스템의 부품이나 조립품의 설계가 변경될 때 고객만족도에 어떤 영향을 주는지 분석할 수 있게 되었고, 설계 변경에 따르는 영향을 평가 할 수 있게 되었다.

핸들링의 경우 핸들링과 관련된 21개의 측정항목이 분석되었으며 수반행렬 (adjoint matrix method)을 이용한 MDA법을 적용한 결과 14개의 중요항목으로 줄일 수 있었다. 또한, 마하라노비스 – 다구찌 – 그람 – 슈미트(MTGS) 방법을 적용하여 15개 측정항목이 중요한 항목으로 선정되었으며, MDA 법과 MTGS 법으로 구한 마하라노비스 거리의 실제값과 예측값의 상관계수는 각각 0.765와 0.891이었다. MTGS 방법으로 선정한 측정변수 하나를 추가한 결과 좀더 높은 상관계수를 얻을 수 있었다. GM의 핸들링 전문가들은 MTGS 방법으로 선정한 15개 측정변수를 더 선호하였다.

이 책이 한국에서 처음 발간되는 MTS를 다룬 책 이라는 점과 저자가 보내준 책의 목차와 내용으로 볼 때 앞으로 MTS를 활용하고자 하는 한국의 대학생들과 독자들에게 많은 도움이 될 것임을 확신한다.

Kioumars Paryani, Ph.D.
GM R&D and Planning Technical Fellow Retiree
University of Detroit Mercy
Lawrence Technological University
Troy, Michigan, U.S.A.

목차

제1장 패턴인식과 마하라노비스-다구찌 시스템 • 1

    1. 인간과 컴퓨터의 패턴인식 ·· 3
    2. 마하라노비스-다구찌 시스템 ·· 4
        2.1 정상그룹과 비정상그룹 ·· 5
        2.2 마하라노비스 공간 ·· 6
        2.3 종합적 측정 지표로서의 마하라노비스 거리 ················ 7
        2.4 SN비 ··· 8
        2.5 직교배열표 ··· 9
    3. MTS와 다변량분석의 차이 ··· 10

제2장 패턴인식과 다차원 공간의 거리 • 11

    1. 유사성 평가 측도 ·· 13
        1.1 유크리드 거리 ··· 13
        1.2 마하라노비스 거리 ··· 14
        1.3 마하라노비스 공간 ··· 15
        1.4 공분산과 마하라노비스 거리 ······································· 16
    2. Chi-Square 검정 ·· 20
    3. 동물 패턴인식과 마하라노비스 거리 ··································· 22
    4. 공분산과 상관계수 ·· 29
    5. 마하라노비스 거리 활용분야 ··· 31

제3장 마하라노비스-다구찌 시스템(MTS) • 33

1. MTS란 무엇인가? ··· 35
2. 정상그룹의 정규화 ·· 37
   2.1 정규화 목적 ··· 37
   2.2 정규화 방법 ··· 37
3. 비정상그룹의 표준화 ··· 38
   3.1 표준화 목적 ··· 38
   3.2 표준화 방법 ··· 38
4. Scaled Mahalanobis 거리 ·· 40
5. MTS 적용절차 ·· 41
   5.1 정상그룹 정규화 ·· 41
   5.2 비정상그룹 표준화 ·· 42
   5.3 상관행렬과 역행렬 ·· 43
   5.4 마하라노비스 거리(D^2) ·· 44
   5.5 문턱값과 손실함수 ·· 45
6. Minitab Macro 파일 만들기 ··· 48
   6.1 MTS.MAC 파일 만들기 ·· 48
   6.2 MTS.MAC으로 마하라노비스 거리 구하기 ················ 49
   6.3 MTS2.MAC으로 마하라노비스 거리 구하기 ·············· 52
7. 측정항목 예측능력 평가 ··· 55
   7.1 망대특성의 SN비 ·· 55
   7.2 망소특성의 SN비 ·· 56
   7.3 망목특성의 SN비 ·· 56
   7.4 동특성의 SN비 ·· 57
8. 망대특성을 이용한 중요 측정항목 선정사례: 리조트 이용고객 예측 ········ 58
   8.1 정상그룹의 마하라노비스 거리 계산 ·························· 60
   8.2 비정상그룹의 마하라노비스 거리 계산 ······················ 62
   8.3 중요 측정항목의 예측능력 검증 ·································· 68
   8.4 문턱값 정하기 ··· 69
9. 비정상그룹이 2개 이상인 경우의 예측능력 평가 ············· 70

제4장　마하라노비스-다구찌-그람-슈미트 법(MTGS) • 83

1. MTGS 적용절차 ………………………………………………………………… 85
2. 그람-슈미트 직교변환 방법 ………………………………………………… 86
   2.1 정상그룹 데이터의 그람-슈미트 직교변환 ………………………… 86
   2.2 비정상그룹 데이터의 그람-슈미트 변환 …………………………… 87
3. 그람-슈미트 직교변환과 마하라노비스 거리 …………………………… 89
   3.1 XZU 과정과 정상그룹의 거리계산 …………………………………… 89
   3.2 XZU 과정과 비정상 그룹의 거리계산 ……………………………… 91
   3.3 XU 과정과 마하라노비스 거리계산 ………………………………… 94
   3.4 표준편차가 0인 경우의 마하라노비스 거리계산 ………………… 97
4. MTS와 MTGS의 마하라노비스 거리 비교 ……………………………… 100
5. 그람-슈미트 직교변환 데이터의 SN비 분석 …………………………… 107
6. MTGS 사례: 펄프공장의 부유물이 어류 성장에 미치는 영향조사 ……… 110

제5장　스마트폰을 이용한 음성 패턴인식 실험 • 125

1. 음성인식 시스템 개발 ………………………………………………………… 127
2. 마하라노비스 공간 정의 …………………………………………………… 128
   2.1 측정대상 선정 ………………………………………………………… 128
   2.2 측정항목 선정 ………………………………………………………… 129
3. 데이터베이스 구축 …………………………………………………………… 130
   3.1 정상그룹의 측정데이터 ……………………………………………… 130
   3.2 측정항목의 평균과 표준편차 ………………………………………… 131
   3.3 비정상그룹 "2(이)" 측정데이터 …………………………………… 132
4. 측정 데이터의 정규화와 표준화 …………………………………………… 133
   4.1 정상그룹 정규화 ……………………………………………………… 133
   4.2 비정상그룹 표준화 …………………………………………………… 134
5. 상관행렬과 역행렬 …………………………………………………………… 134
6. 마하라노비스 거리 계산(D^2) …………………………………………… 136
   6.1 정상그룹의 마하라노비스 거리 …………………………………… 136

  6.2 비정상그룹의 마하라노비스 거리 ·· 137
7. 문턱값 정하기 ··· 138
8. 측정항목의 예측능력 평가 ··· 139
  8.1 직교배열표 실험 ·· 139
  8.2 직교실험의 마하라노비스 거리(D) 계산 ···································· 140
  8.3 SN비 분석 ·· 146
  8.4 중요 측정항목의 예측능력 평가 ··· 152
9. 결론 ··· 154

제6장   붓꽃(IRIS) 패턴인식과 측정시스템 개발 · 155

1. 붓꽃(IRIS) 측정 데이터 개요 ·· 157
2. 마하라노비스 공간 정의 ··· 158
3. 측정 데이터베이스 구축 ··· 158
4. 정상그룹 측정항목의 평균과 표준편차 ·· 160
5. 정상그룹 측정데이터 정규화 ·· 160
6. 비정상그룹 데이터 표준화 ··· 162
  6.1 versicolor 측정데이터 표준화 ··· 162
  6.2 virginica 측정데이터 표준화 ··· 162
7. 상관행렬과 역행렬 ··· 165
8. 정상그룹의 마하라노비스 거리 ·· 166
9. 비정상그룹 마하라노비스 거리 ·· 167
  9.1 versicolor의 마하라노비스 거리 ·· 167
  9.2 virginica의 마하라노비스 거리 ·· 171
10. 측정항목의 예측능력 평가 ··· 172
11. 중요 측정항목 선정 실험 ··· 174
  11.1 신호인자 수준 결정 ··· 174
  11.2 직교실험의 마하라노비스 거리 계산 ······································ 175
  11.3 동특성의 SN비 분석 ·· 179
  11.4 측정항목의 예측능력 평가 ·· 181

12. 문턱값과 오류율 ··· 184
13. 중요 측정항목의 예측능력 검증 ·· 184
14. 결론 ··· 185

제7장　유방암 진단 시스템 개발 • 187

1. 암 진단과 MTS ··· 189
2. 양성종양 측정항목과 측정데이터 ··· 190
   2.1 평균과 표준편차 ··· 191
   2.2 양성종양 데이터 정규화 ··· 192
3. 악성종양 측정데이터와 표준화 ··· 193
4. 상관행렬과 역행렬 ··· 194
5. 양성종양의 마하라노비스 거리 ··· 195
6. 악성종양의 마하라노비스 거리 ··· 196
7. 측정항목의 예측능력 평가 ··· 202
   7.1 직교배열표 선택 ··· 202
   7.2 망대특성의 SN비 분석 ··· 204
   7.3 Minitab을 활용한 SN비 분석 ·· 206
8. 중요 측정항목의 예측능력 검증 ·· 209

제8장　복사기 화상품질 파라메타설계 • 211

1. 화상품질 측정개요 ··· 213
2. 복사기 화상품질 데이터베이스 ··· 214
3. 정상그룹과 비정상그룹의 화상품질 데이타 ······························· 214
   3.1 정상그룹 측정항목의 평균과 표준편차 ····························· 215
   3.2 정상그룹 정규화 ··· 216
   3.3 비정상그룹 표준화 ·· 217
   3.4 상관행렬과 역행렬 ·· 217
4. 마하라노비스 거리 ··· 218
   4.1 정상그룹의 마하라노비스 거리(D^2) ································ 218

  4.2 비정상그룹의 마하라노비스 거리 ·· 219
 5. 화상품질 측정항목의 예측능력 검증 ·· 223
 6. 복사기 화상품질 파라메타 설계 ··· 223
  6.1 제어인자와 L8 직교실험 ·· 224
  6.2 망소특성의 SN비 분석 ··· 224
  6.3 Minitab을 활용한 SN비 분석 ·· 226
  6.4 화상품질 최적화 ·· 231

제9장   회전기 설비이상 진단 시스템개발 · 233

 1. 회전기 진동음 측정 ··· 235
 2. 정상작동시의 데이타 평균과 표준편차 ·· 235
 3. 측정데이터 정규화 ··· 237
 4. 비정상 작동시의 측정데이터 표준화 ·· 238
 5. 상관행렬과 역행렬 ··· 238
 6. 정상작동시의 마하라노비스 거리 ·· 239
 7. 비정상 작동시의 마하라노비스 거리 ·· 240
 8. 문턱값 ··· 244
 9. 측정항목의 예측능력 평가 ··· 245
  9.1 직교배열표 선정 ·· 245
  9.2 직교배열 실험과 마하라노비스 거리 ··································· 246
  9.3 정규화와 표준화 ·· 247
  9.4 상관행렬과 역행렬 ·· 248
  9.5 비정상 작동음의 마하라노비스 거리 ··································· 248
  9.6 망대특성의 SN비 ·· 253
  9.7 Minitab을 활용한 SN비 분석 ·· 254
  9.8 Minitab SN비 분석결과 ··· 256
  9.9 중요 측정항목의 예측능력 검증 ·· 257

제10장 문자인식 시스템 개발 • 259

1. 문자 패턴인식과 MTS ··· 261
2. 문자인식을 위한 측정항목 개발 ··· 261
3. 정상그룹과 비정상그룹 정의 ··· 261
4. 정상그룹 특징량 측정 ·· 262
5. 정상그룹("5")의 마하라노비스 거리 ·· 264
   5.1 정상그룹("5") 측정 데이터 ·· 264
   5.2 정상그룹("5") 데이터 정규화 ··· 265
   5.3 상관행렬과 역행렬 ·· 267
   5.4 정상그룹("5")의 마하라노비스 거리 ···································· 268
6. 비정상그룹 ("3")의 마하라노비스 거리 ······································ 269
   6.1 측정방법과 측정 데이터 표준화 ·· 269
   6.2 마하라노비스 거리 ·· 271
7. 비정상그룹 ("6")의 마하라노비스 거리 ······································ 274
   7.1 비정상그룹("6")의 측정 데이터와 표준화 ························· 274
   7.2 마하라노비스 거리 ·· 276
8. 정상그룹과 비정상그룹의 마하라노비스 거리 비교 ···················· 277
9. 문턱값 ··· 278
10. 중요 측정항목 선정과 예측능력 검증 ······································ 279
    10.1 동특성의 SN비 ··· 279
    10.2 L12 직교배열표와 신호인자 ··· 280
    10.3 실험 조건별 마하라노비스 거리 계산 ····························· 281
    10.4 동특성의 SN비 ··· 289
    10.5 Minitab을 활용한 SN비 분석 ··· 291
    10.6 문턱값 정하기 ··· 292
    10.7 중요 측정항목의 예측능력 검증 ······································ 293
11. 결론 ··· 295

제11장 부동산 경매 낙찰가율 예측시스템 개발 • 297

1. 아파트 경매 낙찰가율 예측과 MTS ··· 299
2. 아파트 경매 분석자료와 측정항목 ··· 299
3. 정상그룹 측정데이터 평균과 표준편차 ·· 300
4. 비정상그룹 측정 데이터 ··· 301
5. 정상그룹의 마하라노비스 거리 ·· 302
   5.1 정상그룹 데이터 정규화 ·· 302
   5.2 상관행렬과 역행렬 ·· 302
   5.3 정상그룹의 마하라노비스 거리 ·· 304
6. 비정상그룹의 마하라노비스 거리 ·· 305
   6.1 비정상그룹 표준화 ·· 305
   6.2 마하라노비스 거리 ·· 305
7. 정상그룹과 비정상그룹의 마하라노비스 거리 비교 ·························· 310
8. 문턱값 ·· 310
9. 새로운 경매물건의 낙찰가율 예측 ··· 311

제12장 MTGS방법에 의한 생쥐의 회복능력 평가 • 313

1. 실험의 개요 ·· 315
   1.1 식이 유형 구분 ··· 315
   1.2 생쥐의 건강도 측정항목 ·· 315
2. 정상그룹과 비정상그룹 측정 데이터 ··· 315
   2.1 측정항목의 평균과 표준편차 ··· 318
   2.2 정상그룹의 정규화 ·· 318
   2.3 정상그룹의 마하라노비스 거리 ·· 319
   2.4 10일 경과 후 비정상그룹1의 마하라노비스 거리 ····················· 322
   2.5 10일 경과 후 비정상그룹2의 마하라노비스 거리 ····················· 324
   2.6 30일 경과 후 비정상그룹1과 비정상그룹 2의 마하라노비스 거리 ········ 326
3. 측정항목의 예측능력 분석 ·· 326
4. 결론 ··· 328

연습문제 ……………………………………………………………… 329
참고문헌 ……………………………………………………………… 336
찾아보기 ……………………………………………………………… 338

CHAPTER 01

패턴인식과 마하라노비스-다구찌 시스템

🎯 학습목표 :

1. 인간의 패턴인식방법과 컴퓨터의 패턴인식방법의 차이를 이해한다.
2. 패턴인식을 위한 분류의 의미와 분류 프로세스를 설명 할 수 있다.
3. 마하라노비스 거리(mahalanobis distance)개념을 이해한다.
4. 패턴인식 방법으로서 MTS의 핵심개념을 이해한다.
5. 마하라노비스 공간(mahalanobis space), 정상그룹(normal group), 비정상그룹 (abnormal group)을 설명할 수 있다.
6. MTS와 다변량분석 (multivariate analysis)의 차이를 설명할 수 있다.

1. 인간과 컴퓨터의 패턴인식

패턴인식(*pattern recognition*)은 분류, 비교, 판단하는 인간의 뇌 기능을 담당하는 기계(컴퓨터)를 만드는 것과 밀접한 관계가 있다.

인간은 눈, 코, 귀 등의 감각기관으로부터 수집된 정보를 뇌에 저장해 두었다가 필요한 때에 저장된 정보를 활용하여 사물을 인식한다. 그림책으로 토끼, 다람쥐, 말 등의 동물을 학습한 어린아이는 동물원에서 처음 보는 실물의 토끼, 다람쥐, 말 등을 구분할 수 있다. 인간이 사물을 인식하는 방법은 아날로그적이다. 그림책에서 본 동물은 시각화된 이미지이고, 손으로 접촉할 때의 느낌은 감각정보이며, 서로 다른 꽃의 향기를 구분하는 것도 어떤 계측된 값으로 변환해야만 가능한 것이 아니므로 역시 아날로그적 인식이다.

토끼, 다람쥐, 말을 인식하는 기계는 어떻게 만들 수 있을까? 패턴인식이 학문적으로 연구되면서 인간의 감각기관이나 인지기능을 대신할 기계를 만드는 시도들이 있었으며 부분적으로 큰 성과들이 있었다. 컴퓨터를 비롯한 디지털 기기의 발전으로 아날로그 이미지를 디지털 정보로 변환하거나, 감각적으로 느끼는 소리를 디지털 정보로 변환하여 정보검색을 하거나 예측, 분류하는 기기들이 일상생활에서 사용되고 있다.

컴퓨터의 사물인식 방법은 디지털 정보에 의존한다. 스마트폰의 음성을 이용한 정보검색 기능, 지문인식 시스템, 얼굴인식 시스템, 차량번호판 인식 등은 우리생활에서 디지털 정보를 활용한 패턴인식 시스템의 대표적인 사례들이다.

패턴인식 시스템의 기본은 사물을 분류(*classification*)하는데 있다. 사물의 이미지나 어떤 요인에 의해 발현된 현상을 올바르게 분류하려면, 특정사물이나 현상만이 갖는 측정 가능한 특징량을 추출해야하고, 측정된 특징들을 종합화하여 사물의 패턴을 완성한다. 예를 들어 토끼, 다람쥐, 말의 패턴을 분류하려면 몸무게, 꼬리의 길이, 다리길이 등과 같은 특징들을 계량적으로 측정하고 종합화하는 과정이 필요하다. 일반적으로 사물을 설명하는 특징이 다양 할수록 패턴인식의 정확도가 높아지고, 분류의 오류가 줄어들지만 분류에 중요하지 않은 변수가 포함 될 경우 오히려 인식의 정확도가 떨어질 수 있다. 컴퓨터를 이용한 패턴인식의 핵심은 계측항목 선정, 측정방법 선택, 데이터 변환방법 개발, 합리적인 판정기준을 정하는 것이며 이러한 일련의 작업결과는 패턴인식과 예측의 정확성에 직접적인 영향을 준다.

계측시스템과 분류

패턴인식은 기본적으로 분류(*classification*)에 대한 것이다.

사물을 정확히 인식하고 분류하려면 측정대상 선택, 측정방법, 분류의 기준을 미리 정해 두어야 하는데, 이것은 패턴인식에 반드시 필요한 계측시스템 개발에 관한 것이다. 계측시스템 개발에서 사물의 특징을 정확히 설명할 수 있는 측정항목을 정하는 것은 매우 중요한데 측정항목은 패턴인식을 위해 선정된 시료의 특징(characteristics)이며, 특징을 측정한 값이 특징량이다.

패턴인식을 위한 k개의 측정항목은 k차원의 벡터 $x = (x_1, x_2, \ldots, x_k)^T$로 나타낼 수 있다. 여기서 T는 전치행렬을 의미하고, $x_i, i = 1, 2, \ldots, k$는 시료의 측정항목이다. n개의 시료를 채취하여 k개의 측정항목을 측정하였다면 모두 $n \times k$개의 측정값이 존재한다. 또한, 어떤시료 I_j, j=1,2,...,n가 속할 수 있는 그룹의 수가 C개 있다고 하면, 개별그룹은 $g_1, g_2, \ldots, g_c$로 나타낼 수 있고, 시료 I_j의 패턴 x가 속하게 될 범주형 변수를 z라 할 때 z=i이면 패턴 x는 그룹 g_i, $i \in \{1, 2, \ldots, C\}$로 분류된다.

일반적인 패턴인식 시스템개발 절차는 다음과 같다.
① 측정항목 선정
② 시료측정
③ 데이터 변환
④ 판정(분류)기준 설정
⑤ 판정 및 예측
⑥ 오류율 평가

이와 같은 절차는 한번으로 끝나지 않고 여러번 반복 실행된다.

패턴인식이 학문적으로 연구되기 시작한 역사는 짧지만 정보기술의 발전과 디지털기기의 보급 확대로 지문인식시스템, 음성정보 분석, 진동분석, 영상인식, 사용자음성인식 기기, 기상예측, 지진예측, 환자의 치료정보를 활용한 사망률 예측 등 다양한 영역에서 활용되고 있다.

2 마하라노비스-다구찌 시스템

일반적으로 어떤 현상을 설명하는데 한 두가지 자료만으로 설명이 충분하지 않은 경우가 많기 때문에 다양한 자료를 활용한다. 설명자료가 많아지면 현상을 올바르게 인식할 확률도 커지지만, 중요하지 않은 자료가 다수 포함될 경우 오히려 판단의 오류가 증가할 수도 있다. 가장 대표적인 예가 건강검진이다. 병원에서 건강검진을 받아보면 수 십 가지 항목을 검사하고 의사는 여러가지 검진항목의 측정 데이터를 종합적으로 검토하여 검진자의 건강상태를 평가한다. 왜 이렇게 많은 검진항목이 있는 것일까? 그 이유는 질병의 종류가 다양하고 증상이 서로 달라서 질병을 인식하는 방법이 각각 다르기 때문이다. 하지만 진단항목 중에는

나의 건강상태를 평가하는데 중요하지 않은 항목이 있어서 올바른 판정을 저해하거나 판정오류를 증가시키는 요인은 없는 것일까? 라는 의문을 갖을 수 있다.

건강도 평가에 도움이 되지 않는 검진항목을 찾아낼 수 있다면 검진항목에서 제외시켜 판정오류율을 줄일 수 있고 건강검진 비용과 시간을 줄일 수 있을 것이다. 건강도 평가에 중요한 항목과 중요하지 않은 항목을 어떻게 식별할 수 있을까? MTS는 여러항목으로 측정된 특징량(다변량 데이터)을 하나의 종합적지표인 마하라노비스 거리로 나타내고 건강도 예측에 중요한 검진항목과 중요하지 않은 검진항목을 구별할 수 있다.

MTS는 다변량 데이터를 종합적지표인 마하라노비스 거리(mahalanobis distance) 하나로 나타낸다는 점에서 변수축소 방법인 요인분석(factor analysis), 주성분분석(principle components analysis), 판별분석(discriminant analysis) 등의 다변량분석(*multivariate analysis*)과 같은 개념이라 할 수 있으나, 품질공학에서 사용하는 SN비 개념을 도입하여 측정항목의 예측능력을 평가하고 패턴인식에 중요한 측정항목을 선정하는 점은 다변량분석과 다른 점이다.

MTS의 핵심개념인 마하라노비스 거리는 1930년대 인도의 통계학자 마하라노비스에 의해 개발되었다. 그는 고고학 조사팀이 발굴한 동물의 두개골을 분류하는데 마하라노비스 거리 개념을 처음 사용하였는데, 발굴된 동물 뼈의 특징을 측정한 데이터와이미 알려져 있는 동물뼈의 데이터를 활용하여 마하라노비스 거리를 계산하고 발굴된 뼈가 어느 동물의 것인지 예측하였다.

1970년대 후반 다구찌 박사는 마하라노비스 거리 개념에 자신이 개발한 SN비(*signal-to-noise ratio*)와 직교배열표(*orthogonal array*)를 적용하여 패턴인식에 중요한 변수와 중요하지 않은 변수를 선별하는 방법을 생각하였는데, 이러한 생각이구체화 되어 현재의 MTS로 발전하였다. MTS는 다차원공간에서 비교되는 두 그룹의 다변량 측정치들을 하나의 종합적지표인 마하라노비스 거리(*MD: mahalanobis distance*)로 나타내고, 다구찌 품질공학의 SN비(*signal-to-noise*)개념을 적용하여 패턴분류에 중요한 항목과 중요하지 않은 항목을 선별하여 예측능력이 높은 패턴인식시스템을 개발하는 방법이다. 마하라노비스 거리가 작을수록 조사 대상의 시료는 비교되는 그룹과 동일한 그룹일 가능성이 높아지고, 반대로 마하라노비스 거리가 클수록 조사대상 시료는 비교되는 그룹과 다른 그룹일 가능성이 높아진다. 마하라노비스 거리는 두 점 사이의 기하학적 거리를 재는 측도인 유크리드 거리(*euclidean distance*)보다 패턴인식에 더 우수한 것으로 알려져 있다.

2.1 정상그룹과 비정상그룹

정상그룹(*normal group*)은 전문가에 의해 분류된 대조군이며 n개의 시료와 k개의 측정항목을 갖는다. 비정상그룹(*abnormal group*)은 정상그룹과 비교되는 실험군이다. MTS에서 정상그룹은 하나만 존재하며, 비정상그룹은 1개 이상의 그룹으로 정의가능하다. 예를 들어 토끼, 다람쥐, 말을 구분하는 패턴인식 시스템을 개발할 때, 토끼를 정상그룹(대조군)으로 정의한다면, k개 측정항목으로 n 마리의 토끼를 측정한 데이터는 k차원 공간에서 다람쥐와 말의 패턴을 분류하기 위한 정상그룹(대조군)이고 다람쥐와 말은 비정상그룹(실험군)으로 정의된다.

2.2 마하라노비스 공간

MTS에서 마하라노비스 공간(mahalanobis space)은 다차원 공간의 정상그룹 중심점(원점)에서 개별시료까지의 거리평균이 1인 단위공간이며, 시료의 패턴을 예측하기위한 기준공간이다. 마하라노비스 공간은 정상그룹의 시료수 n개를 k개의 측정항목으로 측정한 $n \times k$개 데이터를 정규화(normalize)하여 구한 n개의 마하라노비스 거리로 구성된다.

MTS에서 마하라노비스 공간의 중심이 원점인 단위공간으로 하는 이유는 가장 이상적인 상태(정상그룹의 중심)를 기준점으로 하여 다차원 공간에서 개별시료까지의 거리를 구하면 시료가 정상그룹의 중심(원점)으로부터 얼마나 차이가 나는지 쉽게 비교할 수 있기 때문이다. 정상그룹의 중심을 마하라노비스 거리 계산의 기준점으로 하면 마하라노비스 공간의 원점에서 멀어질수록 정상그룹과 다른 그룹이 될 가능성이 높아진다. 예를 들어 건강검진 결과 건강한 사람으로 분류된 그룹의 심장 박동수 데이터로 마하라노비스 공간을 만들면 새로운 검진자의 심장박동수를 측정하여 마하라노비스 거리를 계산하여 그 값이 정상그룹에 속하면 검진자의 심장기능은 건강하다고 예측할 수 있다. 검진자의 마하라노비스 거리가 커서 정상그룹에 속하지 않는다면 심장기능은 비정상일 가능성이 높다.

병원에서 건강검진을 받으면 수 십 가지 항목에 대한 검사가 이루어지고 의사는 다양한 항목의 검사데이터를 종합적으로 검토하여 검진자의 건강도를 평가한다. 이때 의사의 판단 근거는 자신의 임상경험 또는 학술적으로 규명된 특정 병명과 검사항목과의 상관관계이다. 만일 건강한 사람의 검사결과를 데이터베이스화 한 후 새로운 검진자의 측정결과를 건강한 사람 그룹과 비교할 수 있다면, 새로운 검진자의 건강도를 쉽게 진단할 수 있을 것이다. 이와 같은 진단방법은 건강한 사람들의 패턴과 건강하지 않은 사람의 패턴이 다르다는 것에 착안하여 검진자의 패턴과 건강한 사람그룹의 패턴을 비교한다는 점에서 전문지식을 바탕으로한 의사의 진단방법과는 다르다. 검진자의 건강도 평가에 건강하지 않은 사람그룹을 기준으로 하지 않고 건강한 사람 그룹을 기준으로 하는 이유는 건강하지 않은 사람들은 매우 다양한 유형이 존재 하지만 건강한 사람들의 특징은 매우 단순하여 건강도 평가의 기준으로 삼기에 적합하기 때문이다.

다구찌 박사는 톨스토이의 소설 <안나까레니나>의 모두에 나오는 "행복한 가정의 모습은 모두 비슷하지만, 불행한 가정의 모습은 제각기 다르다"는 문장이 MTS 개념을 가장 잘 설명하고 있다고 말한다. <안나까레니나>의 모두에 나오는 문장을 기업활동에 적용해 보면 "잘 만들어진 제품(양품)의 모습은 비슷하지만, 잘 못 만들어진 제품(불량품)의 모습은 제각각이다"와 같이 표현할 수 있을 것이다.

다구찌 박사는 올바른 검사 시스템을 개발할 때 불량품 보다는 양품을 많이 측정해야한다고 주장하는데, 그 이유는 양품은 패턴이 단순하기 때문에 특징을 쉽게 파악할 수 있지만, 불량품은 패턴이 매우 다양하고 복잡하여 관리하기가 어렵기 때문이다. 이러한 이유로 MTS에서는 정상그룹의 패턴을 정확히 파악하기 위해 비정상그룹의 시료수 보다 많은 시료를 측정한다.

한 가지 유의해야 할 것은 정상그룹의 시료를 선택할 때 비정상그룹의 시료가 혼입되지 않도록 해야 한다. 만일, 정상그룹에 비정상그룹의 시료가 혼입되면 오염된 데이터로 인해 마하라노비스 공간은 단위공간으로서 적합하지 않게 되어 예측의 오류율이 높아질 수 있다. 이러한 이유 때문에 마하라노비스 공간을 정의하기 위한 시료 선정과 측정항목 선정은 해당 분야 전문가가 해야한다.

2.3 종합적 측정 지표로서의 마하라노비스 거리

어떤 사물의 형상을 다른 사람에게 설명하는 경우를 생각해보자. 가장 좋은 방법은 사물의 형상 중에서 객관적으로 드러난 특징을 설명하는 것이다. 만일 다른 사물의 형상과 비슷한 특징을 포함시킨 다거나, 중요하지도 않은 특징만을 나열하거나 중요한 특징을 빼놓고 설명한다면 내용을 전달받은 사람은 형상을 다르게 인식하게 될 것이다.

예를 들어 사람의 얼굴 인식시스템을 개발할 때 눈의 크기 하나만을 측정해서는 수많은 사람들 중에서 특정인을 구분하기 어렵기 때문에 눈과 눈사이의 거리 등 다양한 항목을 측정하게 된다. 문제는 측정항목 수가 많아지면 종합적인 판단을 하기가 쉽지 않다는 데 있다. 이러한 경우 다변량 특성치를 하나의 지표로 변환할 수 있다면 다양한 시료의 차이를 바로 비교할 수 있기 때문에 패턴분류와 예측이 매우 쉬워질 것이다. 마하라노비스 거리는 여러항목(다변량 특성치)으로 측정된 시료의 특징을 하나의 지표로 나타낸 값이며, 기하학적으로는 다차원 공간의 중심점(원점)에서 개별시료까지의 거리이다. 조사대상 시료의 마하라노비스 거리가 클수록 기준그룹(정상그룹)에 속하지 않을 확률이 높아지고 반대로 작을수록 기준그룹(정상그룹)에 속할 확률이 높아진다.

2.4 SN비

다구찌 박사는 마하라노비스 거리 개념에 품질공학에서 사용하는 SN비(*signal-to-noise ratio*)를 적용하여 정상그룹과 비정상그룹 구분에 중요한 변수와 중요하지 않은 변수를 선별하였다. SN비는 본래 전기공학에서 입력신호의 민감도를 측정하는 지표이며 단위는 데시벨(db)을 사용한다.

SN비 계산에 사용되는 자료는 조사대상 시료의 특징량으로 구한 비정상그룹(실험군)의 마하라노비스 거리이다. SN비는 마하라노비스 거리의 정확성을 평가하는 지표이자 개별 측정항목의 예측능력을 평가하는 측도이다. 또한, SN비는 측정항목이 마하라노비스 거리에 미치는 민감도를 의미한다. SN비가 큰 측정항목이 예측능력이 높은 중요한 측정항목이다.

SN비는 패턴인식 시스템의 활용목적에 따라 망대특성(*larger-the-better*)의 SN비, 망소특성(*smaller-the-better*)의 SN비, 망목특성(*nominal-the-best*)의 SN비, 동특성(*dynamic characteristics*)의 SN비가 있으며 MTS에서는 망대특성의 SN비와 동특성의 SN비가 주로 사용 된다. 망대특성을 사용하는 이유는 비정상그룹 (실험군)의 마하라노비스 거리를 크게 하는 측정항목이 정상그룹과 비정상그룹을 구별 짓는데 중요한 역할을 하기 때문이다. 비정상그룹이 2개 이상인 경우 중요측정항목의 예측능력 평가에 동특성의 SN비를 사용한다.

측정항목별 SN비 이득(*gain*)을 구하면 예측능력이 있는 항목과 예측능력이 없는 항목을 쉽게 식별할 수 있다. SN비 이득은 측정항목을 사용하여 구한 SN비 평균에서 측정항목을 사용하지 않고 구한 SN비 평균을 뺀 값이다. 이 값이 양(+)의 값이면 해당 측정항목은 정상그룹과 비정상그룹을 예측하는데 중요한 항목이다.

품질공학에서 동특성의 반응 y는 신호인자(M)와 기울기(β)를 사용하여

$$y = \beta M$$

과 같이 나타내지만, MTS에서는 y는 마하라노비스 거리(D) 참값으로 대치되어,

$$D = \beta M$$

과 같이 된다.

그룹별 마하라노비스 거리 참값을 모르는 경우 각 그룹의 마하라노비스 거리(D^2)평균의 제곱근을 신호인자 수준으로 사용한다.

즉,

$$M_i = \sqrt{\overline{MD_i}} \quad (i = \text{신호인자의 수준}, \overline{MD_i} = \text{그룹 } i \text{의 MD 평균})$$

이다.

SN비 이득이 양(+)의 값이면 해당 측정항목은 패턴인식에 중요한 측정항목이다. SN비 이득이 음(-)의 값이면 패턴인식에 중요하지 않은 항목이므로 측정항목에서 제외할 수 있다.

SN비 이득(gain) = 측정항목을 사용하여 구한 SN비 평균
 - 측정항목을 사용하지 않고 구한 SN비 평균

예를 들어 측정항목 x_1을 사용하여 구한 SN비 평균이 10(db)이고 측정항목 x_1을 사용하지 않고 구한 SN비 평균이 6(db)였다면 x_1의 SN비 이득은 4(db) (10db - 6db=4db)이다. 이득이 양(+)의 값이므로 측정항목 x_1을 사용하는 것이 시료의 패턴예측 정확성을 높이는데 도움이 된다. 이와 같이 모든 측정항목의 SN비 이득(gain)을 비교하면 예측의 정확성을 높이는데 중요한 측정항목과 중요하지 않은 측정항목을 구별할 수 있다.

2.5 직교배열표

패턴구분에 중요한 측정항목 선별에 2수준의 요인 실험계획법과 일부실험계획법이 주로 사용된다. 각 실험조건에서 계산된 마하라노비스 거리 데이터로 SN비를 계산하고 측정항목별 SN비 이득을 계산한다. 측정항목 수가 많을 경우 2수준계 직교배열표(orthogonal array)를 사용하면 실험횟수를 크게 줄일 수 있다. 직교배열표는 실험인자(측정변수)가 배치되는 내측배열이 직교(orthogonality)하도록 짜여진 실험이므로 주효과와 관심있는 소수의 교호작용 효과를 파악하는 실험에 많이 사용된다. 예를 들어 $L_8(2^7)$ 직교배열표는 총 실험횟수가 8회 이고, 2수준의 실험인자 7개까지 배치할 수 있는 직교배열표이다. 직교배열표는 다양하게 개발되어 있으므로 열(column)의 수가 측정항목수(k) 보다 많은 2수준계 직교배열표 중에서 실험횟수가 가장 작은 직교 배열표를 사용하면 된다.

〈표 1.2〉 $L_8(2^7)$ 직교배열표

no	1열 A	2열 B	3열 C	4열 D	5열 E	6열 F	7열 G
1	1	1	1	1	1	1	1
2	1	1	1	2	2	2	2
3	1	2	2	1	1	2	2
4	1	2	2	2	2	1	1
5	2	1	2	1	2	1	2
6	2	1	2	2	1	2	0
7	2	2	1	1	2	2	0
8	2	2	1	2	1	1	2

3 MTS와 다변량분석의 차이

다변량분석(*multivariate analysis*)은 상호연관된 확률변수를 동시에 고려하는 통계적 분석 방법이다. 다변량분석 방법에는 요인분석(*factor analysis*), 주성분분석(*principle component analysis*), 판별분석(*discriminant analysis*), 다차원측도(*multidimensional scale*) 등이 있으며 기본적인 개념은 독립변수의 수를 줄여서 해석을 단순화 하는 것과 그룹간 차이를 비교하는 것이다.

MTS가 전통적인 다변량분석 방법과 다른 점을 요약하면 다음과 같다.

첫째, MTS는 그룹간 비교보다 측정변수의 예측능력 평가를 중시한다.
둘째, MTS는 변수간 상관관계(*correlation*)를 가중치로 사용하는 패턴분석 방법이다.
셋째, 거리 계산에 측정변수의 산포를 가중치로 사용하기 때문에 마하라노비스 공간은 다차원 공간에서 타원(*ellipse*)이다.
넷째, 거리 계산에 공분산행렬(C)대신 상관행렬(R)을 사용한다.

MTS의 분석대상은 정상그룹(대조군)의 패턴과 비정상그룹(실험군)의 개별시료의 패턴이다. 개별시료의 패턴예측을 중시하는 MTS는 그룹간 차이를 비교하는 판별분석 등의 다변량분석 방법보다 더 상세한 평가방법이라 할 수 있다.

측정변수들이 정규분포일 때 마하라노비스 거리(D)는 카이제곱(χ^2) 분포를 따르는 것으로 알려져 있으므로, 카이제곱 분포를 사용하여 특정시료가 정상그룹에 속할 확률을 구할 수 있다. 하지만, MTS는 특정 확률분포를 전제로 하지는 않는다. 확률분포를 전제로 하는 다변량분석이 통계적분석 이라면, MTS는 데이터 중심의 분석방법이라 할 수 있다.

CHAPTER 02

패턴인식과 다차원 공간의 거리

🎯 학습목표 :

1. 패턴인식의 개념과 활용분야를 이해한다.
2. 유크리드 거리와 마하라노비스 거리의 차이를 설명할 수 있다.
3. 공분산행렬을 사용하여 마하라노비스 거리를 계산할 수 있다.
4. 마하라노비스 거리기준의 그룹비교와 판정절차를 설명할 수 있다.
5. Minitab을 사용하여 마하라노비스 거리를 계산할 수 있다.
6. 마하라노비스 거리에 대한 통계적 가설검정을 할 수 있다.

1 유사성 평가 측도

패턴인식에서 동일그룹 내의 단일시료에 대한 패턴을 조사하는 것 보다 기준 그룹을 정한 다음 다른 그룹이나 기준그룹에 속하지 않는 개별시료의 패턴 차이를 비교하는 것이 더 의미가 있는 경우가 많다. 예를 들어 다수의 건강한 신생아 그룹의 심장박동 패턴을 기준그룹으로 하여 어떤 신생아의 심장박동 패턴을 비교하면, 비교되는 신생아의 심장기능이 건강한 신생아 그룹과 비교하여 심장기능의 건강도를 예측할 수 있다.

이와 같이 어떤 그룹의 패턴이나 개별시료의 패턴을 기준그룹의 패턴과 비교하여 동일성 여부를 평가하는 방법을 유사성(*similarity*)평가라 한다. 유사성 평가 측도로 유크리드 거리(*euclidean distance*)와 마하라노비스 거리(*mahalanobis distance*)가 많이 사용되고 있다.

1.1 유크리드 거리

측정항목이 k개일 때 k 차원 공간의 두 점 $x = (x_1, x_2, \ldots, x_k)^T$와 $y = (y_1, y_2, \ldots, y_k)^T$ 사이의 거리를 구하는 식은

$$d(x,y) = \sqrt{(x_1 - y_1)^2 + \ldots + (x_k - y_k)^2} = \sqrt{(x-y)^T(x-y)} \tag{2.1}$$

이고, 식 (2.1)을 사용하여 구한 두 점 x, y 사이의 거리를 유크리드 거리라고 한다. 여기서 점 y 가 원점(0,0,....,0)이고, 원점에서 x까지의 거리가 C로 모두 같다면,

$$d(x,0) = \sqrt{x_1^2 + \ldots + x_k^2} = \sqrt{x^T x} = c \text{가 되고,}$$

$$d(x,0) = \sqrt{x_1^2 + \ldots + x_k^2} = c \text{ 의 양변을 제곱하면,}$$

$$x_1^2 + x_2^2 + \ldots + x_k^2 = c^2 \tag{2.2}$$

와 같다.

식(2.2)는 k차원 공간에서 원점(0,0,...,0)을 중심점으로 하고 반지름이 c인 구(*sphere*)이다. 식(2.2)에서 보는바와 같이 유크리드 거리는 k개의 측정변수(측정항목)중요도는 모두 같다는 가정하에 계산된다.

1.2 마하라노비스 거리

일반적으로 측정값은 산포(오차)를 포함하고 있고, k개 측정항목의 오차 크기는 서로 다른 경우가 대부분이다. 다차원 공간의 거리계산에서 산포가 작은 측정항목은 두 점 사이의 거리 오차를 작게 하지만 산포가 큰 측정항목은 두 점 사이의 거리 오차를 크게 하기 때문에 산포의 크기를 가중치로 하는 거리계산이 더 타당하다고 할 수 있다. 이와 같은 생각을 유크리드 거리 계산식 (2.1)에 반영하여 표준편차 $s_i, i=1,2,...,k.$ 를 사용하여 아래와 같이 마하라노비스 거리 계산식을 쓸 수 있다.

$$d(x,y) = \sqrt{\left(\frac{x_1-y_1}{s_1}\right)^2 + ... + \left(\frac{x_k-y_k}{s_k}\right)^2} = \sqrt{(x-y)^T C^{-1}(x-y)} \quad (2.3)$$

식 (2.3)으로 거리계산을 하면 오차(s_i)가 큰 측정항목은 거리계산에 미치는 영향이 작아진다. 행렬 C는 $diag(s_1^2, s_2^2, ..., s_k^2)$인 $k \times k$ 공분산행렬이며 C^{-1}은 공분산행렬의 역행렬이다.

k차원공간에서 두 점 x, y 중 y가 원점이고 원점에서 점 x까지의 거리가 c로 모두 같다고 하면,

$$d(x,0) = \sqrt{\left(\frac{x_1}{s_1}\right)^2 + ... + \left(\frac{x_k}{s_k}\right)^2} = \sqrt{x^T C^{-1} x} = c$$

와 같이 쓸 수 있다.

$$d(x,0) = \sqrt{\left(\frac{x_1}{s_1}\right)^2 + ... + \left(\frac{x_k}{s_k}\right)^2} = c$$

이므로, 양변을 제곱하면,

$$\left(\frac{x_1}{s_1}\right)^2 + \left(\frac{x_2}{s_2}\right)^2 + ... + \left(\frac{x_k}{s_k}\right)^2 = c^2 \quad (2.4)$$

이 된다.

식 (2.4)는 k 차원공간에서 기하학적으로 타원(ellipse)이다. 이와 같이 마하라노비스 공간(mahalanobis space)은 유크리드 공간과 다르게 원점에서 k 차원 공간의 임의의 점까지의 거리가 서로 다른 점들로 구성된 타원이다. 이렇게 된 이유는 거리 계산에 k개 측정항목의 산포(오차)를 가중치로 사용하여 산포가 큰 측정항목은 거리계산시 가중치가 작게 반영되기

때문이다.

1.3 마하라노비스 공간

마하라노비스 거리가 일정크기 안에 존재하는 점들을 모아 만든 그룹을 마하라노비스 공간(*mahalanobis space*)이라고 한다. 마하라노비스 공간은 k개의 변수와 n개의 시료에 의해 만들어지는 다차원공간이다.

측정항목의 벡터 $x = (x_1, x_2, ..., x_k)^T$, $\overline{x} = (\overline{x_1}, \overline{x_2}, ..., \overline{x_k})^T$일 때 측정항목의 중심점 $(\overline{x_1}, \overline{x_2}, ..., \overline{x_k})$을 기준점으로 하는 마하라노비스 거리 계산식은 식 (2.5)와 같다.

$$D(x, \overline{x}) = \sqrt{(x-\overline{x})^T C^{-1}(x-\overline{x})} \tag{2.5}$$

n개 시료에 대하여 식(2.5)로 마하라노비스 거리를 구한 다음 k 차원 공간에 표시하면 <그림 2.1>과 같은 마하라노비스 공간(*mahalanobis space*)이 된다.

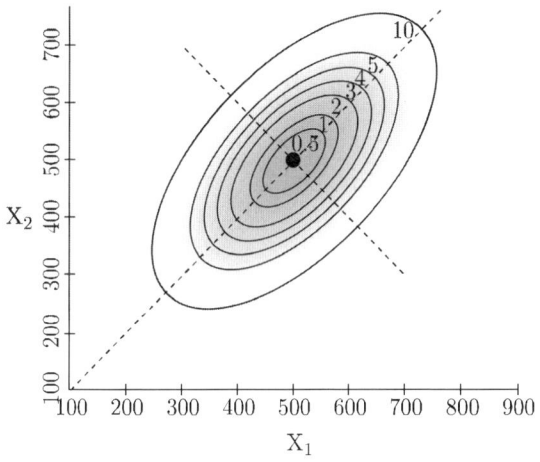

<그림 2.1> 중심점이 $\overline{x_1} = 500, \overline{x_2} = 500$인 마하라노비스 공간

<그림 2.2>는 2차원공간에서 두 측정 변수 x, y의 상관관계가 마하라노비스 공간에 어떤 영향을 주는지 설명하고 있다. 두 변수간 상관관계가 존재하지 않는다면 상관계수가 0이 되고 마하라노비스 공간은 중심점에서 거리가 같은 원(*circle*)이며 유크리드 공간과 같아진다. 만일 x, y 두 변수간 상관관계가 존재할 경우 마하라노비스 공간은 기하학적으로 타원(*ellipse*)이 된다.

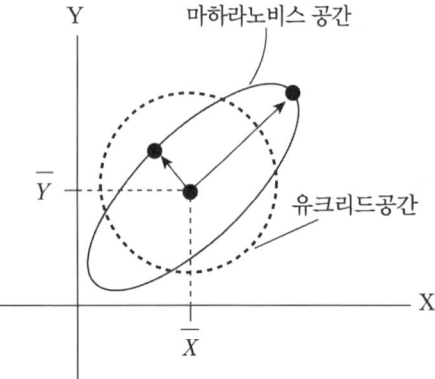

〈그림 2.2〉 마하라노비스 공간과 유크리드공간 비교

1.4 공분산과 마하라노비스 거리

n개의 시료를 취하여 두 개의 측정항목 x_1과 x_2를 측정 했을 때 공분산(*covariance*)은 아래 식으로 구할 수 있다.

$$COV(x_1, x_2) = \frac{1}{n-1} \sum_{i=1}^{n} (x_{1i} - \overline{x_1})(x_{2i} - \overline{x_2}), \ n = \text{측정데이타 수} \tag{2.6}$$

마하라노비스는 식 (2.6)으로 구한 공분산행렬을 사용하여 마하라노비스 거리를 계산하였다.

예제 2.1

▶ 공분산을 이용한 마하라노비스 거리 계산

2차원의 공간에서 두개의 측정항목 X_1과 X_2의 측정값이 다음과 같을 때 공분산행렬(C)을 이용하여 마하라노비스 거리를 구하시오.

〈표 2.1〉 측정항목 X_1, X_2의 측정데이타

시료번호	X1	X2
1	263	424
2	230	428
3	248	431
4	258	448
5	250	435
평균	249.8	433.2

측정항목 X_1과 X_2의 평균 m_1, m_2는 아래와 같다.

$$m_1 = \frac{(263 + 230 + 248 + 258 + 250)}{5} = 249.8$$

$$m_2 = \frac{(424+428+431+448+435)}{5} = 433.2$$

식 (2.6)으로 X_1과 X_2의 공분산을 구하면,

$$COV(X_1, X_2) = \frac{1}{5-1} \sum_{i=1}^{5} (X_{1i} - m_1)(X_{2i} - m_2)$$
$$= \frac{1}{4} \{(263-249.8) \times (424-433.2) + \ldots\ldots + (250-249.8) \times (435-433.2)\} = 26.8$$

이다.

같은 방법으로 나머지 변수들의 공분산을 구하면, $COV(X_1, X_1) = 159.2$, $COV(X_2, X_2) = 84.7$이므로, 공분산행렬 C는

$$C = \begin{bmatrix} 159.2 & 26.8 \\ 26.8 & 84.7 \end{bmatrix}$$ 이다.

공분산행렬 C의 역행렬 C^{-1}는 아래와 같이 간단히 구할 수 있다.

$$C^{-1} = \frac{1}{(159.2 \times 84.70) - (26.8 \times 26.8)} \begin{bmatrix} 84.7 & 26.8 \\ 26.8 & 159.2 \end{bmatrix}$$
$$= \begin{bmatrix} 0.00663 & -0.00210 \\ -0.00210 & 0.01247 \end{bmatrix}$$

식 (2.5)를 사용하여 첫번 시료의 마하라노비스 거리 D_1^2를 구하면,

$$D_1^2 = [(263-249.8)\ (424-433.2)] \times \begin{bmatrix} 0.00663 & -0.00210 \\ -0.00210 & 0.01247 \end{bmatrix} \times \begin{bmatrix} (263-249.8) \\ (424-433.2) \end{bmatrix} = 2.72$$

이고, $D_1 = \sqrt{D_1^2} = \sqrt{2.72} = 1.65$이다.

나머지 시료에 대해서도 같은 방법으로 마하라노비스 거리를 구하여 정리하면 <표 2.2>와 같다.

⟨표 2.2⟩ 공분산행렬(C)을 사용한 마하라노비스 거리

시료번호	거리(D)
1	1.65
2	1.58
3	0.26
4	1.63
5	0.20

예제 2.2

▶ Minitab 16으로 마하라노비스 거리 구하기

Minitab 16의 다변량분석 방법중 하나인 주성분분석 기능을 이용하여 공분산을 이용한 마하라노비스 거리(D)를 구할 수 있다. Minitab 16을 이용하여 마하라노비스 거리를 계산해 보자.

풀이

1) 워크시트 작성

두 개의 열을 지정하여 측정항목 x_1, x_2를 입력한 후 5개 시료의 측정값을 그 아래에 입력한다.

⟨Minitab 분석⟩ 데이터 시트

	C1 X1	C2 X2	C3
1	263	424	
2	230	428	
3	248	431	
4	258	448	
5	250	435	
6			

▶ 통계분석>다변량분석>주성분분석
  - 변수: x_1, x_2
  - 행렬유형: 공분산
▶ 그래프
  - 특이치 그림
▶ 확인
▶ 저장

- 거리: D
▶ 확인

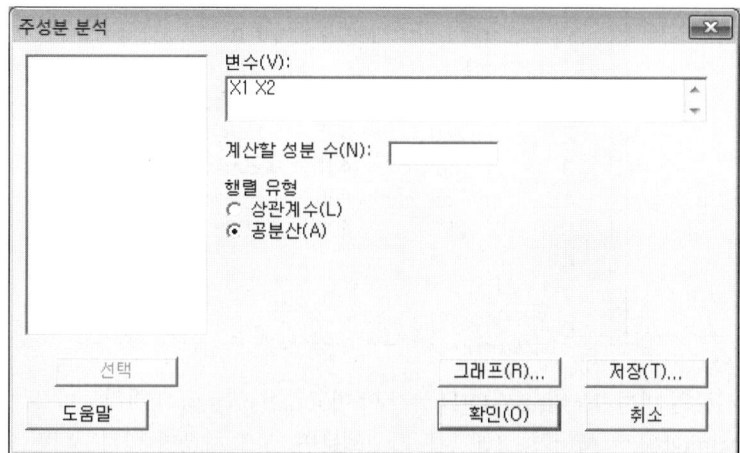

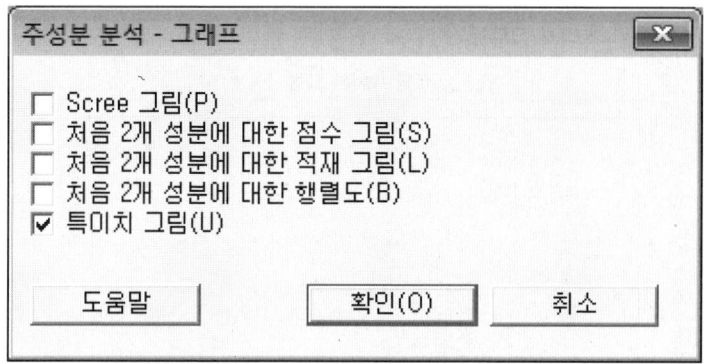

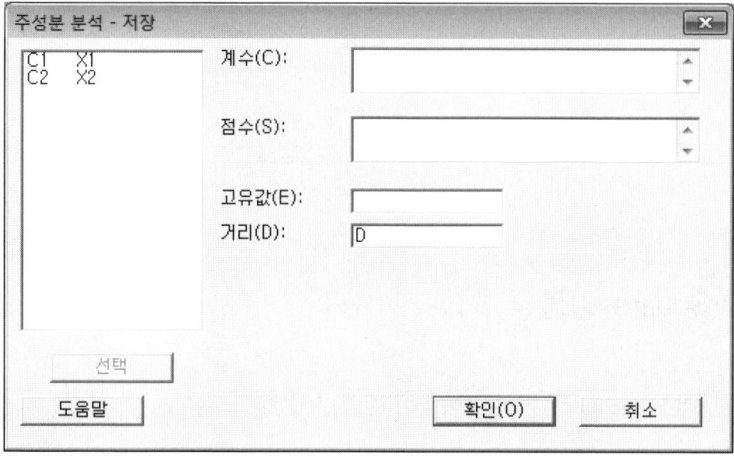

2) Minitab 분석결과

워크시트의 C3 열에 D라는 이름으로 마하라노비스 거리(D)가 저장된다.

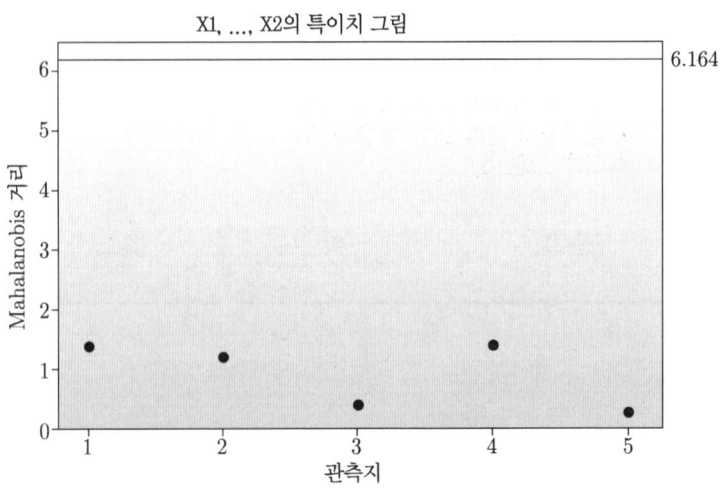

첫 번 시료의 마하라노비스 거리(D)는 1.65이고 2번 시료의 마하라노비스 거리(D)는 1.58 이다. Minitab으로 특이치 그래프를 작성해보면, 5개 시료의 마하노비스 거리는 임계값 6.164 보다 작다. 특이치가 존재하지 않는다.

〈그래프: 특이치 그래프〉

---

2 Chi-Square 검정

마하라노비스 거리(D^2)는 평균이 k이고 분산이 2k인 카이제곱 분포를 따르는 것으로 알려져 있다.

$$D^2 \sim \chi_k^2, \ k = 측정항목 \ 수$$

카이제곱 분포를 이용하여 통계적으로 특정시료가 대조군(기준그룹)에 속한다고 할 수 있는지 검정할 수 있다. 마하라노비스 거리(D^2)는 k개 측정값을 대표하는 하나의 측도이므로 특정시료의 패턴 $X = (x_1, x_2, \ldots, x_k)$가 대조군의 패턴에 속한다 할 수 있는지 검정을 위한 가설은 다음과 같다.

- 영가설(H_0) : 시료는 대조군에 속한다.
- 대립가설(H_1): 시료는 대조군에 속하지 않는다.

유의수준 α에서 마하라노비스 거리(D^2)가 카이제곱 통계량 $\chi^2_{(k,\alpha)}$과 같거나 작을 확률은, $P\{(D^2 \leq \chi^2_{(k,\alpha)})\} = 1 - \alpha$이고, 기각역(critical region)은 $D^2 > \chi^2_{(k,\alpha)}$이다.

실험군의 마하라노비스 거리(D^2)가 $\chi^2_{(k,\alpha)}$ 값 보다 커면 영가설은 기각된다.

예제 2.3

▶ **새로운 관측값의 마하라노비스 거리(D^2) 유의성 검정**

예제 2.1에서 새로운 시료 하나를 선택하여 동일한 항목을 측정한 결과 $x_1 = 300$ $x_2 = 450$이었다.

1) 새로운 시료의 마하라노비스 거리(D^2)를 구하시오.
2) 새로운 시료는 대조그룹에 속한다고 할 수 있는가? (유의수준=0.05)

풀이

1) 새로운 시료의 마하라노비스 거리(D^2)

   마하라노비스 거리 계산식은
   $$D^2(x, \bar{x}) = (x - \bar{x}) C^{-1} (x - \bar{x})^T$$
   이므로,
   $$D^2 = [(300 - 249.8)\ (450 - 433.2)] \times \begin{bmatrix} 0.00663 & -0.00210 \\ -0.00210 & 0.01247 \end{bmatrix} \times \begin{bmatrix} (300 - 249.8) \\ (450 - 433.2) \end{bmatrix}$$
   $$= 16.69$$
   이다.

2) χ^2 임계값

   χ^2 분포표에서 k=2, α=0.05일 때, 임계값은 $\chi^2_{(2,\ 0.05)} = 5.99$이다.

3) 결론

   새로운 시료의 마하라노비스 거리제곱(D^2) 값은 16.2로 임계값 5.99 보다 크다.

$D^2 = 16.69 > \chi^2_{(2,\ 0.05)} = 5.99$이므로 유의수준 0.05에서 영가설($H_0$)은 기각되고 새로운 시료는 대조군에 속한다고 할 수 없다.

---

3 동물 패턴인식과 마하라노비스 거리

인간은 학습한 이미지를 뇌 속에 저장해 두었다가 순간적으로 토끼, 다람쥐, 말을 구분 할 수 있지만, 컴퓨터를 이용하여 토끼, 다람쥐, 말을 구분하려면 계량화된 데이터가 필요하다. 간단한 예로 2개의 측정항목 몸길이 (x_1)와 꼬리길이 (x_2)를 측정하여 마하라노비스 거리를 계산하고, 토끼, 다람쥐, 말을 구분하는 방법을 알아보자.

마하라노비스 계산 절차는 다음과 같다.
첫째, 토끼, 말, 다람쥐를 구별하는데 적합한 측정항목을 정한다.
　　　측정항목을 정하는 것은 해당분야의 전문가의 도움을 받는다.
둘째, 토끼, 말, 다람쥐 중에서 대조군으로 사용할 동물을 정하여 시료를 충분히 준비한다.
　　　대조군의 시료수(n)는 측정항목수(k) 보다 많아야 한다.
셋째, 실험군의 시료를 준비하고 측정항목을 측정한다.

토끼 5마리를 대조군으로 정한다음, 말과 다람쥐를 실험군으로 하여 각각 1마리씩 측정하였다.

〈표 2.3〉 대조군(토끼) 측정데이터

시료번호	토끼	
	몸길이(x_1)	꼬리길이(x_2)
1	51.0	7.0
2	47.0	5.3
3	53.0	5.0
4	50.0	6.5
5	43.0	5.8
평균(m)	48.8	5.92

<표 2.4> 실험군(다람쥐, 말) 측정데이터

다람쥐		말	
몸길이(x_1)	꼬리길이(x_2)	몸길이(x_1)	꼬리길이(x_2)
19	17	193	85

1) 대조군(토끼)의 마하라노비스 거리

마하라노비스 거리 계산을 위해 Minitab으로 대조군(토끼)의 공분산행렬(C)을 구해보자. 우선, Minitab 워크시트에서 두 개 열을 정하여 측정항목 x_1, x_2의 측정 데이터를 입력한 다음, 아래 순서대로 실행한다.

▶ 통계분석>기초통계>공분산 분석
  - 변수: x_1 x_2
  - 행렬저장

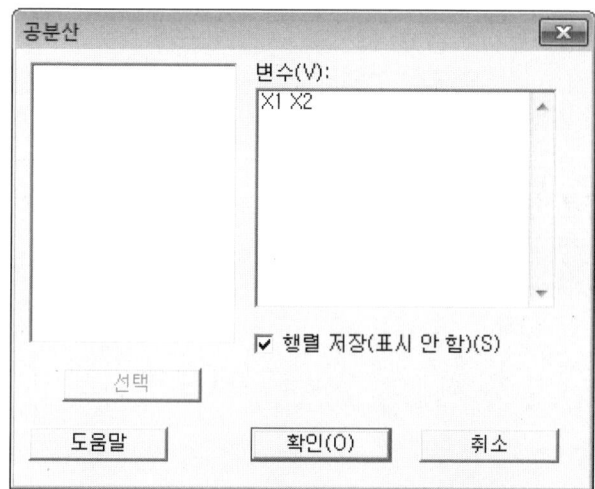

▶ 확인
▶ 계산>행렬>역행렬 구하기
  - 역행렬을 위한 행렬 위치: M1
  - 결과 저장 위치: M2

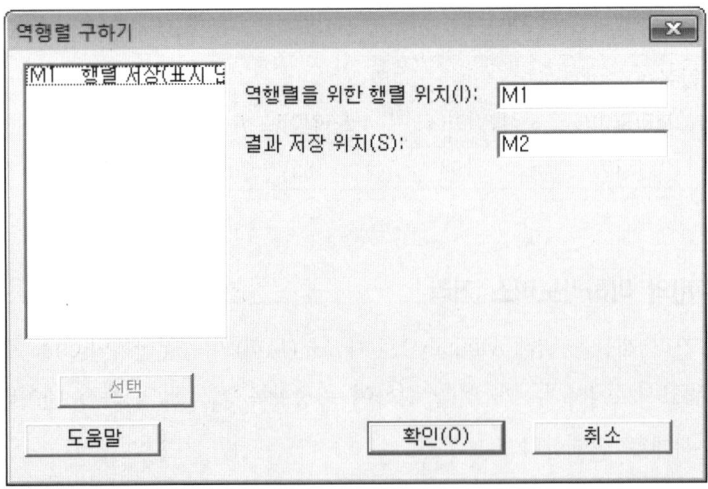

▶ 확인
▶ 창 > 세션
▶ 편집기 > 명령사용
MTB> PRINT M1, M2

위의 순서대로 실행하면, 세션창에 아래와 같이 공분산행렬(C)과 역행렬(C^{-1})이 출력된다.

⟨Minitab 분석결과⟩ 공분산행렬(C)과 역행렬(C^{-1})

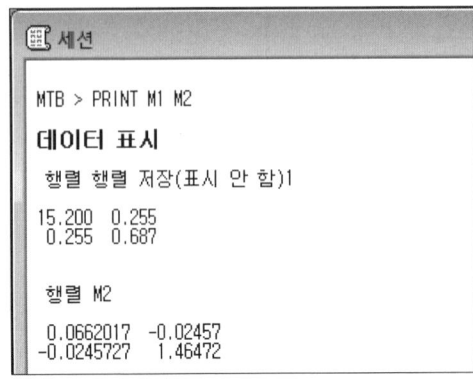

Minitab의 세션창 에서 행렬 M2는 공분산행렬(C)의 역행렬 (C^{-1})이다.

역행렬(C^{-1})을 사용하여 정상그룹 (5마리 토끼)의 마하라노비스 거리(D^2)를 계산하면 다음과 같다.

1번 토끼의 마하라노비스 거리(D_1^2)는,

$$D_1^2 = [(51.0-48.8) \ (7.0-5.92)] \times \begin{bmatrix} 0.06620 & -0.02457 \\ -0.02457 & 1.46472 \end{bmatrix} \times \begin{bmatrix} (51.0-48.8) \\ (7.0-5.92) \end{bmatrix}$$

$$= [2.20 \ 1.08] \times \begin{bmatrix} 0.06620 & -0.02457 \\ -0.02457 & 1.46472 \end{bmatrix} \times \begin{bmatrix} 2.20 \\ 1.08 \end{bmatrix} = 1.91 \text{ 이고,}$$

$$D_1 = \sqrt{D^2} = \sqrt{1.91} = 1.38 \text{이다.}$$

같은 방법으로 나머지 토끼에 대해 마하라노비스 거리를 구하면, $D_2 = 0.85$, $D_3 = 1.61$, $D_4 = 0.74$, $D_5 = 1.49$이다.

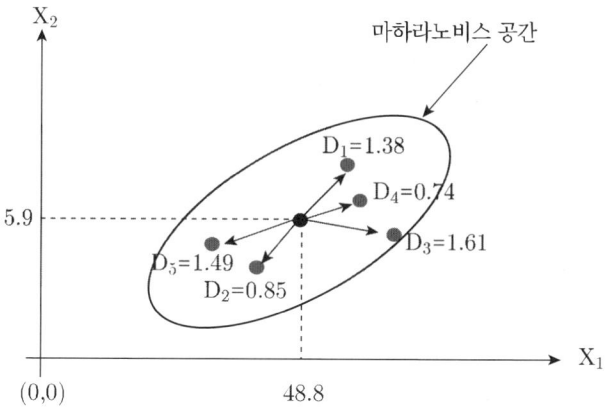

〈그림 2.2〉 대조군(토끼)의 마하라 노비스 거리

2) 실험군(말)의 마하라노비스 거리

실험군(말)의 마하라노비스 거리는 대조군의 평균과 역행렬(C^{-1})을 이용하여 구한다. 말의 몸길이(x_1)와 꼬리길이(x_2)는 각각 193cm, 85cm이므로 $(x-\overline{x})$를 계산하면, $(x-\overline{x}) = (193-48.80, 85-5.92) = (144.2, 79.1)$이다.

실험군(말)의 마하라노비스 거리 (D^2)를 대조군(토끼)의 역행렬(C^{-1})을 이용하여 구하면,

$$D_{말}^2 = [144.2 \ 79.1] \times \begin{bmatrix} 0.06620 & -0.02457 \\ -0.02457 & 1.46472 \end{bmatrix} \times \begin{bmatrix} 144.2 \\ 79.1 \end{bmatrix} = 9980.5 \text{ 이고,}$$

$$D_{말} = \sqrt{9980.5} = 99.9 \text{이다.}$$

마하라노비스 거리로 볼 때 시료가 대조군(토끼)에 속하는지 검정하기 위한 가설은 다음과 같다.

- 영가설(H_0) : 시료는 대조군(토끼)에 속한다.
- 대립가설($H1$): 시료는 대조군(토끼)에 속하지 않는다.

마하라노비스 거리(D^2)는 $\chi^2_{(k,\alpha)}$인 카이제곱 분포를 따르는 것으로 알려져 있으므로 통계검정을 위한 임계값(*critical value*)은 $\chi^2_{(2,0.05)}$=5.99이다. 임계값과 계산된 마하라노비스 거리(D^2)를 비교하면,

$D^2 = 9980.5 > \chi^2_{(2,0.05)} = 5.99$이므로 영가설($H_0$)은 기각된다.

- 결론

시료(말)는 대조군(토끼)에 속하지 않는다.

3) 실험군(다람쥐)의 마하라노비스 거리

다람쥐의 몸길이(x_1) 19cm와 꼬리길이(x_2) 17cm는 벡터 $x=(19,17)^T$로 표시하고, 대조군(토끼)의 몸길이 평균과 꼬리길이 평균을 이용하여 $(x-\overline{x})^T$를 계산하면 다음과 같다.

$$(x-\overline{x})^T = (19-48.80,\ 17-5.92)^T = (-29.8,\ 11.1)^T$$

대조군(토끼)의 역행렬(C^{-1})을 이용하여 다람쥐의 마하라노비스 거리를 계산한다.

$$D^2_{\text{다람쥐}} = [-29.8\ \ 11.1] \times \begin{bmatrix} 0.06620 & -0.02457 \\ -0.02457 & 1.46472 \end{bmatrix} \times \begin{bmatrix} -29.8 \\ 11.1 \end{bmatrix} = 255.5\ \text{이다}.$$

$D^2_{\text{다람쥐}} = 255.5 > \chi^2_{(2,0.05)} = 5.99$이므로, 아래 영가설($H_0$)은 기각된다.

- 영가설(H_0) : 시료는 대조군(토끼)에 속한다.
- 대립가설($H1$): 시료는 대조군(토끼)에 속하지 않는다.

- 결론

시료(다람쥐)는 대조군(토끼)에 속하지 않는다. 측정항목 몸길이(x_1)와 꼬리길이(x_2)는 토끼와 다람쥐를 구별하는데 중요한 변수이다.

4) 마하라노비스 거리 비교

마하라노비스 공간(토끼의 측정데이터)의 중심($\overline{x_1}, \overline{x_2}$)에서 비교되는 두 종의 동물, 다람쥐와 말의 마하라노비스 거리를 비교하면 아래 <그림 2.3>과 같다. 2차원공간에서 토끼를 기준으로 다람쥐($D=16.0$)가 말($D=99.9$)보다 더 가까운 거리에 있음을 알 수 있다. 다람쥐는 토끼와 동일한 그룹에 속하지 않으며 말 보다는 토끼에 더 가깝다. 측정항목 몸길이

(x_1)와 꼬리길이(x_2)는 토끼, 다람쥐, 말을 구분하는데 적합한 측정항목임을 알 수 있다.

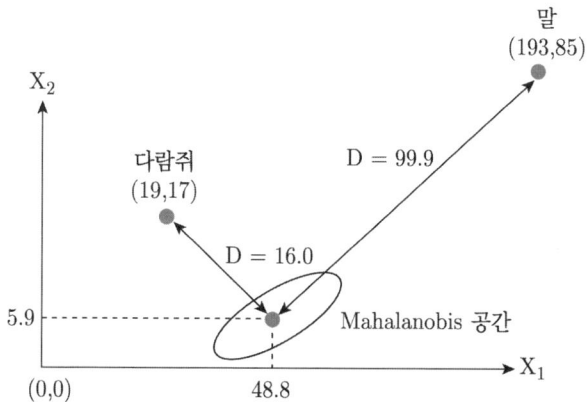

〈그림 2.3〉 마하라노비스 공간과 다람쥐, 말의 마하라노비스 거리(D)비교

마하라노비스 거리는 여러개의 측정항목으로 측정된 다변량 데이터를 하나의 종합적 지표로 나타내는 방법이다. 마하라노비스 거리가 클 수록 조사대상(실험군)의 패턴은 대조군에 속하지 않을 확률이 높아진다.

예제 2.4

▶ Minitab 16으로 마하라노비스 거리(D) 구하기

Minitab 16의 주성분분석 기능을 이용하면 공분산행렬을 이용한 정상그룹의 마하라노비스 거리(D)를 쉽게 구할 수 있다. 주의할 점은 Minitab으로 구한 마하라노비스 거리는 D^2이 아닌 D이며, 실험군의 마하라노비스 거리는 구해지지 않으므로 따로 구해야한다.

▶ Minitab 워크시트

	C1	C2	C3
	X1	X2	
1	51	7.0	
2	47	5.3	
3	53	5.0	
4	50	6.5	
5	43	5.8	
6			
7			
8			

▶ 통계분석 >다변량분석>주성분분석
  - 변수 X1 X2

- 행렬유형: 공분산

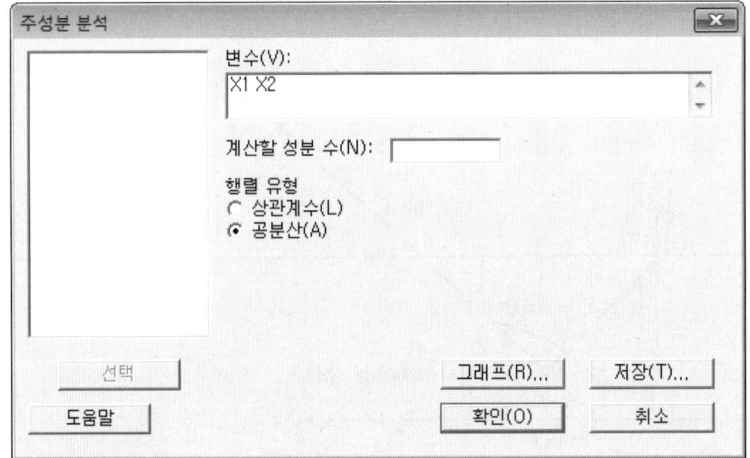

▶ 저장
 - 거리: MD

▶ 확인

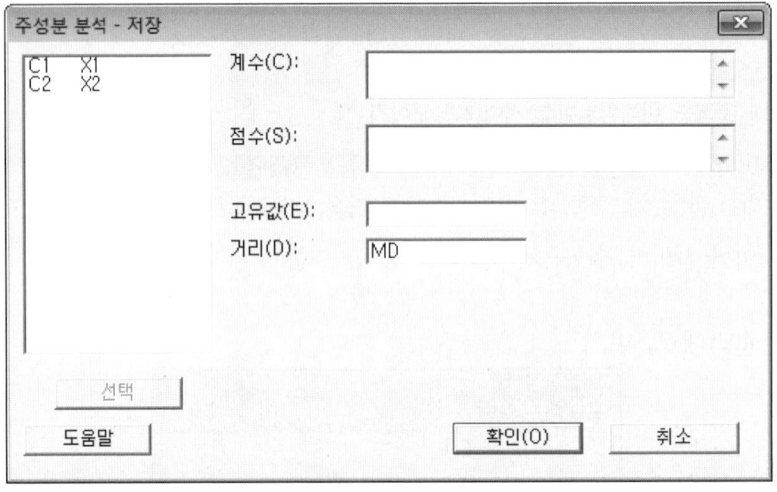

■ Minitab 분석 결과
워크시트의 C3 열에 공분산행렬을 이용한 5개의 마하라노비스 거리가 저장되어 있다. 1번 시료의 마하라노비스 거리(D)는 1.38이고, 5번 시료의 마하라노비스 거리(D)는 1.49이다.

↓	C1	C2	C3	C4
	X1	X2	MD	
1	51	7.0	1.38279	
2	47	5.3	0.85011	
3	53	5.0	1.61166	
4	50	6.5	0.74422	
5	43	5.8	1.48792	
6				
7				
8				
9				

4 공분산과 상관계수

비교되는 두 변수의 관계성을 설명하는 값인 공분산은 측정단위(scale)의 크기차이에 따라 값이 달라진다. 이러한 공분산의 특성은 두 변수간 관계성(+ 관계, - 관계)을 설명하는 데는 문제가 없으나, 공분산 절대값 크기를 비교하는 것은 의미가 없기 때문에 측정단위가 다른 변수의 관계성의 크기를 비교하는 데 적합하지 않다. 이와 달리 상관계수(r)는 측정단위의 크고 작음에 관계없이 항상 -1부터 +1 사이의 단위 값으로 구해지므로 두 변수간 관계를 설명하는데 매우편리하다. 이러한 이유 때문에 MTS에서는 마하라노비스 거리 계산에 상관행렬(R)을 사용한다.

예를 들어 <표 2.3>의 데이터에 10을 곱하여 <표 2.5>와 같이 데이터를 만들어 공분산과 상관계수를 구하여 측정값 크기가 공분산과 상관계수에 어떤 영향을 주는지 알아보자.

<표 2.5> 토끼의 몸길이(x_1)와 꼬리길이(x_2) 데이터

시료번호	측정데이타			
	x_1	x_2	y_1	y_2
1	51	7	510	70
2	47	5.3	470	53
3	53	5	530	50
4	50	6.5	500	65
5	43	5.8	430	58
평균	48.80	5.92	488.00	59.20
표준편차	3.899	0.829	38.987	8.289

1) 공분산

식 (2.6)으로 x_1과 x_2 그리고 y_1과 y_2의 공분산을 구해보자.

x_1과 x_2 공분산을 구하면,

$$COV(x_1, x_2) = \frac{1}{4}\sum_{i=1}^{5}(x_{1i} - 48.80)(x_{2i} - 5.92)$$

$$= \frac{1}{4}(51 - 48.80)(7 - 5.92) + \ldots + (43 - 48.8)(5.8 - 5.92)$$

$$= \frac{1.02}{4} = 0.255$$

이고, y_1과 y_2의 공분산은,

$$COV(y_1, y_2) = \frac{1}{4}\sum_{i=1}^{5}(y_{1i} - 488.0)(y_{2i} - 59.2)$$

$$= \frac{1}{4}(510 - 488)(70 - 59.2) + \ldots + (430 - 488)(58 - 59.2)$$

$$= \frac{102.0}{4} = 25.5$$

이다.

2) 상관계수

두 변수 x와 y의 상관계수(r)를 구하는 식

$$r = \frac{1}{n-1}\sum_{i=1}^{n}(\frac{x_i - \overline{x}}{s_1})(\frac{y_i - \overline{y}}{s_2})$$

$$= \frac{\sum_{i=1}^{n}(x_i - \overline{x})(y_i - \overline{y})}{\sqrt{(x_i - \overline{x})^2(y_i - \overline{y})^2}}$$

을 사용하여, x_1과 x_2, y_1과 y_2의 상관계수를 구해보자.

x_1과 x_2의 상관계수는,

$$r = \frac{1}{4}\sum_{i=1}^{5}(\frac{x_{1i} - \overline{x_1}}{s_{x1}})(\frac{x_{2i} - \overline{x_2}}{s_{x2}})$$

$$= \frac{1}{4}[(\frac{51-48.8}{3.899})(\frac{7-5.92}{0.829}) + ... + (\frac{43-48.8}{3.899})(\frac{5.8-5.92}{0.829})]$$

$$= 0.079$$

이고,

y_1과 y_2의 상관계수는,

$$r = \frac{1}{4}\sum_{i=1}^{5}(\frac{y_i - \overline{y_1}}{s_{y1}})(\frac{y_i - \overline{y_2}}{s_{y2}})$$

$$= \frac{1}{4}[(\frac{510-488.0}{38.99})(\frac{70-59.2}{8.29}) + ... + (\frac{430-488.0}{38.99})(\frac{58-59.2}{8.29})]$$

$$= 0.079$$

이다.

위의 계산결과에서 보는 바와 같이 공분산은 측정값의 크기(scale)에 따라 차이가 있지만 상관계수는 측정값의 크기와 관계없이 일정한 값을 갖는다.

공분산과 상관계수 모두 두변수 사이의 관계를 설명하는 통계량이지만 마하라노비스 거리 계산에 사용되는 측정값들은 서로 다른 크기로 측정되는 경우가 대부분이므로 상관계수가 공분산 보다 균질한 단위공간을 만드는데 유리하다.

5 마하라노비스 거리 활용분야

여러 항목으로 측정된 값을 하나의 측도로 나타내는 마하라노비스 거리는 개별시료의 패턴을 비교하는데 사용할 수 있다. 예를 들어 의료산업에서 건강한 사람을 대조군(정상그룹)으로 하고 건강한 사람 개인별 마하라노비스 거리를 계산한 다음 마하라노비스 공간을 만들고 새로운 검진자의 마하라노비스 거리를 계산하여 그 값이 건강한 사람들 그룹(대조군)에 포함 되는 값이면 건강상태가 양호하다고 할 수 있고, 마하라노비스 거리가 커서 대조군에 포함되지 않는다면 건강상태가 양호하지 않다고 할 수 있을 것이다.

또한, 암 환자의 치료기간동안 주기적으로 마하라노비스 거리를 계산하여 그 값이 점점 작아져서 건강한 사람그룹(마하라노비스 공간)에 가까워 진다면, 환자의 건강상태는 회복되고 있다고 볼 수 있다.

이밖에도 마하라노비스 개념은 지문식별 등의 생체인식 분야와 차량번호판 인식 등의 문자인식 분야, 설비오작동 진단등의 진단분야, 기상 및 지진예측 등의 예측 분야등에 적용되고 있다. 특히 정보기술의 발달과 함께 일상생활에서 컴퓨터 활용이 보편화되고 다양한 디지털 기기들이 개발되면서 패턴인식 방법으로서 MTS에 대한 관심이 더욱 커지고 있다.

CHAPTER 03

마하라노비스-다구찌 시스템(MTS)

🎯 학습목표 :

1. MTS 실행절차를 이해한다.
2. 정상그룹과 비정상그룹의 개념을 이해한다.
3. 정규화(normalization)와 표준화(standardization)의 차이를 이해한다.
4. Scaled Mahalanobis 거리를 구할 수 있다.
5. 정상그룹과 비정상그룹의 마하라노비스 거리를 계산할 수 있다.
6. Minitab 매크로 파일을 작성하여 마하라노비스 거리를 계산할 수 있다.
7. 다양한 패턴인식 문제에 MTS를 적용할 수 있다.

1 MTS란 무엇인가?

2장에서 통계적 방법에 의한 다차원공간의 거리 계산 방법으로서 유크리드 공간과 공분산행렬을 이용한 마하라노비스 거리에 대하여 알아보았다. Taguchi 박사는 1970년대 후반부터 마하라노비스 거리 이론을 자신의 품질공학 이론과 결합하여 패턴인식과 예측을 위한 방법으로 MTS를 생각하였다. MTS의 기본 아이디어는 다변량 특성치를 하나의 종합적지표인 마하라노비스 거리로 나타내고, 마하라노비스 거리 변화에 민감도가 높은 특성치를 패턴분류에 중요한 특성치로 선정하는 것이다. MTS는 생산공정의 불량품 검사, 설비이상 진단, 의료데이터 분석, 마케팅부문의 히트 상품개발 등에 광범위하게 적용되고 있다.

다구찌 박사가 생각한 마하라노비스 거리(MD)는 2장에서 다룬 공분산행렬을 사용한 방법과 몇가지 차이점이 있다.

첫째, 정상그룹(대조군) 측정항목의 평균과 표준편차로 측정값을 정규화 한다.
둘째, 거리계산에 공분산행렬이 아닌 상관행렬의 역행렬(R^{-1})을 사용한다.
셋째, 마하라노비스 공간은 원점을 기준점으로 하며 평균이 1인 단위공간이다.
넷째, SN비를 사용하여 예측능력이 있는 측정항목과 예측능력이 없는 측정항목을 정한다.
다섯째, 그룹구분에 통계적 유의성 검정 대신 문턱값(*threshold value*)을 사용한다.

MTS의 핵심은 전문가에 의해 구분된 정상그룹과 비정상그룹의 시료를 여러 항목으로 측정한 특성값을 하나의 종합적 지표인 마하라노비스 거리로 나타내고 특정시료가 정상그룹과 비정상그룹 중 어느 그룹에 속하는지 예측하는 데 있다.

MTS는 다변량분석 방법인 판별분석(*discriminant analysis*)과 비교할 때 다음과 같은 차이가 있다.

첫째, 판별분석에서는 비교되는 두 그룹은 모두 정규분포를 한다는 가정이 필요하지만 MTS에서 비정상그룹은 다양한 패턴이 존재한다는 것을 가정하고 있을 뿐 정규분포를 한다는 전제는 없다.
둘째, 시료의 패턴차이는 정규화(*normalized*)된 정상그룹의 데이터 집합인 단위공간을 기준으로 평가한다.

마하라노비스-다구찌 시스템에서 정상그룹에 속한 개별 요소들은 동일 패턴을 갖으며 그룹내 시료간 차이를 마하라노비스 거리(MD)로 표시한다. 일반적으로 기준집단(정상그룹)에 속하지 않는 시료(비정상그룹)의 마하라노비스 거리는 기준집단(정상그룹)의 시료보다 큰 값을 갖는다.

다구찌 박사는 마하라노비스 거리의 장점을 다음과 같이 설명한다.

"마하라노비스 공간의 우수한 점은 제로점과 단위량을 다차원의 공간에서 정하고, 그것을 단위공간으로 해석 하여 마하라노비스 공간에 속하지 않는 대상에 대해서 거리를 구하는 것에 있다." --다구찌 기법의 발상법, 2004, 다구찌 저, 장기일, 이상복 옮김, 한국품질재단.

다구찌 박사는 정상그룹 또는 양품을 대상으로 마하라노비스 공간을 구성해야한다고 주장 하는데, 그 이유는 양품은 그 패턴이 단순하고 균일하지만 불량품은 매우 다양하여 여러 패턴을 갖으며 그 범위가 어디까지 인지 정하기도 쉽지 않기 때문이다. 올바른 판정을 위해서는 불량품을 연구하는 것 보다 양품을 연구해야하는 이유를 다음과 같이 설명하고 있다.

"불량품에는 치수가 너무 커서 불량인 물건이 있다면, 길이가 너무 작아서 불량인 물건도 있다. 그러나, 양품들만은 상당히 닮아있다. 이 닮은 집단으로 마하라노비스 공간을 만들어서 거기에 개개의 불량품의 거리를 측정하는 것이 가장 중요한 것이다. 나에게 이같은 아이디어를 준 계기는 옛날에 읽었던 톨스토이의 "안나카레니나"의 첫 머리의 한 구절이다. 거기에는 다음과 같이 쓰여져 있다. "행복한 가정은 전부 닮은데가 있는 것이고, 불행한 가정은 어디에서도 그 불행의 느낌이 다른 것이다."
〈다구찌 기법의 발상법, 겐이치 다구찌 저, 장기일, 이상복 옮김, 한국품질재단, 2004〉

MTS는 통계분포를 근거로 한 의사결정 보다는 기술자적 입장에서 손실을 기준으로한 의사결정을 중시한다. 2장에서 카이제곱, $\chi^2_{(k,\alpha)}$, 확률을 임계값(critical value)으로 사용하여 조사대상 시료의 마하라노비스 거리가 정상그룹에 속하는지 판정하였다. 하지만 MTS에서는 임계값 보다는 손실함수 개념을 적용하여 문턱값(threshold value)을 판정기준으로 사용한다. 문턱값(threshold value)은 판정오류(1종오류와 2종오류)에 의한 손실이 최소가 되는 마하라노비스 거리(D^2)이다.

MTS는 품질공학에서 사용하는 직교배열표(orthogonal array)와 SN비를 사용하여 측정항목의 예측능력을 평가하고 시료의 패턴을 정확하게 예측할 수 있는 측정항목을 선별할 수 있으며, 예측능력이 없는 변수들은 측정항목에서 제외해도 되므로 계측시스템의 효율을 높일 수 있다.

이와 같이 MTS의 핵심은 다차원공간의 대조그룹(정상그룹)과 실험그룹(비정상그룹)의 패턴차이를 단일 측도인 마하라노비스 거리로 나타내고, 품질공학에서 사용하는 SN비와 직교배열표를 사용하여 패턴 구분에 중요한 변수와 중요하지 않은 변수를 선별하는데 있다.

MTS의 특징은 다음과 같이 3가지로 요약할 수 있다.
첫째, 여러개의 측정항목으로 구성된 단위공간으로부터 개별시료 까지의 거리를 단일 측도로 나타내고 시료간 차이를 쉽게 이해 할 수 있다.
둘째, 마하라노비스 거리의 정확성 평가 지표로서 SN비를 사용한다.
셋째, 직교배열표 실험으로 마하라노비스 거리 기반의 계측시스템의 정확성을 향상 시킨다.

2 정상그룹의 정규화

2.1 정규화 목적

다차원 공간의 원점을 기준점으로 하고 마하라노비스 거리 평균이 1인 단위공간을 만들기 위해 정상그룹의 측정값을 정규화한다. 정규화된 마하라노비스 공간은 균질한 값을 갖는 단위 공간으로서 비정상그룹의 마하라노비스 거리와 비교된다. 정상그룹의 측정데이타를 정규화하는데 정상그룹의 k개 측정항목별 평균과 표준편차가 사용된다. 정규화된 정상그룹의 마하라노비스 거리를 k차원 공간에 위치시키면 k개 측정항목의 평균값을 원점으로 하는 단위공간이 된다. 마하라노비스 공간은 비정상그룹의 마하라노비스 거리와 비교되며 조사 대상의 시료가 정상그룹과 비정상그룹 중 어느 그룹에 속하는지 구분하는 기준공간이다.

2.2 정규화 방법

마하라노비스 박사는 마하라노비스 거리를 계산할 때 측정항목이 k개인 패턴벡터 $X=(x_1, x_2, ..., x_k)$를 평균값 $\overline{x_i}$로 빼주어 k차원 공간의 평균$(\overline{x_1}, \overline{x_2}, ..., \overline{x_k})$좌표를 기준점으로 하는 마하라노비스 거리를 계산하였다.

$$D^2 = (x-\overline{x})C^{-1}(x-\overline{x})^T$$
$$= (x_1-\overline{x_1}, x_2-\overline{x_2},......,x_k-\overline{x_k})\,C^{-1}(x_1-\overline{x_1}, x_2-\overline{x_2},......,x_k-\overline{x_k}) \quad (3.1)$$

MTS에서는 이와 다르게 측정항목으로 구성된 패턴벡터 $X=(x_1,x_2,....,x_k)$를 평균으로 뺀 다음 표준편차로 나누어 정규화하고 정규화 변수를 사용하여 마하라노비스 거리를 계산한다. 이렇게 하면 식 (3.1)은 식 (3.2)와 같아진다.

$$D^2 = \frac{1}{k}\left(\frac{x_1-\overline{x_1}}{s_1}, \frac{x_2-\overline{x_2}}{s_2},......,\frac{x_k-\overline{x_k}}{s_k}\right)R^{-1}\left(\frac{x_1-\overline{x_1}}{s_1}, \frac{x_2-\overline{x_2}}{s_2},......,\frac{x_k-\overline{x_k}}{s_k}\right)^T$$
$$= \frac{1}{k}(Z_1, Z_2,......,Z_k)\,R^{-1}(Z_1, Z_2,......,Z_k)^T$$

(3.2)

정상그룹의 마하라노비스 거리(D^2)는 정규화된 변수 $Z_1, Z_2,......,Z_k$로 계산된다.

식 (3.2)를 사용하여 계산된 정상그룹의 마하라노비스 거리는 k차원 공간의 원점(0,0,..,0)을 기준점으로 하며 평균이 1인 단위공간이다.

3 비정상그룹의 표준화

3.1 표준화 목적

비정상그룹의 마하라노비스 거리계산 기준점이 정상그룹의 마하라노비스 공간 중심점(원점)과 같아지도록 비정상그룹의 측정 데이터를 표준화한다. 표준화를 위해 비정상그룹의 측정값을 정상그룹 측정항목의 평균으로 뺀 다음 표준편차로 나누어 주는데 이렇게 하는 이유는 비정상그룹의 마하라노비스 거리 기준점을 정상그룹의 원점(0,0,......,0)으로 하면 정상그룹의 마하라노비스 거리 기준점과 같아지게 되어 비정상그룹의 마하라노비스 거리 비교가 쉬워지기 때문이다.

3.2 표준화 방법

비정상그룹의 k개 측정값의 패턴벡터 $X=(x_1,x_2,......,x_k)$를 정상그룹의 대응하는 측정항목의 평균 m_i $(i=1,2,....,k)$와 표준편차 s_i로 표준화하는 방법은 식 (3.3)과 같다.

$$Z_{ij} = \frac{y_{ij}-m_i}{s_i} \quad (i=1,2,...,k\ \ j=1,2,...,n) \quad (3.3)$$

비정상그룹의 j번째 시료의 표준화 방법은,

$$Z_j = (\frac{y_{1j}-m_1}{s_1}, \frac{y_{2j}-m_2}{s_2}, ..., \frac{y_{kj}-m_k}{s_k})$$
$$= (Z_1, Z_2, ..., Z_k)$$

와 같다.

<그림 3.1>에서 보는 바와 같이 비정상그룹의 표준화는 마하라노비스 공간의 중심점(원점)을 기준점으로 하는 마하라노비스 거리를 구하기 위해 비정상그룹 패턴벡터 $X=(x_1, x_2, ..., x_k)$를 변환하는 것이다.

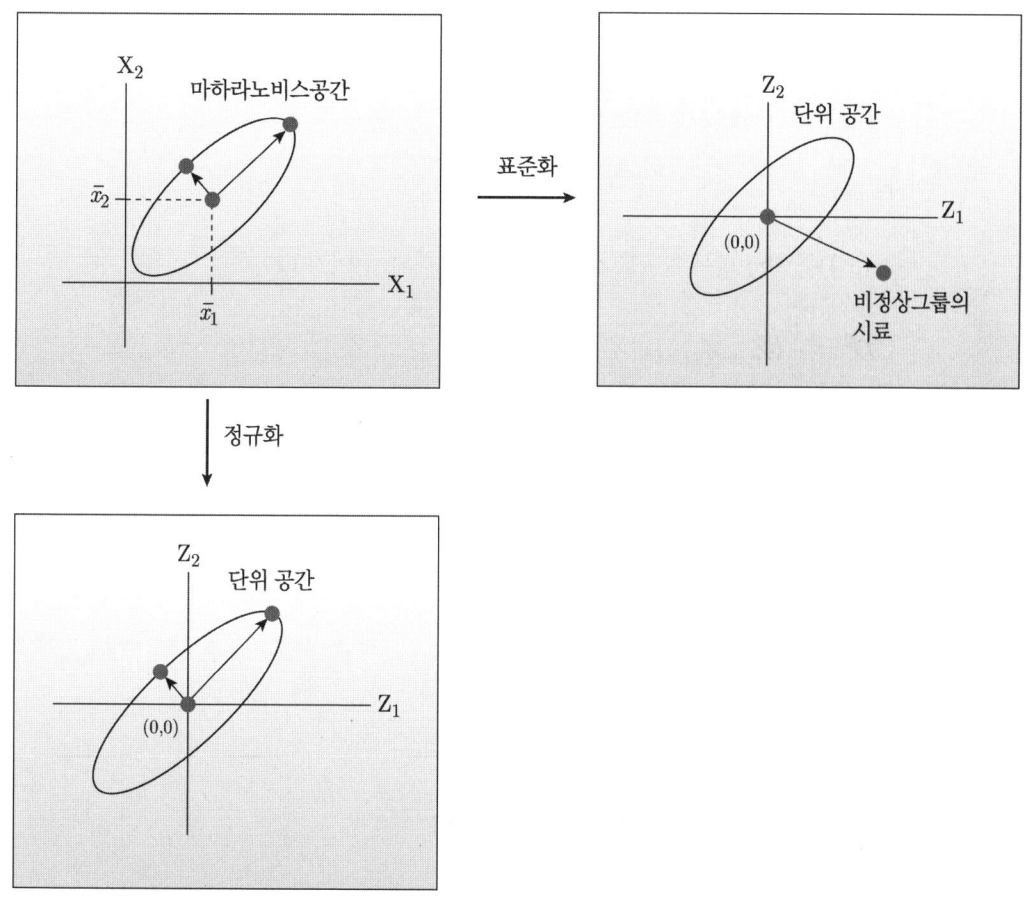

<그림 3.1> 정상그룹의 정규화와 비정상그룹의 표준화

4 | Scaled Mahalanobis 거리

정상그룹 시료의 패턴 $X = (x_1, x_2, ..., x_k)$의 마하라노비스 거리(D^2)를 구하는 식은

$$D^2 = (Z_{1j}, Z_{2j}, ..., Z_{kj}) R^{-1} (Z_{1j}, Z_{2j}, ..., Z_{kj})^T \qquad (3.4)$$

$$= ZR^{-1}Z^T$$

이다.

식 (3.4)로 구한 마하라노비스 거리(D^2)는 평균이 k이고 분산이 $2k$인 카이-제곱 (χ^2) 분포를 따르는 것으로 알려져 있다.

즉,

$$E[D^2] = k, \ V[D^2] = 2k$$

이다.

식 (3.4)를 측정항목수 k로 나누어 주면 아래와 같아지고,

$$D^2 = \frac{1}{k}(Z_{1j}, Z_{2j}, ..., Z_{kj}) R^{-1} (Z_{1j}, Z_{2j}, ..., Z_{kj})^T \qquad (3.5)$$

$$= \frac{1}{k} ZR^{-1}Z^T$$

식 (3.5)로 구한 마하라노비스 거리를 scaled mahalanobis 거리라 한다. MTS에서 사용하는 마하라노비스 거리는 특별한 언급이 없는 한 scaled mahalanobis 거리를 의미한다.

식 (3.5)의 기댓값은

$$E[\frac{1}{k}D^2] = \frac{1}{k}E[D^2] = \frac{1}{k} \times k = 1 \qquad (3.6)$$

이고,

분산은

$$V[\frac{1}{k}D^2] = \left(\frac{1}{k}\right)^2 V[D^2] = \frac{2k}{k^2} = \frac{2}{k} \qquad (3.7)$$

이다.

식 (3.5)를 사용하여 구한 마하라노비스 공간은 거리 평균이 1인 균질한 단위공간 으로서

비정상그룹의 마하라노비스 거리와 비교하기가 훨씬 쉬워진다.

5 MTS 적용절차

MTS를 적용한 패턴분석 절차는 아래와 같이 크게 3단계로 나누어진다.

1. 마하라노비스 공간 작성
① 측정시료(n)와 측정항목(k)을 정한다.
② 정상그룹과 비정상그룹을 구분하고 측정항목을 측정한다.
③ 정상그룹의 마하라노비스 거리(D_j^2)를 구한다.

2. 측정항목의 예측능력 확인
① 비정상그룹의 마하라노비스 거리 (D_j^2)를 구하여 단위공간의 타당성(예측능력)을 검증한다.
② 측정항목을 직교배열표에 배치하고 실험조건별로 비정상그룹의 마하라노비스 거리 (D_j^2)를 구하여 SN비를 계산한다(망대특성과 동특성의 SN비를 많이 사용함).
③ 측정항목별 SN비 이득(gain)을 계산하여 예측능력이 있는 중요한 항목을 선정한다.
④ 선정된 항목만으로 마하라노비스 거리(D_j^2)를 계산하고 예측능력을 평가한다.

3. 최적화
오류율과 손실금액을 고려하여 문턱값(threshold value)을 정한다.

5.1 정상그룹 정규화

정규화는 정상그룹의 측정값 $y_{ij}(i=1,2,...,k\ j=1,2,....,n)$을 측정항목 x_i의 평균(m_i)으로 빼준 다음, 표준편차(s_i)로 나누는 것을 말한다. 정상그룹의 시료 n개를 k개의 측정항목으로 정규화 하는 식은 아래와 같다.

$$Z_{ij} = \frac{y_{ij} - m_i}{s_i},\ (i=1,2,......,k\quad j=1,2,....,n)$$

여기서,
Z_{ij} = 측정값 y_{ij}를 정규화한 변수

y_{ij} = j번째 시료를 측정항목 x_i로 측정한 값

m_i = 측정항목 x_i의 평균

s_i = 측정항목 x_i의 표준편차

정규화된 변수 Z_{ij}는 k차원 공간의 원점(0,0,...,0)을 중심점으로 하는 변수이다.

〈표 3.1〉 데이터 수집 구조

번호	측정항목					
	x_1	x_2	.	.	.	x_k
1	y_{11}	y_{21}	.	.	.	y_{k1}
2	y_{12}	y_{22}	.	.	.	y_{k2}
.	.	.	.	.	.	.
.	.	.	.	.	.	.
n	y_{1n}	y_{2n}	.	.	.	y_{kn}
평균	m_1	m_2	.	.	.	m_k
표준 편차	s_1	s_2	.	.	.	s_k

〈표 3.2〉 정상그룹의 측정데이터 정규화 표

번호	정규화변수					
	Z_1	Z_2	Z_3	.	.	Z_k
1	Z_{11}	Z_{21}	Z_{31}	.	.	Z_{k1}
2	Z_{12}	Z_{22}	Z_{32}	.	.	Z_{k2}
.	.	.	.	.	.	.
.	.	.	.	.	.	.
n	Z_{1n}	Z_{2n}	Z_{3n}	.	.	Z_{kn}

5.2 비정상그룹 표준화

비정상그룹의 표준화는 비정상그룹의 측정값 $y_{ij}(i=1,2,...,k \quad j=1,2,....,n)$를 정상그룹 x_i의 평균(m_i)으로 뺀 다음 표준편차(s_i)로 나누는 것을 말한다. 정상그룹 n개의 시료를 k개의 측정항목으로 정규화 하는 식은 아래와 같다.

$$Z_{ij} = \frac{y_{ij} - m_i}{s_i}, (i=1,2,......,k \quad j=1,2,....,n)$$

여기서,

Z_{ij} = 비정상그룹 측정 데이터 y_{ij}를 표준화한 변수

y_{ij} = 비정상그룹의 j번째 시료를 측정항목 x_i로 측정한 값

m_i = 정상그룹의 측정항목 x_i의 평균 $(i=1,2,....,k)$

s_i = 정상그룹의 측정항목 x_i의 표준편차 $(i=1,2,....,k)$

이와 같이 비정상그룹의 측정값을 표준화한 다음 비정상그룹의 마하라노비스 거리를 구하면 거리계산의 기준점이 정상그룹의 마하라노비스 거리 기준점과 동일하게 되어 해석이 매우 쉬워진다.

〈표 3.3〉 비정상그룹 측정 데이터 표준화 테이블

번호	표준화변수					
	Z_1	Z_2	Z_3	.	.	Z_k
1	Z_{11}	Z_{21}	Z_{31}	.	.	Z_{k1}
2	Z_{12}	Z_{22}	Z_{32}	.	.	Z_{k2}
.	.	.	.	.	.	.
.	.	.	.	.	.	.
n	Z_{1n}	Z_{2n}	Z_{3n}	.	.	Z_{kn}

5.3 상관행렬과 역행렬

MTS에서 마하라노비스 거리(D^2)는 공분산행렬(C) 대신 정규화 변수 Z_j로부터 구해지는 상관계수 r_{ij}를 원소로 하는 상관행렬(R)을 이용하여 계산된다. 상관계수는 -1과 +1 사이의 단위값 이므로 공분산행렬을 사용할 때 보다 해석이 훨씬 용이해진다.

두 변수 (Z_i, Z_j)의 상관계수 r_{ij}를 구하는 식은

$$r_{ij} = r_{ji} = \frac{1}{n-1} \sum_{p=1}^{n} Z_{ip} Z_{jp}, \ (i,j=1,2,....,k \ \ p=1,2,....,n)$$

이다. k개 측정항목의 정규화 변수들의 상관계수를 모두 구하면 아래와 같은 $k \times k$ 상관행렬을 구할 수 있다.

$$R = \begin{bmatrix} 1 & r_{12} & \cdots\cdots & r_{1k} \\ r_{21} & 1 & \cdots\cdots & r_{2k} \\ . & . & \cdots\cdots & . \\ . & . & \cdots\cdots & . \\ r_{k1} & r_{k2} & \cdots\cdots & 1 \end{bmatrix}$$

2장에서 공분산행렬의 역행렬(C^{-1})을 이용하여 마하라노비스 거리를 계산하였으나, MTS에서는 상관행렬(R)의 역행렬(R^{-1})을 사용하여 변수간 상관관계가 반영된 마하라노비스 거리를 구한다.

$$역행렬(R^{-1}) = \begin{bmatrix} 1 & r_{12} & \cdots\cdots & r_{1k} \\ r_{21} & 1 & \cdots\cdots & r_{2k} \\ . & . & \cdots\cdots & . \\ . & . & \cdots\cdots & . \\ r_{k1} & r_{k2} & \cdots\cdots & 1 \end{bmatrix}^{-1}$$

역행렬은 상관행렬과 마찬가지로 $k \times k$ 정방행렬이다.

5.4 마하라노비스 거리(D^2)

j번째 시료의 마하라노비스 거리 계산식은 아래와 같다.

$$MD_j = D_j^2 = \frac{1}{k} Z R^{-1} Z^T \quad (j=1,2,\ldots,n)$$

여기서, $Z = [Z_{1j} \ Z_{2j} \ \ldots Z_{kj}]$, $j=1,2,\ldots,n$ 이고, 전치행렬, Z^T는

$$Z^T = \begin{bmatrix} Z_{1j} \\ Z_{2j} \\ . \\ . \\ Z_{kj} \end{bmatrix}$$

이므로, 마하라노비스 거리(D^2)를 구하는 식은 다음과 같이 쓸 수 있다.

$$MD_j = D_j^2 = \frac{1}{k} [Z_{1j} \ Z_{2j} \ \ldots Z_{kj}] \begin{bmatrix} r_{11} & r_{12} & \cdots\cdots & r_{1k} \\ r_{21} & r_{22} & \cdots\cdots & r_{2k} \\ . & . & \cdots\cdots & . \\ . & . & \cdots\cdots & . \\ r_{k1} & r_{k2} & \cdots\cdots & r_{kk} \end{bmatrix}^{-1} \begin{bmatrix} Z_{1j} \\ Z_{2j} \\ . \\ . \\ Z_{kj} \end{bmatrix}$$

5.5 문턱값과 손실함수

특정시료의 마하라노비스 거리를 계산하고 정상그룹과 비정상그룹 중 어느 그룹에 속하는지 예측 할 때 기준이 되는 마하라노비스 거리를 문턱값(threshold)이라 한다. 문턱값은 판정오류(1종 오류와 2종 오류)가 최소가 되도록 정하기도 하지만, 다구찌 박사는 판정의 오류보다는 손실이 최소가 되도록 문턱값을 정할 것을 제안하였다. 품질공학에서 사용하는 손실함수를 마하라노비스 거리를 사용하여 표현하면 아래와 같다.

$$D = \sqrt{\frac{A}{A_0}} \times D^*$$

A = 이상현상을 사전에 감지하기 위해 실시하는 정밀검사 비용
A_0 = 이상현상을 주관적인 판단에 의존하여 사후적으로 대응할 때의 손실
D^* = 주관적인 판단으로 이상현상을 감지했을 때의 마하라노비스 거리 중앙값
D = 문턱값(threshold value)

또한, 판정오류에 의한 손실(loss)은 마하라노비스 거리(D^2)에 비례하므로

$$L = \frac{A_0}{(D^*)^2} \times D^2$$

와 같이 쓸 수 있다.

예제 3.1

▶ 공분산과 상관계수를 이용한 마하라노비스 거리 비교

예제 2.2에서 토끼의 몸길이(x_1)와 꼬리길이(x_2) 데이터를 정규화한 다음 상관행렬을 이용하여 5마리 토끼의 마하라노비스 거리(scaled mahalanobis 거리)를 구하고 예제 2.2의 마하라노비스 거리와 비교하시오.

〈표 3.4〉 토끼의 몸길이와 꼬리길이 측정 데이타

시료	몸길이(x_1)	꼬리길이(x_2)
1	51.0	7.0
2	47.0	5.3
3	53.0	5.0
4	50.0	6.5
5	43.0	5.8
평균(m)	48.8	5.9
표준 편차(s)	3.899	0.829

> **풀이**

1) 측정값의 정규화 (Z 변환)

평균과 표준편차로 첫번 시료의 측정값을 정규화 하면,

$$Z_{11} = \frac{(51-48.8)}{3.899} = 0.564, \quad Z_{21} = \frac{(7-5.9)}{0.829} = 1.303 \text{이다.}$$

나머지 시료도 같은 방법으로 정규화 하면 <표 3.5>와 같다.

〈표 3.5〉 토끼 측정데이타 정규화

시료	Z_1	Z_2
1	0.564	1.303
2	-0.462	-0.748
3	1.077	-1.110
4	0.308	0.700
5	-1.488	-0.145

2) 상관행렬(R)

측정값을 정규화 한 다음 두 측정항목 사이의 상관계수를 계산하여 상관행렬(R)을 구한다. 상관행렬의 대각요소는 모두 1이다.

측정항목 x_1(몸길이)과 x_2(꼬리길이)의 상관계수 r_{12}는,

$$r_{12} = r_{21} = \frac{1}{5-1}\sum_{p=1}^{5} Z_{1p}Z_{2p}, \quad (i,j=1,2 \ \ p=1,2,..,5)$$
$$= \frac{1}{4}(Z_{11} \times Z_{21} + Z_{12} \times Z_{22} + Z_{13} \times Z_{23} + Z_{14} \times Z_{24} + Z_{15} \times Z_{25})$$
$$= \frac{1}{4}[0.564 \times 1.303 + (-0.462) \times (-0.748) + 1.077 \times (-1.110) + 0.308$$
$$\times 0.700 + (-1.488) \times (-0.148)] = 0.0789$$

이다.

상관행렬의 대각요소는 모두 1 이므로 상관행렬 R은,

$$R = \begin{pmatrix} 1 & 0.0789 \\ 0.0789 & 1 \end{pmatrix} \text{이고, 역행렬은}$$

$$R^{-1} = \begin{pmatrix} 1 & 0.0789 \\ 0.0789 & 1 \end{pmatrix}^{-1} = \begin{pmatrix} 1.00626 & -0.07941 \\ -0.07941 & 1.00626 \end{pmatrix} \text{이다.}$$

3) 마하라노비스 거리 (MD)

역행렬(R^{-1})을 이용하여 정상그룹의 시료별 MD값을 구해보자.
마하라노비스 거리(D^2) 구하는 식은,

$$MD_j = D_j^2 = \frac{1}{k} Z_i R^{-1} Z_i^T \quad j=1,2,3,4,5 \ \ i=1,2 \ \ k=측정항목 수$$

이므로, 첫 번 시료의 마하라노비스 거리를 계산하면,

$$MD_1 = D_1^2 = \frac{1}{2}(Z_{11} \ Z_{21}) R^{-1} (Z_{11} \ Z_{21})^T$$

$$= \frac{1}{2}(0.564 \ 1.303) \begin{pmatrix} 1.00626 & -0.07941 \\ -0.07941 & 1.00626 \end{pmatrix} (0.564 \ 1.303)^T$$

$$= 0.956$$

이다.

같은 방법으로 나머지 4개 시료의 MD값을 구하면, $MD_2 = 0.361$, $MD_3 = 1.299$, $MD_4 = 0.277$, $MD_5 = 1.110$이다.

또한, 정상그룹 시료 5 마리 토끼의 마하라노비스 거리 평균값은,

$$\text{MD 평균} = \frac{(0.956 + 0.361 + 1.299 + 0.277 + 1.110)}{5} = 0.8$$

이다.

4) 마하라노비스 거리 비교

<표 3.6>은 공분산행렬을 사용하여 구한 토끼의 마하라노비스 거리와 scaled mahalanobis 거리이다. 식 (3.5)로 구한 scaled mahalanobis 거리가 공분산행렬을 사용한 마하라노비스 거리 보다 균질한 값을 갖음을 알 수 있다.

〈표 3.6〉 토끼의 마하라노비스 거리비교($D = \sqrt{MD}$)

거리 계산 방법	토끼					거리 평균	표준편차
	1	2	3	4	5		
공분산	1.38	0.85	1.61	0.74	1.49	1.21	0.417
scaled mahalanobis	0.98	0.60	1.14	0.53	1.05	0.86	0.248

6 Minitab Macro 파일 만들기

6.1 MTS.MAC 파일 만들기

MTS.MAC 매크로 파일은 Minitab으로 정상그룹과 비정상그룹의 scaled mahalanobis 거리를 계산하는 간단한 프로그램이다. Minitab 16에는 다변량 분석도구에 마하라노비스 거리를 계산하는 기능이 있지만 마하라노비스 박사가 처음 제안한 방법을 적용하고 있어서, 다구찌 박사가 제안하는 MTS의 마하라노비스 거리 계산방법과는 차이가 있다. (자세한 설명은 http://www.minitab.com/en-KR/support/answers/answer.aspx?id = 224 참조) 아래 프로그램은 다구찌 박사가 제안한 방법대로 정상그룹과 비정상그룹의 마하라노비스 거리(D^2)를 한 번에 계산하기 위해 필자가 작성하여 사용하고 있는 Minitab 매크로 파일이다.

Minitab에서 매크로 파일을 사용하려면 먼저 윈도우 메모장으로 아래 프로그램을 작성하여 파일이름을 "MTS.MAC"으로 저장한 다음 Minitab 프로그램의 "매크로" 폴더에 복사(붙여넣기) 한다. MAC 파일을 작성하는 방법과 실행방법에 대한 자세한 내용은 Minitab 프로그램의 도움말을 참조 바란다.

```
GMACRO

MTS

LET K11=1/(K1-1)
LET K22=1/K2

TRANSPOSE M1 M2
MULT M2 M1 M3
MULT M3 K11 M4
PRINT M1
PRINT M4
 INVERT M4 M5
PRINT M5
MULT M1 M5 M6
MULT M6 M2 M7
MULT M7 K22 M8

DIAG M8 C550
COPY C550 M40
PRINT M40
TRANSPOSE M10 M20
MULT M10 M5 M50
```

```
MULT M50 M20 M60
MULT M60 K22 M70
DIAG M70 C800
COPY C800 M80
PRINT M80

ENDMACRO
```

위 프로그램에서 정의된 변수는 다음과 같다.

▶ 코드보기

    K1= 정상그룹의 시료수
    K2= 측정항목의 개수
    M1= 정상그룹의 정규화 행렬
    M10= 비정상그룹 표준화 행렬
    M4= 상관행렬(R)
    M5= 역행렬(R^{-1})
    M40= 정상그룹의 MD
    M80= 비정상그룹의 MD

6.2 MTS.MAC으로 마하라노비스 거리 구하기

Minitab 매크로 파일 MTS.MAC을 사용하여 정상그룹과 비정상그룹의 마하라노비스 거리 (MD)를 구하려면, 먼저 정상그룹(대조군)과 비정상그룹(실험군)의 측정데이터를 표준화하여 Minitab 워크시트에 입력해야한다. 측정항목이 4개이고, 정상그룹의 시료 5개를 정규화한 변수 Z_1, Z_2, Z_3, Z_4와 비정상그룹을 표준화한 변수 AZ_1, AZ_2, AZ_3, AZ_4를 Minitab 워크시트에 입력하면 아래와 같다.

〈Minitab 워크시트〉 MTS.MAC 실행을 위한 데이터 입력

	C1	C2	C3	C4	C5	C6	C7	C8	C9	C10
	Z1	Z2	Z3	Z4		AZ1	AZ2	AZ3	AZ4	
1	-0.67803	0.02741	0.16013	0.32132		1.68061	0.312661	-0.338078	-2.16742	
2	-0.29711	0.15671	0.65830	0.15387		2.25095	0.400517	-0.559395	-0.53846	
3	1.37891	1.39020	1.19207	1.42556		1.56654	0.829457	-0.320285	-0.47059	
4	-1.05894	-1.42077	-1.22765	-1.08161						
5	0.65517	-0.15360	-0.78285	-0.81913						
6										
7										

MTS.MAC 실행은 4 단계로 나누어 설명하면 다음과 같다.

STEP1: 정상그룹의 정규화 데이터 행렬(M1) 지정
마하라노비스 거리 계산에 사용할 정상그룹과 비정상그룹의 행렬을 지정한다.

▶ 데이터> 복사> 열을 행렬로
   - 복사될 열: Z1-Z4
   - 복사된 데이터 저장 : M1

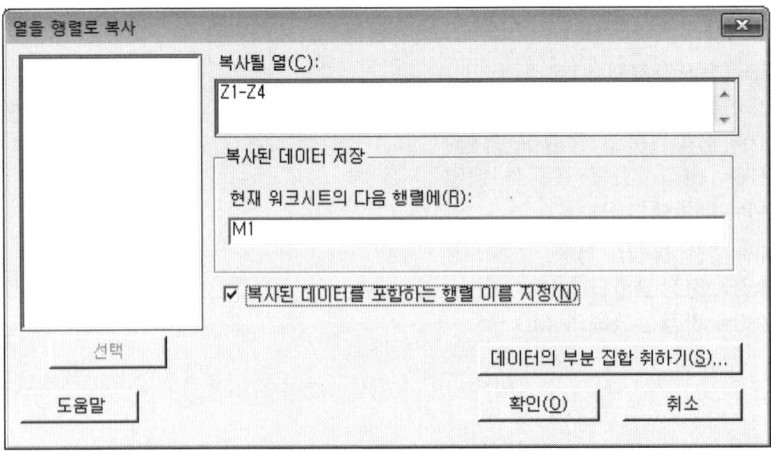

정상그룹의 4개 정규화변수 데이터가 행렬 M1으로 저장된다.

STEP 2: 비정상그룹의 표준화 데이터 행렬(M10) 지정
▶ 데이터> 복사> 열을 행렬로
   - 복사될열: AZ1-AZ4
   - 복사된 데이터 저장: M10

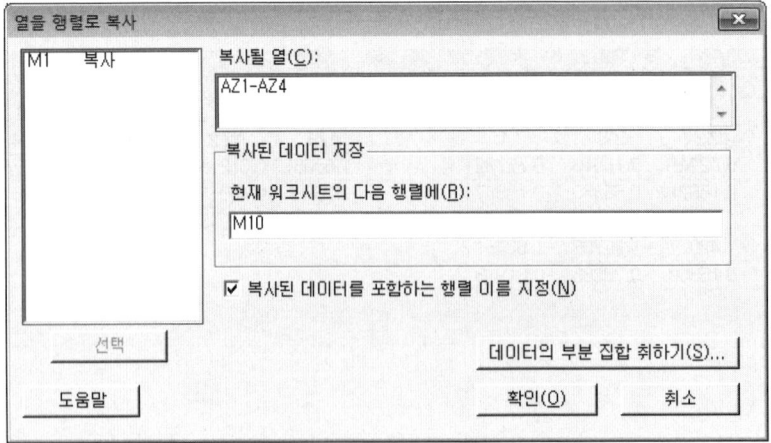

▶ 확인

비정상그룹의 표준화 변수 AZ_1, AZ_2, AZ_3, AZ_4 데이터가 행렬 M10 으로 저장된다.

STEP3: K1(시료수), K2(측정항목수) 입력 및 매크로 파일 실행

행렬 M1과 M10 지정을 마친 다음 Minitab 세션창에서 변수 K1(정상그룹의 시료갯수)과 K2(측정항목 수)값을 입력하고 매크로파일을 실행한다.

▶ 편집기> 명령사용

"MTB>"이 나타나면 다음과 같이 변수 K1(시료수)과 K2(측정항목수) 값을 지정한 다음, 매크로파일 실행명령 "%"를 사용하여 MTS.MAC 파일을 실행시킨다.

MTB> Let K_1=5
MTB> Let K_2=4
MTB> % MTS

STEP4: MTS.MAC 파일 실행결과 출력

파일을 실행하면 세션창에 실행결과가 출력된다. 세션창에 제시되는 행렬들의 보기는 다음과 같다.

⟨Minitab 분석⟩ MTS.MAC 실행결과

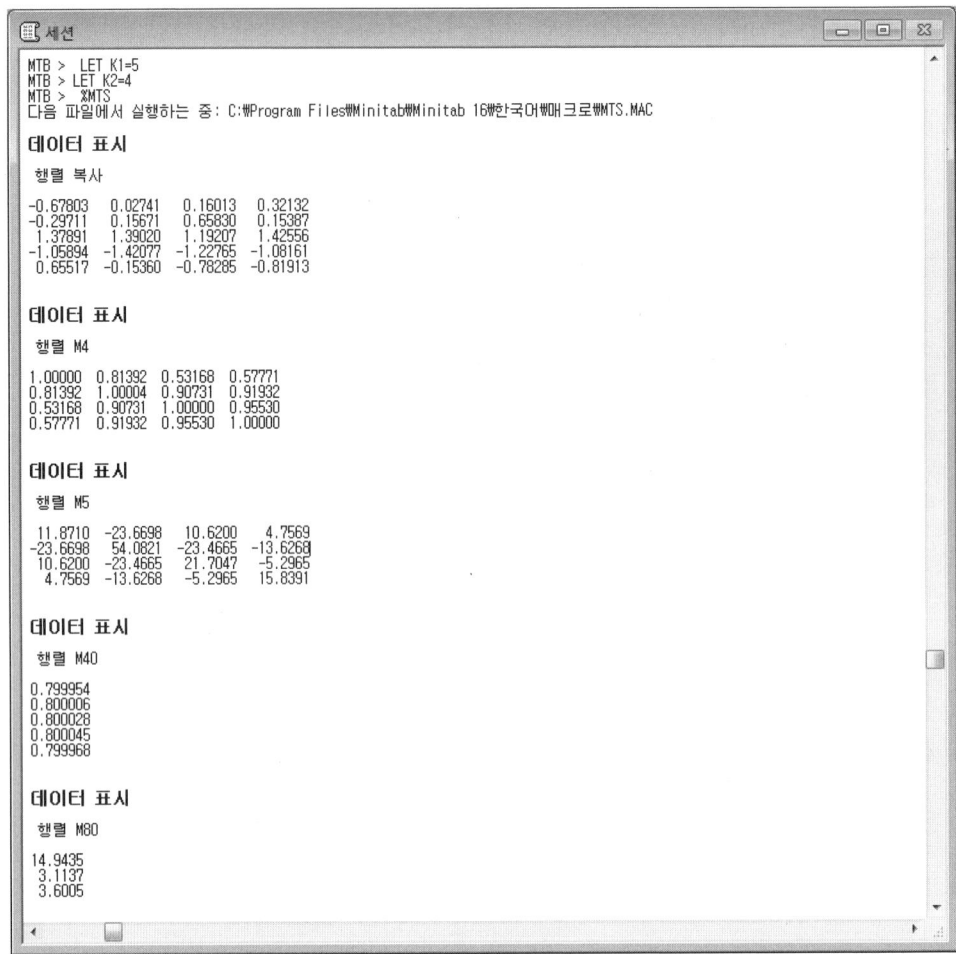

MTS. MAC을 실행시키면 4개의 서로 다른 행렬 값이 세션창에 제시된다. M4, M5, M40, M80 중 M4는 상관행렬(R)이며, M5는 역행렬(R^{-1}), M40은 정상그룹의 마하라노비스 거리(D^2), 그리고 M80은 비정상그룹의 마하라노비스 거리(D^2)행렬이다.

출력된 자료를 보면 정상그룹의 마하라노비스 거리(D^2)는 모두 0.8이고, 비정상그룹 3개 시료의 마하라노비스 거리(D^2)는 각각 14.9435, 3.1137, 3.6005이다.

6.3 MTS2.MAC으로 마하라노비스 거리 구하기

MTS2 매크로는 ㈜이레테크 데이터랩스에서 개발하여 보급하고 있는 마하라노비스 거리 계산용 매크로이다. 앞에서 설명한 MTS 매크로와 다르게 Minitab 워크시트에 정규화, 표준화된 데이터가 아닌 정상그룹과 비정상그룹의 측정데이타(X)를 사용하여 마하라노비스 거리를 계산하므로 매우 편리하다.

MTS2 매크로 사용방법을 4단계로 나누어 설명하면 아래와 같다.

Step1: Minitab 워크시트에 정상그룹 측정데이타(X)와 비정상 그룹 측정데이타(AX)를 입력한다.

	C1 X1	C2 X2	C3 X3	C4	C5 AX1	C6 AX2	C7 AX3	C8	C9	C10
1	51	7.0	7.5		19	17	16			
2	47	5.3	8.0		21	18	15			
3	53	5.0	9.2		20	20	17			
4	50	6.5	9.8							
5	43	5.8	10.0							
6	51	7.2	7.2							
7	48	8.3	8.3							
8	49	6.3	9.2							
9										
10										

Step2: 창(W)>세션 을 차례로 클릭하면 세션창에 MTB> 가 나타난다.

Step3: 명령어 입력이 준비 된 상태에서 %MTS2 C1-C3 C5-C7 3 C8 C9 을 입력한다.

명령줄

MTB > %MTS2 C1-C3 C5-C7 3 C8 C9

여기서 "%MTS2" 는 MTS2 매크로를 실행하라는 명령어 이고 "C1-C3" 는 워크시트에서 정상그룹의 측정 데이타가 입력되어있는 열의 범위, "C5-C7"은 비정상그룹의 측정데이타가 입력되어 있는 열의 범위이다. 숫자 "3" 은 측정항목 개수이며 "C8"은 정상그룹의 마하라노비스거리가 입력될 열, "C9"은 비정상그룹의 마하라노비스 거리가 입력될 열이다.

매크로 실행결과 정상그룹과 비정상그룹의 마하라노비스 거리가 입력될 열은 분석자가 임의로 지정가능 하다.

Step4: Enter 키를 입력하면 마하라노비스 거리가 계산되어 매크로 실행명령 입력시 지정한 열(C8, C9)에 정상그룹과 비정상그룹의 마하라노비스 거리가 입력되고 MD plot이 출력된다.

	C1	C2	C3	C4	C5	C6	C7	C8	C9	C10
	X1	X2	X3		AX1	AX2	AX3	정상그룹(MD)	비정상그룹(MD)	
1	51	7.0	7.5		19	17	16	0.42798	94.129	
2	47	5.3	8.0		21	18	15	1.23505	93.972	
3	53	5.0	9.2		20	20	17	1.30371	131.383	
4	50	6.5	9.8					0.75863		
5	43	5.8	10.0					1.41580		
6	51	7.2	7.2					0.65356		
7	48	8.3	8.3					1.09303		
8	49	6.3	9.2					0.11224		
9										
10										

정상그룹과 비정상그룹의 마하라노비스 거리 그래프(MD Plot)

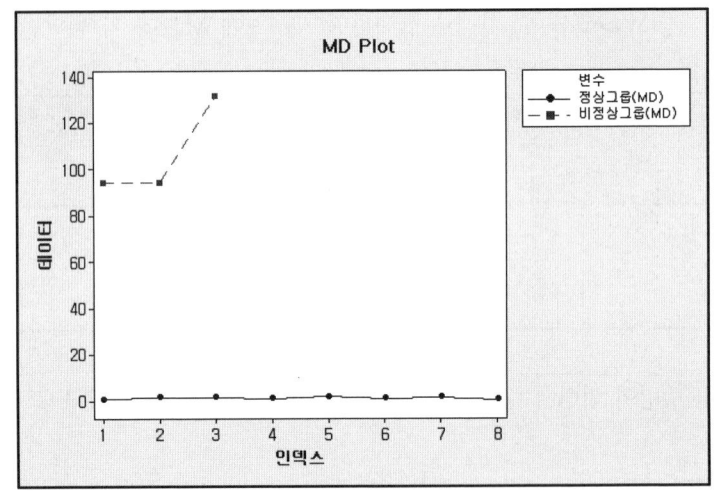

7 측정항목 예측능력 평가

측정항목 예측능력을 평가하는 목적은 마하라노비스 거리 정확성을 높이는데 기여하는 중요한 측정항목을 선정하는 것이다. 측정항목의 예측능력을 평가하는데 3가지 요소가 필요하다.

첫째, 실험을 위한 2수준계 직교배열표
직교배열표는 내측배열과 외측배열로 나누어지며, 내측배열에는 측정항목이 배치되고 외측배열에는 신호인자가 배치된다. 직교배열표 외에 2 수준의 요인실험이나 2수준의 일부실험계획법을 사용할 수 있다.

둘째, 각 실험조건에서 마하라노비스 거리 계산
직교배열표에서 각 실험조건에서 마하라노비스 거리 계산에 사용되는 측정항목 들이 다르기 때문에, 마하라노비스 거리 계산에 사용되는 상관행렬도 다르다.

셋째, 마하라노비스 거리 데이터로 SN비 계산
품질공학에서 SN비는 시스템 강건성을 재는 측도이지만, MTS에서는 패턴인식에 중요한 측정항목을 선정하기위한 측도로 사용된다. SN비 계산에 사용되는 계산식은 분석목적에 따라 다르며, 클수록 좋은 특성값에는 망대특성의 SN비를 사용하고, 작을수록 좋은 특성값에는 망소특성의 SN비를 사용하며, 특정목표값이 있는 경우에는 망목특성의 SN비, 신호인자가 있는 경우 동특성의 SN비를 사용한다. SN비가 클수록 판정의 오류율은 작아지고 예측능력이 높아진다.

7.1 망대특성의 SN비

망대특성은 반응값이 클수록 좋은 특성을 말한다. 즉 배터리 수명, 인장강도, 자동차 연비, 수율 등은 망대특성이다. 측정항목의 예측능력 평가는 비정상그룹의 마하라노비스 거리를 반응 값으로 하여 SN비를 구하기 때문에 마하라노비스 거리를 크게 하는 측정항목이 예측능력이 있는 항목이므로 망대특성의 SN비가 주로 사용된다.

비정상그룹의 시료가 n개이고 측정항목이 k개일 때 망대특성의 SN비 계산식은 다음과 같다.

$$SN = -10 Log_{10} \left[\frac{1}{n} \sum_{i=1}^{n} \frac{1}{D_i^2} \right]$$

n = 비정상그룹의 시료수

7.2 망소특성의 SN비

망소특성은 반응값이 작을수록 좋은 특성을 말한다. 자동차의 공해물질, 불량률, 에너지 소모량, 약의 부작용 등은 망소특성이다.

망소특성의 SN비는 반응값이 작을수록 좋은 시스템에서 제어인자가 시스템의 강건성(*robustness*)에 미치는 영향력을 평가하는 측도이다.

MTS에서 망소특성의 SN비는 조사대상(비정상그룹)의 시료가 정상그룹에 가까울수록 좋은 경우에 사용한다. 예를 들어 복사기로 복사된 화상품질은 원본화상 품질에 가까울수록 좋은 품질이라 할 수 있으므로 원본화상 품질과 복사본 화상 품질 차이는 망소특성이다. SN비 분석에 망소특성의 SN비 계산식을 사용한다.

비정상그룹의 시료가 n개이고 측정항목이 k개인 경우 망소특성의 SN비를 구하는 식은 다음과 같다.

$$SN = -10 Log_{10}\left[\frac{1}{n}\sum_{i=1}^{n} D_i^2\right], \quad n = \text{비정상그룹의 시료수}$$

7.3 망목특성의 SN비

망목특성은 반응값이 목표값에 가까울수록 좋은 특성치를 말한다.

마하라노비스 공간이 정상그룹과 비정상그룹의 시료가 섞여 있는 경우 측정항목의 예측능력 평가에 망목특성의 SN비를 사용할 수 있다. 즉, 마하라노비스 공간이 오염되어 단위공간으로서의 의미가 적을 때 그룹구분에 중요한 변수를 정하는데 사용할 수 있다.

망목특성의 SN비를 구하는 식은

① $SN = 10 Log_{10}\left[\dfrac{\frac{1}{k}(S_m - V_e)}{V_e}\right]$

② 총합 $(T) = \sum_{i=1}^{n} D_i$

③ 평균제곱합 $(S_m) = \dfrac{T^2}{k}$

③ 분산 $(V_e) = \sum_{i=1}^{n} \dfrac{(D_i - \overline{D})^2}{(k-1)}$ (k : 측정항목, $\overline{D}$ = 마하라노비스 거리 평균)

이다.

7.4 동특성의 SN비

동특성의 SN비는 신호인자(M)가 있는 시스템의 신호와 출력과의 관계를 비례식으로 나타내고, 시스템의 강건성(robustness)에 중요한 변수를 평가하는 측도로 사용된다. 동특성의 SN비는 망대특성의 SN비 보다 정확한 예측능력을 제공하는 것으로 알려져 있다.

이전에 비정상그룹을 조사한 적이 있어서 그룹별 마하라노비스 거리 참값을 알고 있다면, 마하라노비스 거리 참값을 신호인자(M) 수준값으로 하여 동특성의 SN비를 계산하면 된다. 만일 비정상그룹의 마하라노비스 거리 참값을 모를 경우 비정상그룹의 마하라노비스 거리 평균($\overline{MD}$)의 제곱근을 신호인자(M_i)수준 값으로 하여 동특성의 SN비를 구한다.

또한, 비정상그룹이 2개 이상일 때 측정항목 예측능력 평가에 동특성의 SN비를 사용한다.

$$M_i = \sqrt{\overline{MD}_i} \quad \text{i = 신호인자의 수준=그룹개수}$$

품질공학에서 동특성의 반응(y)과 신호인자(M)의 비례식은,

$$y = \beta M \quad \text{M:신호인자} \quad \beta\text{:기울기}$$

와 같다.

MTS에서는 반응 y는 마하라노비스 거리(D)로 대치되어

$$D = \beta M$$

가 된다.

비정상그룹이 l개 있을 때 신호인자의 수준을 $M_1, M_2, \ldots M_l$라 하면, 동특성의 SN비 계산식은 다음과 같다.

$$SN(db) = 10 Log_{10}\left[\frac{\beta^2}{\sigma^2}\right]$$

- 분산 $(\sigma^2) = V_e = MSE$
- 총 제곱합 $S_T = (D_1^2 + D_2^2 + \ldots + D_{ln}^2)$
- 선형식 $L = M_1(D_{11} + D_{12} + \ldots D_{1n}) + M_2(D_{21} + D_{22} + \ldots + D_{2n})$
  $\quad + \ldots M_l(D_{l1} + D_{l2} + \ldots + D_{ln})$
- 기울기제곱합 $(S_\beta) = \dfrac{1}{r}L^2$

- 오차제곱합 $S_e = S_T - S_\beta$
- 기울기$(\beta) = \dfrac{1}{r_0 \times r} M_1 \{(D_{11} + D_{12} + ... + D_{1n}) + M_2(D_{21} + ... + D_{2n}) + ...$
  $+ M_l(D_{l1} + ... + D_{ln})\}$
- 신호인자 제곱합$(r) = M_1^2 + M_2^2 + ... M_l^2$

r_0 = 신호인자 수준에서 측정된 데이터 수
k = 측정항목 개수
n = 표본의 개수
l = 신호인자 개수

8 망대특성을 이용한 중요 측정항목 선정사례: 리조트 이용고객 예측

리조트 이용고객 확대를 위한 마케팅 계획 수립을 위해 잠재 고객군 30명을 대상으로 6개 항목에 대한 설문조사를 하였다. 리조트 이용 선호도가 높은 설문 응답자 15명을 정상그룹으로 하고, 리조트 이용 선호도가 낮은 응답자 15명을 비정상그룹으로 분류하여 데이터를 정리한 결과 <표 3.7>과 <표 3.8>과 같았다. 리조트 이용 선호도가 높은 잠재고객과 선호도가 낮은 고객의 마하라노비스 거리를 계산하여 6개 측정항목의 예측능력을 평가하고자 한다.

▶ 측정항목
1. 연수입(x_1) 2. 여행선호도(x_2) 3. 가족여행 중요도(x_3) 4. 주거형태(x_4)
5. 나이(x_5) 6. 휴가비 지출규모(x_6)

⟨표 3.7⟩ 정상그룹의 측정 데이터

시료번호	연수입 (x_1)	여행선호도 (x_2)	가족여행 중요도 (x_3)	주거형태 (x_4)	나이 (x_5)	휴가비지출 규모 (x_6)
1	50.2	5	8	3	43.0	2.0
2	70.3	6	7	4	61.0	3.0
3	62.9	7	5	6	52.0	3.0
4	48.5	7	5	5	36.0	1.0
5	52.7	6	6	4	55.0	3.0
6	75.0	8	7	5	68.0	3.0
7	46.2	5	3	3	62.0	2.0
8	57.0	2	4	6	51.0	2.0
9	64.1	7	5	4	57.0	3.0
10	68.1	7	6	5	45.0	3.0
11	73.4	6	7	5	44.0	3.0
12	71.9	5	8	4	64.0	3.0
13	56.2	1	8	6	54.0	2.0
14	49.3	4	2	3	56.0	3.0
15	62.0	5	6	2	58.0	3.0
평균	60.520	5.400	5.800	4.333	53.733	2.600
표준편차	9.831	1.920	1.821	1.234	8.771	0.632

⟨표 3.8⟩ 비정상그룹의 측정 데이터

시료번호	연수입 (x_1)	여행선호도 (x_2)	가족여행 중요도 (x_3)	주거형태 (x_4)	나이 (x_5)	휴가비지출 규모 (x_6)
1	32.1	5	4	3	58.0	1.0
2	36.2	4	3	2	55.0	1.0
3	43.2	2	5	2	57.0	2.0
4	50.4	5	2	4	37.0	2.0
5	44.1	6	6	3	42.0	2.0
6	38.3	6	6	2	45.0	1.0
7	55.0	1	2	2	57.0	2.0
8	46.1	3	5	3	51.0	1.0
9	35.0	6	4	5	64.0	1.0
10	37.3	2	7	4	54.0	1.0
11	41.8	5	1	3	56.0	2.0
12	57.0	8	3	2	36.0	2.0
13	33.4	6	8	2	50.0	1.0
14	37.5	3	2	3	48.0	1.0
15	41.3	3	3	2	42.0	1.0

8.1 정상그룹의 마하라노비스 거리 계산

정상그룹의 측정값을 정규화하여 단위공간을 만든다.

1) 정상그룹 측정항목의 평균과 표준편차

정상그룹 6개 측정항목의 평균과 표준편차는 <표 3.7>과 같다.

2) 정상그룹 측정값의 정규화

정상그룹의 모든 측정값을 해당열의 측정항목 평균과 표준편차를 사용하여 아래와 같이 정규화 한다.

$$Z_{1j} = \frac{(x_{1j} - 60.520)}{9.831}, \ Z_{2j} = \frac{(x_{2j} - 5.400)}{1.920}, \ Z_{3j} = \frac{(x_{3j} - 5.800)}{1.821}$$

$$Z_{4j} = \frac{(x_{4j} - 4.333)}{1.234}, \ Z_{5j} = \frac{(x_{5j} - 53.733)}{8.771}, \ Z_{6j} = \frac{(x_{6j} - 2.600)}{0.632}$$

여기서 j=1,2,....,15이다.

3) 상관계수(r)와 역행렬(R^{-1})

정상그룹 측정항목을 정규화한 다음 정규화된 변수($Z_1, Z_2, Z_3, Z_4, Z_5, Z_6$)를 사용하여 두 변수의 상관계수(r)를 계산한다.

상관계수를 구하는 식은 아래와 같다.

$$r_{ij} = r_{ji} = \frac{1}{n-1} \sum_{p=1}^{n} Z_{ip} Z_{jp}, \ (i,j=1,2,...,k \ \ p=1,2,....,n)$$

표준화 변수 Z_1과 Z_2의 상관계수 r_{12}를 구하면,

$$r_{12} = r_{21} = \frac{1}{15-1} \sum_{p=1}^{15} Z_{1p} Z_{2p}$$

$$= \frac{1}{14}(Z_{11} \times Z_{21} + Z_{12} \times Z_{22} + ... + Z_{115} \times Z_{215})$$

$$= \frac{1}{14}\{(-1.050) \times (-0.208) + ... + 0.151 \times (-0.208)\}$$

$$= 0.37991 \text{이다.}$$

<표 3.9> 정상그룹의 측정값 정규화

시료번호	Z1	Z2	Z3	Z4	Z5	Z6
1	-1.050	-0.208	1.208	-1.080	-1.224	-0.949
2	0.995	0.313	0.659	-0.270	0.829	0.633
3	0.242	0.833	-0.439	1.351	-0.198	0.633
4	-1.223	0.833	-0.439	0.541	-2.022	-2.532
5	-0.795	0.313	0.110	-0.270	0.144	0.633
6	1.473	1.354	0.659	0.541	1.627	0.633
7	-1.457	-0.208	-1.538	-1.080	0.943	-0.949
8	-0.358	-1.771	-0.988	1.351	-0.312	-0.949
9	0.364	0.833	-0.439	-0.270	0.372	0.633
10	0.771	0.833	0.110	0.541	-0.996	0.633
11	1.310	0.313	0.659	0.541	-1.110	0.633
12	1.158	-0.208	1.208	-0.270	1.171	0.633
13	-0.439	-2.292	1.208	1.351	0.030	-0.949
14	-1.141	-0.729	-2.087	-1.080	0.258	0.633
15	0.151	-0.208	0.110	-1.891	0.486	0.633

나머지 변수들간 상관계수도 같은 방법으로 계산하면 아래와 같은 상관행렬(R)을 구할 수 있다. 측정항목수가 6개 이므로 상관행렬은 6×6 정방행렬이다.

4) 상관행렬과 역행렬

상관행렬 R은,

$$R = \begin{bmatrix} 1 & r_{12} & \cdots & r_{16} \\ r_{21} & 1 & \cdots & r_{26} \\ \cdot & \cdot & \cdots & \cdot \\ \cdot & \cdot & \cdots & \cdot \\ r_{61} & r_{62} & \cdots & 1 \end{bmatrix} = \begin{bmatrix} 1.000 & 0.380 & 0.525 & 0.264 & 0.328 & 0.649 \\ 0.380 & 1.000 & 0.045 & -0.090 & -0.014 & 0.318 \\ 0.525 & 0.050 & 1.000 & 0.159 & -0.004 & 0.112 \\ 0.264 & -0.090 & 0.159 & 1.000 & -0.255 & -0.183 \\ 0.328 & -0.014 & -0.004 & -0.255 & 1.000 & 0.520 \\ 0.649 & 0.318 & 0.112 & -0.183 & 0.520 & 1.000 \end{bmatrix}$$

이다.

역행렬(R^{-1})을 구하면 아래와 같이 6×6 행렬이다.

$$R^{-1} = \begin{bmatrix} 1 & r_{12} & \cdots & r_{1k} \\ r_{21} & 1 & \cdots & r_{2k} \\ \cdot & \cdot & \cdots & \cdot \\ \cdot & \cdot & \cdots & \cdot \\ r_{k1} & r_{k2} & \cdots & 1 \end{bmatrix}^{-1} = \begin{bmatrix} 4.508 & -1.049 & -1.808 & -1.602 & -0.700 & -2.321 \\ -1.049 & 1.422 & 0.412 & 0.465 & 0.472 & 0.023 \\ -1.808 & 0.412 & 1.775 & 0.455 & 0.326 & 0.759 \\ -1.602 & 0.465 & 0.455 & 1.683 & 0.500 & 0.900 \\ -0.700 & 0.473 & 0.326 & 0.500 & 1.615 & -0.481 \\ -2.321 & 0.023 & 0.759 & 0.900 & -0.481 & 2.828 \end{bmatrix}$$

5) 마하라노비스 거리(D^2)

역행렬(R^{-1})을 사용하여 마하라노비스 거리를 계산하는 식은 다음과 같다.

$$MD_j = D_j^2 = \frac{1}{k} Z_{ij} R^{-1} Z_{ij}^T \quad (i=1,2,...,k \quad j=1,2,...,n)$$

정상그룹(리조트 이용 선호도 높은 고객)의 1번 응답자의 마하라노비스 거리를 계산하면 다음과 같다.

$$MD_1 = D_1^2 = \frac{1}{6} \times [-1.050 \ -0.208 \ ...... \ -0.949] \times R^{-1} \times \begin{bmatrix} -1.050 \\ -0.208 \\ \cdot \\ \cdot \\ \cdot \\ -0.949 \end{bmatrix} = 1.17$$

같은 방법으로 15번 설문 응답자의 마하라노비스 거리(D^2)를 구하면,

$$MD_{15} = D_{15}^2 = \frac{1}{6} \times [0.151 \ -0.208 \ ...... \ 0.632] \times R^{-1} \times \begin{bmatrix} 0.151 \\ -0.208 \\ \cdot \\ \cdot \\ \cdot \\ 0.949 \end{bmatrix} = 0.82$$

이다.

나머지 응답자에 대해서도 같은 방법으로 마하라노비스 거리를 구하면 <표 3.10>과 같다. 정상그룹의 측정값들을 해당 측정항목의 평균과 표준편차로 정규화 하였기 때문에 정상그룹의 마하 노비스거리는 1을 중심으로 크게 차이가 나지 않음을 알 수 있다.

<표 3.10> 정상그룹의 마하라노비스 거리(MD)

번호	1	2	3	4	5	6	7	8	9	10	11	12	13	14	15
D^2	1.17	0.27	0.87	1.63	1.10	1.14	1.04	1.17	0.19	0.54	0.89	0.56	1.46	1.14	0.82

8.2 비정상그룹의 마하라노비스 거리 계산

정상그룹(리조트 이용 선호도가 높은 응답자)으로 분류된 15명의 마하라노비스 거리를 구하여 비정상그룹(리조트 이용 선호도가 낮은 응답자)의 마하라노비스 거리와 비교하면 현재의 측정항목으로 정상그룹과 비정상그룹을 얼마나 정확하게 예측할 수 있는지 평가할 수 있다. 이때 주의할 점은 비정상그룹의 중심점이 정상그룹의 원점과 같아지도록 비정상그룹의 측정값들을 정상그룹의 해당항목 측정값 평균과 표준편차로 표준화 시킨다는 점이다. 비정상그

룹의 측정값을 표준화 하면 비정상그룹의 마하라노비스 거리와 정상그룹의 마하라노비스 거리 계산 기준점이 같아지므로 정상그룹과 비정상그룹의 마하라노비스 거리를 바로 비교할 수 있다.

1) 비정상그룹의 표준화

정상그룹(리조트 이용 선호도가 높은 사람)의 평균과 표준편차를 사용하여 비정상그룹(리조트 이용 선호도가 낮은 사람)의 측정값을 표준화하면 아래와 같다.

비정상그룹의 첫번 응답자의 x_1(연수입) 측정값을 표준화하면,

$$Z_{11} = \frac{y_{11} - m_1}{s_1} = \frac{32.1 - 60.520}{9.831} = -2.891$$

이다. 나머지 표본에 대해서도 같은 방법으로 계산하여 정리하면 <표 3.11>과 같다.

<표 3.11> 비정상그룹 측정값 표준화

시료번호	Z1	Z2	Z3	Z4	Z5	Z6
1	-2.891	-0.208	-0.988	-1.080	0.486	-2.532
2	-2.474	-0.729	-1.538	-1.891	0.144	-2.532
3	-1.762	-1.771	-0.439	-1.891	0.372	-0.949
4	-1.029	-0.208	-2.087	-0.270	-1.908	-0.949
5	-1.670	0.313	0.110	-1.080	-1.338	-0.949
6	-2.260	0.313	0.110	-1.891	-0.996	-2.532
7	-0.561	-2.292	-2.087	-1.891	0.372	-0.949
8	-1.467	-1.250	-0.439	-1.080	-0.312	-2.532
9	-2.596	0.313	-0.988	0.541	1.171	-2.532
10	-2.362	-1.771	0.659	-0.270	0.030	-2.532
11	-1.904	-0.208	-2.636	-1.080	0.258	-0.949
12	-0.358	1.354	-1.538	-1.891	-2.022	-0.949
13	-2.759	0.313	1.208	-1.891	-0.426	-2.532
14	-2.342	-1.250	-2.087	-1.080	-0.654	-2.532
15	-1.955	-1.250	-1.538	-1.891	-1.338	-2.532

2) 마하라노비스 거리(MD)

역행렬(R^{-1})을 사용하여 비정상그룹의 마하라노비스 거리를 계산한다. 비정상그룹(리조트 이용 선호도가 낮은 사람)의 1번 응답자의 마하라노비스 거리를 계산하면,

$$MD_1 = D_1^2 = \frac{1}{6} Z_{i1} R^{-1} Z_{i1}^T$$

$$= \frac{1}{6}[Z_{11}\ Z_{21}\ Z_{31}\ Z_{41}\ Z_{51}\ Z_{61}] \times R^{-1} \times \begin{bmatrix} Z_{11} \\ Z_{21} \\ Z_{31} \\ Z_{41} \\ Z_{51} \\ Z_{61} \end{bmatrix}$$

$$= \frac{1}{6}[-2.891\ -0.208\ -0.988\ -1.080\ 0.486\ -2.532] \times R^{-1} \times \begin{pmatrix} -2.891 \\ -0.208 \\ -0.988 \\ -1.080 \\ 0.486 \\ -2.532 \end{pmatrix}$$

$$= 2.77$$

이다.

마하라노비스 거리(D^2) 2.77은 정상그룹(리조트 이용 선호도 높은 사람)의 중심점 (0,0,0,0,0,0)에서 1번 응답자의 좌표까지의 거리가 2.77이라는 것을 의미한다. 2.77은 정상 그룹의 평균거리 1 보다 큰 값이다. 마하라노비스 거리가 큰 응답자 일 수록 정상그룹 (리조트 이용을 선호하는 그룹)에 속할 가능성이 낮은 잠재고객이며 마케팅 활동을 하더라도 효과가 적을 것으로 판단할 수 있다. 나머지 표본에 대해서도 같은 방법으로 계산하여 정리하면 <표 3.12>와 같다.

<표 3.12> 비정상그룹의 마하라노비스 거리

번호	1	2	3	4	5	6	7	8	9	10	11	12	13	14	15
D^2	2.77	2.47	1.34	1.81	1.10	2.39	4.84	2.04	4.59	2.34	1.40	3.69	4.23	2.19	3.23

3) MTS.MAC으로 마하라노비스 거리(D^2) 구하기

매크로 파일 MTS.MAC으로 다구찌 박사가 제안한 마하라노비스 거리(*scaled mahalanobis distance*)를 구할 수 있다.

매크로 파일을 사용하려면 앞에서 설명한 대로 MTS.MAC 파일을 작성하여 Minitab 프로그램의 매크로 폴더 안에 복사해 넣어야한다. MAC 파일작성 방법과 실행방법에 대한 자세한 내용은 Minitab 프로그램에서 제공하고 있는 도움말을 참조 바란다. MTS.MAC 파일은 Minitab 16 이하 버전에서도 실행시킬 수 있다.

(1) 매크로 파일 실행하기

Step1: 정상그룹 측정데이터의 항목별 평균과 표준편차로 정상그룹과 비정상그룹의 측정데이터를 표준화한다(엑셀등의 스프레드 시트를 사용하여 표준화한 다음 Minitab 워크시트에 복사한다).

Step2: 표준화된 두 그룹의 데이터를 Minitab의 워크시트에 입력한다.

Z는 정상그룹의 측정항목을 정규화한 변수이고, AZ는 비정상그룹의 측정항목을 표준화한 변수이다. 정상그룹의 6개 측정항목 연수입(x_1), 여행선호도(x_2) 가족여행 중요도(x_3), 주거형태(x_4), 나이(x_5), 휴가비 지출규모(x_6)을 정규화한 변수를 $Z_1, Z_2, Z_3, Z_4, Z_5, Z_6$로 하고, 비정상그룹의 6개 측정항목을 표준화한 변수를 $AZ_1, AZ_2, AZ_3, AZ_4, AZ_5, AZ_6$로 하였다. 정상그룹과 비정상그룹에 포함된 응답자수는 각각 15명 이고 측정항목은 6개 이므로 정상그룹과 비정상그룹은 각각 15×6 = 90개의 측정 데이터를 갖는다.

〈Minitab 워크시트〉 정상그룹의 정규화 변수와 비정상그룹의 표준화 변수 입력

	C1 Z1	C2 Z2	C3 Z3	C4 Z4	C5 Z5	C6 Z6	C7	C8 AZ1	C9 AZ2	C10 AZ3	C11 AZ4	C12 AZ5	C13 AZ6	C14
1	-1.050	-0.208	1.208	-1.080	-1.224	-0.949		-2.891	-0.208	-0.988	-1.080	0.486	-2.532	
2	0.995	0.313	0.659	-0.270	0.829	0.633		-2.474	-0.729	-1.538	-1.891	0.144	-2.532	
3	0.242	0.833	-0.439	1.351	-0.198	0.633		-1.762	-1.771	-0.439	-1.891	0.372	-0.949	
4	-1.223	0.833	-0.439	0.541	-2.022	-2.532		-1.029	-0.208	-2.087	-0.270	-1.908	-0.949	
5	-0.795	0.313	0.110	-0.270	0.144	0.633		-1.670	0.313	0.110	-1.080	-1.338	-0.949	
6	1.473	1.354	0.659	0.541	1.627	0.633		-2.260	0.313	0.110	-1.891	-0.996	-2.532	
7	-1.457	-0.208	-1.538	-1.080	0.943	-0.949		-0.561	-2.292	-2.087	-1.891	0.372	-0.949	
8	-0.358	-1.771	-0.988	1.351	-0.312	-0.949		-1.467	-1.250	-0.439	-1.080	-0.312	-2.532	
9	0.364	0.833	-0.439	-0.270	0.372	0.633		-2.596	0.313	-0.988	0.541	1.171	-2.532	
10	0.771	0.833	0.110	0.541	-0.996	0.633		-2.362	-1.771	0.659	-0.270	0.030	-2.532	
11	1.310	0.313	0.659	0.541	-1.110	0.633		-1.904	-0.208	-2.636	-1.080	0.258	-0.949	
12	1.158	-0.208	1.208	-0.270	1.171	0.633		-0.358	1.354	-1.538	-1.891	-2.022	-0.949	
13	-0.439	-2.292	1.208	1.351	0.030	-0.949		-2.759	0.313	1.208	-1.891	-0.426	-2.532	
14	-1.141	-0.729	-2.087	-1.080	0.258	0.633		-2.342	-1.250	-2.087	-1.080	-0.654	-2.532	
15	0.151	-0.208	0.110	-1.891	0.486	0.633		-1.955	-1.250	-1.538	-1.891	-1.338	-2.532	

Step3: Minitab으로 정상그룹 행렬과 비정상그룹 행렬을 지정한다.

아래와 같은 순서대로 정상그룹의 행렬을 M1으로 지정하고 비정상그룹의 행렬을 M10으로 지정한다.

▶ 데이터>복사>열을 행렬로
  - 복사될 열: Z1 Z2 Z3 Z4 Z5 Z6
  - 복사된 데이터 저장: M1

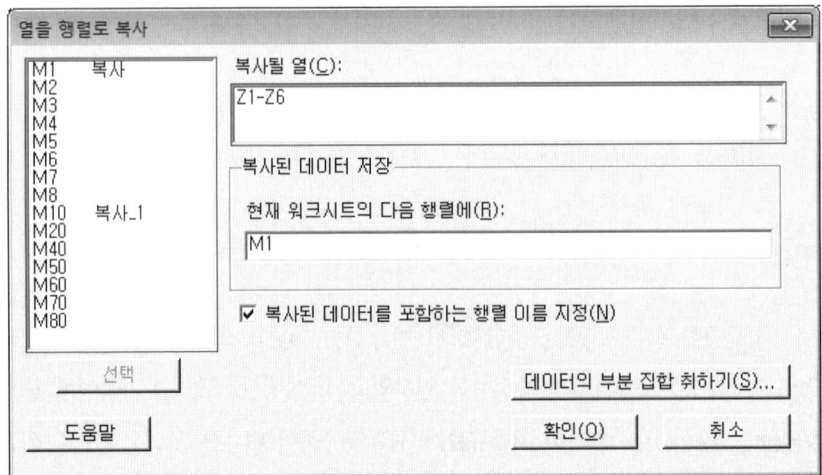

▶ 확인
▶ 데이터>복사>열을 행렬로
- 복사될 열: AZ1 AZ2 AZ3 AZ4 AZ5 AZ6
- 복사된 데이터 저장: M10

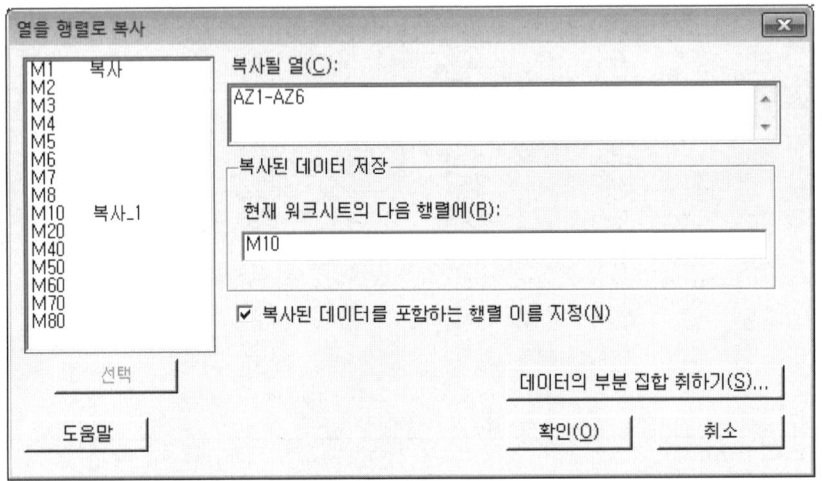

▶ 확인

Step4: 세션창 에서 MTS.MAC 파일 실행 준비를 한다.
▶ 편집기> 명령사용

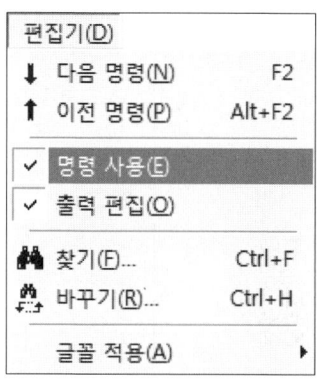

편집기에서 "명령사용(E)"을 선택하면 세션창에 "MTB>"이 나타나고 명령어 입력 준비 상태가 된다.

Step5: 세션창에 2개의 변수 K1(시료수), K2(측정항목 수)값을 입력한다.

정상그룹의 시료수가 15개 이고 측정항목이 6개 이므로 아래와 같이 지정한다.

▶ MTB> LET K1=15
▶ MTB> LET K2=6

Step6: %MTS를 입력하여 MTS. MAC 파일을 실행시킨다.

▶ MTB> %MTS

위와 같이 차례로 따라 하면 세션창에 아래와 같이 매크로 파일 실행결과가 제시된다.

〈Minitab 분석결과〉 MTS.MAC 실행결과

데이터 표시

행렬 M1 (정상그룹의 정규화된 데이터 행)

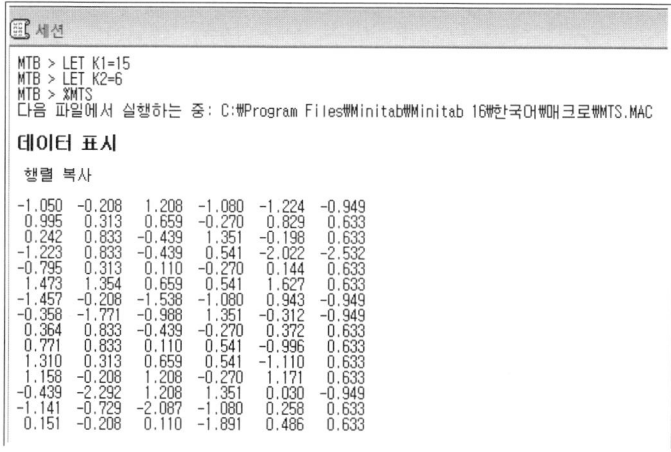

```
데이터 표시
 행렬 M4

 1.00007    0.379752   0.525037   0.26433    0.32787    0.64988
 0.37975    0.999784   0.045054  -0.09060   -0.01425    0.31785
 0.52504    0.045054   0.999447   0.15902   -0.00359    0.11172
 0.26433   -0.090601   0.159019   1.00093   -0.25536   -0.18328
 0.32787   -0.014248  -0.003592  -0.25536   1.00035    0.52064
 0.64988    0.317855   0.111721  -0.18328    0.52064    1.00145

 행렬 M5

  4.50925  -1.04862   -1.80983   -1.60183   -0.70053   -2.32047
 -1.04862   1.42149    0.41197    0.46480    0.47210    0.02299
 -1.80983   0.41197    1.77662    0.45529    0.32658    0.75906
 -1.60183   0.46480    0.45529    1.68218    0.49990    0.88915
 -0.70053   0.47210    0.32658    0.49990    1.61427   -0.47943
 -2.32047   0.02299    0.75906    0.88915   -0.47943    2.82440

데이터 표시
 행렬 M40

 1.16874
 0.27282
 0.86840
 1.63208
 1.10090
 1.13659
 1.03959
 1.16475
 0.19299
 0.53882
 0.89445
 0.56275
 1.46191
 1.14151
 0.82371

 행렬 M80

 2.76816
 2.46607
 1.33987
 1.81186
 1.10363
 2.39009
 4.84675
 2.03893
 4.59283
 2.33628
 1.40458
 3.68977
 4.23174
 2.18665
 3.23107

MTB >
```

행렬 M40은 정상그룹의 응답자 15명의 마하라노비스 거리이고, 행렬 M80은 비정상그룹의 응답자 15명의 마하라노비스 거리이다.

8.3 중요 측정항목의 예측능력 검증

6개의 측정항목으로 리조트 이용 선호도가 높은 사람과 낮은 사람을 얼마나 정확히 예측해 낼 수 있는지 평가해 보자. 만약 6개 측정항목의 예측능력이 낮을 경우 정상그룹과 비정상그룹의 마하라노비스 거리는 차이가 없이 유사하거나 거리 분포 범위가 서로 유사하여 중복되는 영역이 존재하게 된다. 반대로 6개의 측정항목이 예측 능력이 높다면, 정상그룹과 비정상그룹의 마하라노비스 거리 차이는 크고, 마하라노비스 거리 분포 범위도 중복되지 않는다.

<그림 3.2>는 6개 측정항목으로 구한 정상그룹과 비정상그룹의 마하라노비스 거리를 비교한 것이다. 두 그룹간 분포가 뚜렷이 구분되고 있으므로 6개 측정항목은 예측능력이 높다고 할 수 있다.

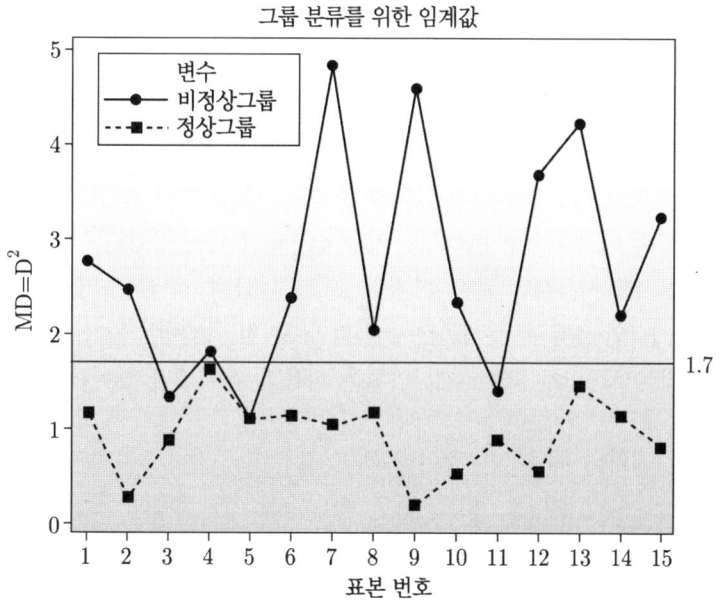

<그림 3.2> 정상그룹과 비정상 그룹의 마하라노비스 거리(MD)비교

8.4 문턱값 정하기

정상그룹(리조트 이용 선호도가 높은 응답자 그룹)의 마하라노비스 거리(MD) 범위는 0.19~1.63이고, 비정상그룹(리조트 이용 선호도가 낮은 응답자 그룹)의 마하라노비스 거리 범위는 1.10~4.84이다. 범위가 일부 중복되는 구간이 있어서 예측오류를 피할 수 없다. 1종오류와 2종오류를 동시에 줄일 수는 없으므로 어느 오류를 작게 할 것인지 결정을 해야한다. 오류로 인해 발생하는 손실항목을 나열해 보고 전체손실의 크기가 최소가 되는 방향으로 문턱값을 결정하는 것이 바람직하다.

마케팅 관점에서 리조트 선호도가 낮은 사람을 대상으로 마케팅 활동을 할 경우(2종오류) 성공확률이 낮아지고, 리조트 선호도가 높은 사람을 선호도가 낮은 사람으로 예측하여(1종오류)마케팅 대상에서 제외하면 성공가능성이 높은 잠재고객을 잃을 수 있다. 이러한 이유 때문에 1종 오류가 최소가 되는 수준에서 문턱값(*threshold*)을 정하기로 한다. 그룹구분의 기준이 되는 문턱값을 MD=1.7로 하고 설문조사로부터 구한 마하라노비스 거리가 이보다 작으면 정상그룹(리조트 이용 선호도가 높은 사람)이므로 적극적인 마케팅 활동 대상으로 정한다. 문턱값을 1.7 보다 작게 정하면 1종 오류는 발생하지 않고, 2종 오류율은 20%(3/15) 정도 발생할 것으로 예측된다.

9 비정상그룹이 2개 이상인 경우의 예측능력 평가

MTS를 실무에 적용할 때 중요하게 고려해야 할 두 가지는 다변량 데이터의 종합적 지표인 마하라노비스 거리를 계산하고 측정변수의 예측능력을 평가하는 것이다. 마하라노비스 거리 계산방법은 정상그룹이 정해지면 비정상그룹이 몇 개가 있든 동일한 방법으로 계산되지만 SN비 계산 방법은 비정상그룹 수에 따라 달라질 수 있다. 즉, 앞에서 설명한 리조트 이용고객 예측 사례에서 처럼 비정상그룹이 리조트 이용 선호도가 낮은 응답자 그룹 1개인 경우에는 망대특성의 SN비를 사용하면 된다. 하지만 토끼, 다람쥐, 사막여우의 패턴예측 처럼 비정상그룹이 2개 이상인 경우엔 분석목적에 적합한 SN비 계산방법을 선택해야 한다.

비정상그룹이 2개 이상일 때 SN비 계산방법은 다음과 같이 2가지로 나눌 수 있다.

첫째, 정상그룹만 정확히 예측하는 것이 목적인 경우

토끼, 다람쥐, 사막여우 등 다양한 동물 중에서 토끼만 정확히 예측하는 것이 목적이라면, 토끼를 정상그룹으로 하고, 비정상그룹은 다람쥐와 사막여우 등 토끼 이외의 다른 동물들이 적절히 혼합된 하나의 그룹으로 만들어 마하라노비스 거리를 계산할 수 있다. 이러한 경우 측정항목의 예측능력을 평가하는데 망대특성의 SN비를 사용한다.

둘째, 비교되는 모든 그룹을 정확히 예측하는 것이 목적인 경우

비교되는 3종의 동물 토끼, 다람쥐, 사막여우를 정확히 예측하는 것이라면 비정상그룹은 2개가 된다. 이러한 경우 망대특성의 SN비를 사용하면 정상그룹과 2개의 비정상그룹 각각에 대하여 마하라노비스 거리를 계산하여야 하므로 최소 두 차례의 계산을 해야하는 번거러움이 있고, 무엇보다도 다람쥐를 예측하는데 중요한 측정항목과 사막여우를 예측하는데 중요한 측정항목이 서로 다를 수 있으므로 측정항목 선정이 어렵게 된다. 동특성의 SN비를 사용하면 이러한 문제는 해결된다. 동특성의 SN비는 토끼, 다람쥐, 사막여우 등 정상그룹과 비정상그룹의 마하라노비스 거리 참값을 신호인자(M)로 하는 SN비 계산 방법으로서 토끼, 다람쥐, 사막여우 예측과 같이 2개 이상의 비정상그룹이 있는 MTS 분석에서 측정항목의 예측능력을 평가하는데 적합하다.

예제 3.2

▶ 토끼, 다람쥐, 사막여우 패턴 예측 시스템 개발

토끼, 다람쥐, 사막여우의 패턴예측을 위해 3가지 측정항목 몸길이(cm), 꼬리길이(cm), 귀길이(cm)를 측정한 데이터는 <표 3.14>와 같다. 3개의 측정항목으로 마하라노비스 거리를 계산하고 3종의 동물을 예측할 때의 예측능력을 검토하고, SN비 분석을 하여 3개 측정항목의 예측능력을 평가해 보자.

⟨표 3.13⟩ 데이터 수집 구조

시료번호	토끼(X1)			다람쥐(X2)			사막여우(X3)		
	몸길이 (x_{11})	꼬리길이 (x_{12})	귀길이 (x_{13})	몸길이 (x_{21})	꼬리길이 (x_{22})	귀길이 (x_{23})	몸길이 (x_{31})	꼬리길이 (x_{32})	귀길이 (x_{33})
1	y_{111}	y_{121}	y_{131}	y_{211}	y_{221}	y_{231}	y_{311}	y_{321}	y_{331}
2	y_{112}	y_{122}	y_{132}	y_{212}	y_{222}	y_{231}	y_{312}	y_{322}	y_{332}
.	.	.	.	.	.	.	.	.	.
.	.	.	.	.	.	.	.	.	.
.	.	.	.	.	.	.	.	.	.
8	y_{118}	y_{128}	y_{138}	y_{218}	y_{228}	y_{238}	y_{318}	y_{328}	y_{338}
평균	m_{11}	m_{12}	m_{13}	m_{21}	m_{22}	m_{23}	m_{31}	m_{32}	m_{33}
표준편차	s_{11}	s_{12}	s_{13}	s_{21}	s_{22}	s_{23}	s_{31}	s_{32}	s_{33}

1) 평균과 표준편차

$$평균(m_{11}) = \frac{\sum_{k=1}^{8} y_{11k}}{8} = \frac{y_{111} + y_{112} + \cdots + y_{118}}{8} = \frac{(51 + 47 + \ldots + 49)}{8} = 49.00$$

$$표준편차(s_{11}) = \sqrt{\frac{(51-49)^2 + (47-49)^2 + \ldots + (49-449)^2}{8-1}} = 3.07$$

나머지 측정항목의 평균과 표준편차를 구하면 <표 3.14>와 같다.

〈표 3.14〉 토끼, 다람쥐, 사막여우 측정 데이터

시료번호	토끼 (X1)			다람쥐(X2)			사막여우(X3)		
	몸길이 (x_{11})	꼬리길이 (x_{12})	귀길이 (x_{13})	몸길이 (x_{21})	꼬리길이 (x_{22})	귀길이 (x_{23})	몸길이 (x_{31})	꼬리길이 (x_{32})	귀길이 (x_{33})
1	51	7.0	7.5	19	17	16	38	23	11
2	47	5.3	8	21	18	15	40	27	13
3	53	5.0	9.2	20	20	17	36	20	15
4	50	6.5	9.8						
5	43	5.8	10						
6	51	7.2	7.2						
7	48	8.3	8.3						
8	49	6.3	9.2						
평균	49.00	6.425	8.650						
표준편차	3.07	1.079	1.050						

2) 정상그룹 측정값의 정규화

토끼, 다람쥐, 사막여우의 모든 측정값을 아래와 같이 정상그룹(토끼)의 측정항목별 평균과 표준편차로 표준화한다.

토끼(X1)표준화

$$Z_{11j} = \frac{(y_{11j} - 49.00)}{3.07}, Z_{12j} = \frac{(y_{12j} - 6.425)}{1.079}, Z_{13j} = \frac{(y_{13j} - 8.650)}{1.050} \quad (j=1,2,..,8)$$

다람쥐(X2)표준화

$$Z_{21j} = \frac{(y_{21j} - 49.00)}{3.07}, Z_{22j} = \frac{(y_{22j} - 6.425)}{1.079}, Z_{23j} = \frac{(y_{33j} - 8.650)}{1.050} \quad (j=1,2,3)$$

사막여우(X3)표준화

$$Z_{31j} = \frac{(y_{31j} - 49.00)}{3.07}, Z_{32j} = \frac{(y_{32j} - 6.425)}{1.079}, Z_{33j} = \frac{(y_{33j} - 8.650)}{1.050} \quad (j=1,2,3)$$

측정데이터를 모두 표준화하면 <표 3.15>와 같다.

〈표 3.15〉 토끼, 다람쥐, 사막여우 측정데이터 표준화

시료 번호	토끼(X1)			다람쥐(X2)			사막여우(X3)		
	Z_{11}	Z_{12}	Z_{13}	Z_{21}	Z_{22}	Z_{23}	Z_{31}	Z_{32}	Z_{33}
1	0.651	0.533	-1.095	-9.772	9.801	7.000	-3.583	15.361	2.238
2	-0.651	-1.042	-0.619	-9.121	10.728	6.048	-2.932	19.069	4.143
3	1.303	-1.32	0.524	-9.446	12.581	7.952	-4.235	12.581	6.048
4	0.326	0.069	1.095						
5	-1.954	-0.579	1.286						
6	0.651	0.718	-1.381						
7	-0.326	1.737	-0.333						
8	0.000	-0.116	0.524						

3) 상관계수(r)와 역행렬(R^{-1})

정상그룹(토끼) 측정데이터를 정규화한 변수(Z_{11}, Z_{12}, Z_{13})로 두 변수 상호간 상관계수(r)를 계산한다. 표준화 변수 Z_{11}과 Z_{12}의 상관계수 r_{12}를 구하면,

$$r_{12} = r_{21} = \frac{1}{8-1}\sum_{p=1}^{8} Z_{11p} Z_{12p}$$

$$= \frac{1}{7}(Z_{111} \times Z_{121} + Z_{112} \times Z_{122} + \ldots + Z_{118} \times Z_{128})$$

$$= \frac{1}{7}\{(0.651) \times (0.533) + \ldots + 0.00 \times (-0.116)\}$$

$$= 0.05172$$

이고, Z_{11}과 Z_{13}의 상관계수 r_{13}를 구하면,

$$r_{13} = r_{31} = \frac{1}{8-1}\sum_{p=1}^{8} Z_{11p} Z_{13p}$$

$$= \frac{1}{7}\{(0.651) \times (-1.095) + \ldots + (0.000) \times (0.524)\}$$

$$= -0.36770$$

Z_{12}와 Z_{13}의 상관계수 r_{23}을 구하면,

$$r_{23} = r_{32} = \frac{1}{8-1}\sum_{p=1}^{8} Z_{12p} Z_{13p}$$

$$= \frac{1}{7}\{(0.533)\times(-1.095)+\cdots\cdots+(-0.116)\times(0.524)\}$$
$$=-0.41842$$

이다. 위에서 구한 상관계수로 상관행렬(R)을 만든다.

4) 상관행렬과 역행렬

상관행렬은 아래와 같이 3×3 행렬이다.

$$R=\begin{bmatrix}1 & r_{12} & r_{13}\\ r_{21} & 1 & r_{23}\\ r_{31} & r_{32} & 1\end{bmatrix}=\begin{bmatrix}1.00000 & 0.05172 & -0.36770\\ 0.05172 & 1.00000 & -0.41842\\ -0.36770 & 0.41842 & 1.00000\end{bmatrix}$$

역행렬(R^{-1})을 구하면 아래와 같다.

$$R^{-1}=\begin{bmatrix}1 & r_{12} & r_{13}\\ r_{21} & 1 & r_{23}\\ r_{31} & r_{32} & 1\end{bmatrix}^{-1}=\begin{bmatrix}1.17350 & 0.14529 & 0.49229\\ 0.14529 & 1.23023 & 0.56818\\ 0.49229 & 0.56818 & 1.41876\end{bmatrix}$$

5) 정상그룹(토끼) 마하라노비스 거리

역행렬(R^{-1})을 사용하여, 정상그룹의 마하라노비스 거리를 구한다.

$$MD_p=D_p^2=\frac{1}{k}Z_{ijp}R^{-1}Z_{ijp}^T\ (i,j=1,2,3\ \ p=1,2,\dots,8)$$이므로,

정상그룹(토끼) 1번 시료의 마하라노비스 거리는 다음과 같다.

$$MD_1=D_1^2=\frac{1}{k}Z_{1j1}R^{-1}Z_{1j1}^T\ (j=1,2,3.\ k=3)$$이고,

$$=0.43$$

같은 방법으로 나머지 7개 시료의 마하라노비스 거리를 모두 구하면 <표 3.16>과 같다.

〈표 3.16〉 토끼의 마하라노비스 거리

시료번호	토끼의 마하라노비스 거리							
	1	2	3	4	5	6	7	8
D^2	0.43	1.24	1.30	0.76	1.42	0.65	1.09	0.11

2개의 비정상그룹 다람쥐, 사막여우의 데이터를 정상그룹(토끼)의 평균과 표준편차로 표준화한 다음, 역행렬(R^{-1})을 사용하여 마하라노비스 거리를 계산한다.

6) 비정상그룹(다람쥐)의 마하라노비스 거리

〈표 3.17〉 다람쥐의 마하라노비스 거리

다람쥐의 마하라노비스 거리			
시료번호	1	2	3
D^2	94.18	94.02	131.45

7) 비정상그룹(사막여우)의 마하라노비스 거리

〈표 3.18〉 사막여우의 마하라노비스 거리

사막여우의 마하라노비스 거리			
시료번호	1	2	3
D^2	109.00	181.00	104.47

8) 문턱값

정상그룹(토끼)의 마하라노비스 거리 범위는 0.65~1.42이고, 다람쥐의 마하라노비스 거리 범위는 94.02~131.45이며, 사막여우의 마하라노비스 거리 범위는 104.47~181.0이다.

3개의 측정항목으로 3종의 동물을 예측하기 위한 문턱값을 90과 100으로 할 경우 거리가 90 이하이면 토끼로 분류하고, 90 이상 100 미만이면 다람쥐, 100 이상이면 사막여우로 분류된다. 이와같은 기준을 적용하면 토끼와 사막 여우는 오류없이 예측이 가능하지만 다람쥐가 사막여우로 분류되는 오류가 1건 발생한다.

9) 3개 측정항목의 예측능력 평가

측정항목의 예측능력 평가를 위해 2수준의 실험을 계획하고 3개의 실험인자 (x_1 =몸길이, x_2 =꼬리길이, x_3 =귀길이)를 내측배열에 배치한 다음, 실험조건별로 마하라노비스 거리를 구하여 SN비를 계산한다. 비정상그룹이 1개만 있다면 망대특성의 SN비를 사용하면 되지만, 2개가 있으므로 동특성의 SN비를 사용한다. 〈표 3.19〉와 같이 간단한 2수준의 일부실험으로 동특성의 SN비를 계산하여 측정항목의 예측능력을 평가해 보자.

측정항목의 수준 1은 마하라노비스 거리 계산에 해당열의 측정항목을 "사용함", 수준 2는 "사용하지 않음"을 의미한다.

⟨표 3.19⟩ $2^{(3-1)}$ 일부실험 계획

번호	측정항목			토끼(MD)								다람쥐(MD)			사막여우(MD)			SN
	x_1	x_2	x_3	1	2	3	4	5	6	7	8	1	2	3	1	2	3	
1	2	2	1															
2	1	2	2															
3	2	1	2															
4	1	1	1															

(1) 1번 실험의 마하라노비스 거리 계산

1번 실험은 측정항목 x_3(귀길이) 하나 만 사용하여 토끼, 다람쥐, 사막여우의 마하라노비스 거리를 구하는 실험이다. 1번 실험에서 토끼의 마하라노비스 거리를 구해보자.

3개 측정항목을 모두 사용할 때의 토끼의 마하라노비스 거리 계산식은

$MD_p = D_p^2 = \frac{1}{k} Z_{1jp} R^{-1} Z_{1jp}^T$ ($j=1,2,3.$ $p=1,2,...,8$)이다.

그런데, 측정항목 x_3(귀길이) 하나만 사용해야 하므로 $k=1$, $p=1$이고, 상관계수(R)는 1, 역행렬(R^{-1})역시 1 이므로 마하라노비스 거리 계산식

$MD_1 = D_1^2 = \frac{1}{1} Z_{131} R^{-1} Z_{131}^T$ 으로부터,

$MD_1 = D_1^2 = -1.095 \times 1 \times (-1.095)$

= 1.2이다.

$2^{(3-1)}$일부실험의 마하라노비스 거리를 모두 계산하면 <표 3.20>과 같다.

⟨표 3.20⟩ $2^{(3-1)}$ 일부실험의 마하라노비스 거리(D^2)

실험 번호	측정항목			토끼(MD)								다람쥐(MD)			사막여우(MD)			SN
	x_1	x_2	x_3	1	2	3	4	5	6	7	8	1	2	3	1	2	3	
1	2	2	1	1.2	0.38	0.27	1.2	1.65	1.91	0.11	0.27	49	36.57	63.24	5.00	17.16	36.57	
2	1	2	2	0.42	0.42	1.70	0.11	3.82	0.42	0.10	0.00	95.49	83.18	89.23	12.84	8.59	17.93	
3	2	1	2	0.28	1.08	1.74	0.01	0.34	0.52	3.02	0.01	96.06	115.1	158.3	235.97	363.01	158.28	
4	1	1	1	0.43	1.24	1.3	0.76	1.42	0.65	1.09	0.11	94.18	94.02	131.5	109.00	181.00	104.47	

동특성의 SN비 계산에 필요한 신호인자(M1)는 그룹별 마하라노비스 거리 참값을 알고 있다면 그대로 사용하면 되지만, 토끼, 다람쥐, 사막여우의 마하라노비스 거리 참값을 모르므로 모든 측정항목을 사용하여 구한 각 그룹의 마하라노비스 거리 평균의 제곱근을 신호인자(M)로 한다.

정상그룹(토끼)의 MD 평균 $= \dfrac{(0.43+1.24+1.3+\cdots\cdots+0.11)}{8} = 0.875$

다람쥐의 MD 평균 $= \dfrac{(94.18+94.02+131.45)}{3} = 106.55$

사막여우의 MD 평균 $= \dfrac{(109.00+181.00+104.47)}{3} = 131.49$

이므로,

$$M1 = \sqrt{0.875} = 0.98, \ M2 = \sqrt{106.55} = 10.3, \ M3 = \sqrt{131.49} = 11.5$$

이다.

(2) 실험별 SN비 계산

실험별로 마하라노비스 거리를 구한 다음 신호인자와 마하라노비스 거리(D)를 사용하여 SN비를 계산한다. <표 3.21>은 동특성의 SN비 계산식을 위한 데이터 구조이다.

〈표 3.21〉 신호인자(M)와 마하라노비스 거리(D)

그룹	1	2	3	………………	L
신호(M)	M_1	M_2	M_3	……………	M_l
거리(D)	D_1	D_2	D_3	……………	D_l

① 신호인자(M)

$$M_1 = \sqrt{D_1^2}, \ M_2 = \sqrt{D_2^2}, \ldots, M_l = \sqrt{D_l^2}$$

② 총제곱합 (S_T)

$$S_T = D_1^2 + D_2^2 + \ldots + D_l^2$$

③ 선형식(L)

$$L = M_1 \times D_1 + M_2 \times D_2 + \ldots + M_l \times D_l$$

④ 유효제수(r)

$$r = M_1^2 + M_2^2 + \ldots + M_l^2$$

⑤ 비례변동(S_β)

$$S_\beta = \frac{L^2}{r}$$

⑥ 오차변동(S_e)

$$S_e = S_T - S_\beta$$

⑦ 분산(V_e)

$$V_e = \frac{S_e}{fe} \ (fe = \text{오차제곱합의 자유도})$$

⑧ 기울기(β)

$$\beta = \frac{L^2}{r_0 \times r} (r_0 = \text{데이터 갯수})$$

⑨ SN비

$$SN = 10\log(\frac{\beta^2}{\sigma^2(=V_e)})$$

이다.

1번 실험의 동특성의 SN비를 계산해보자.

〈표 3.22〉 1번 실험의 신호인자와 마하라노비스 거리(D)

신호인자	M1=0.98	M2=10.3	M3=11.5
D	1.10, 0.62, 0.52, 1.10, 1.28, 1.38, 0.33, 0.52	7.0, 6.05, 7.95	2.14, 4.14, 6.05

① 총제곱합 (S_T)

$$S_T = (1.10^2 + 0.62^2 + ...0.52^2) + (7.0^2 + 6.05^2 + 7.95^2) + (2.14^2 + 4.14^2 + 6.05^2)$$
$$= 214.53$$

② 선형식(L)

$$L = 0.98 \times (1.10 + 0.62 + ... + 0.52) + 10.30 \times (7.0 + 6.05 + 7.95) + 11.5$$
$$\times (2.14 + 4.14 + 6.05) = 6.71 + 216.30 + 142.90$$
$$= 365.9$$

③ 유효제수(r)

$$r = 0.98^2 \times 8 + 10.3^2 \times 3 + 11.5^2 \times 3$$
$$= 722.70$$

④ 비례변동(S_β)

$$S_\beta = \frac{L^2}{r} = \frac{365.9^2}{722.70} = 185.26$$

⑤ 오차변동(S_e)

$$S_e = S_T - S_\beta = 214.53 - 185.26 = 29.3$$

⑥ 분산(V_e)

$$V_e = \frac{S_e}{f_e} = \frac{29.3}{14-1} = 2.25$$

⑦ 기울기(β)

$$\beta = \frac{L}{r} = \frac{365.9}{722.70} = 0.51$$

⑧ SN비 분석

$$SN_1 = 10\log(\frac{\beta^2}{V_e}) = 10\log(\frac{0.51^2}{2.25}) = -9.4(\text{db})$$

이다.

나머지 3개 실험에 대해서도 같은 방법으로 SN비를 계산하면 <표 3.23>과 같다.

2번 실험의 SN비는

$$SN_2 = 10\log(\frac{\beta^2}{V_e}) = 10\log(\frac{0.583^2}{5.29}) = -11.9(\text{db})$$

3번 실험의 SN비는

$$SN_3 = 10\log(\frac{\beta^2}{V_e}) = 10\log(\frac{1.226^2}{3.4}) = -0.35(\text{db})$$

4번 실험의 SN비는

$$SN_4 = 10\log(\frac{\beta^2}{V_e}) = 10\log(\frac{0.992^2}{0.71}) = 1.42(\text{db})$$

이다.

<표 3.23> L4 직교실험과 SN비

실험	측정항목			M1: 0.98								M2: 10.3			M3: 11.5			SN
	X1	X2	X3	1	2	3	4	5	6	7	8	1	2	3	1	2	3	
1	2	2	1	1.10	0.62	0.52	1.10	1.28	1.38	0.33	0.52	7.00	6.05	7.95	2.24	4.14	6.05	-9.4
2	1	2	2	0.65	0.65	1.30	0.33	1.95	0.65	0.32	0.00	9.77	9.12	9.45	3.58	2.93	4.23	-11.9
3	2	1	2	0.53	1.04	1.32	0.10	0.58	0.72	1.74	0.10	9.80	10.73	12.58	15.36	19.05	12.58	-0.35
4	1	1	1	0.66	1.11	1.14	0.87	1.19	0.81	1.04	0.33	9.70	9.70	11.47	10.44	13.45	10.22	1.42

9) 측정항목별 SN비 이득

① X1의 SN비 이득 $= \overline{SN_1} - \overline{SN_2}$

$$= \frac{(-11.9+1.42)}{2} - \frac{(-9.4+0.35)}{2}$$

$$= -0.7 (\text{db})$$

② X2의 SN비 이득 $= \overline{SN_1} - \overline{SN_2}$

$$= \frac{(-0.35+1.42)}{2} - \frac{(-9.4-11.9)}{2}$$

$$= 11.2 (\text{db})$$

③ X3의 SN비 이득 $= \overline{SN_1} - \overline{SN_2}$

$$= \frac{(-9.4+1.42)}{2} - \frac{(-11.9-0.35)}{2}$$

$$= 2.1 (\text{db})$$

SN비 이득(gain)이 클수록 예측능력이 높은 중요한 측정항목이다. SN비 이득(gain)이 큰 순서대로 측정항목을 나열하면, $x_2 > x_3 > x_1$이다. SN비 이득이 -0.7인 몸길이(x_1)는 예측 능력이 없는 항목이므로 측정항목에서 제외해도 무방하다. 꼬리길이(x_2)와 귀길이(x_3)만으로 마하라노비스 거리를 구하여 3종의 동물을 예측한 결과는 <표 3.24>, <표 3.25>, <표 3.26>과 같다. 3개 측정항목 모두 사용하여 구했을 때 보다 정상그룹의 마하라노비스 거리가 더욱 균질화 되었고, 다람쥐와 사막여우의 마하라노비스 거리는 더 커져서 예측능력이 개선 되었음을 알 수 있다. 하지만, 다람쥐와 사막여우의 마하라노비스 거리는 범위가 중복되어 예측오류가 발생한다.

예측 오류율이 최소가 되도록 문턱값을 50, 150으로 정할경우 거리가 50 이하이면 토끼로 분류하고, 50 이상 150 이하 이면 다람쥐로 분류하며, 거리가 150 이상이면 사막여우로 분류한다. 이와 같은 기준을 적용할 때 다람쥐를 사막여우로 판정하는 오류가 1개 발생하는

데, 이것은 3개 측정항목으로 예측할 때와 동일한 오류율이므로, 매우 효율적인 계측시스템임을 알 수 있다.

〈표 3.24〉 측정항목 개수와 토끼의 마하라노비스 거리 비교

측정항목	토끼의 마하라노비스 거리(D^2)							
	시료1	시료2	시료3	시료4	시료5	시료6	시료7	시료8
x_1, x_2, x_3	0.43	1.24	1.30	0.76	1.42	0.65	1.09	0.11
x_2, x_3	0.60	1.21	0.87	0.76	0.83	0.97	1.60	0.14

〈표 3.25〉 측정항목 개수와 다람쥐 마하라노비스 거리 비교

측정항목	다람쥐의 마하라노비스 거리(D^2)		
	시료1	시료2	시료3
x_1, x_2, x_3	94.18	94.02	131.45
x_2, x_3	122.7	124.8	185.0

〈표 3.26〉 측정항목 개수와 사막여우 마하라노비스 거리 비교

측정항목	사막여우의 마하라노비스 거리(D^2)		
	시료1	시료2	시료3
x_1, x_2, x_3	109	181	104.47
x_2, x_3	163.5	270	156

CHAPTER 04

마하라노비스-다구찌-그람-슈미트 법(MTGS)

🎯 학습목표 :

1. MTS와 MTGS의 차이점을 이해한다.
2. 그람-슈미트 직교과정(Gram-Schmidt orthogonalization process)을 이해한다.
3. 그람-슈미트 직교과정으로 정상그룹과 비정상그룹의 데이터를 직교변환 할 수 있다.
4. 직교변환된 데이터를 이용하여 마하라노비스 거리와 SN비를 구할 수 있다.
5. MTGS의 유용성을 설명할 수 있다.

1 MTGS 적용절차

다변량 데이터의 특징 중 하나는 여러 측정 항목간에 상관관계가 높은 다공선성(collinearity)문제가 종종 발생한다는 점이다. MTS에서 다변량 데이타의 다공선성이 문제가 되는 이유는 정상그룹 행렬의 행렬식(determinant)이 0이 되어 역행렬이 존재하지 않는 특이행렬(singular matrix)이 되기 때문이다. 정상그룹 데이타로 역행렬을 구할 수 없게 되면 역행렬을 이용한 마하라노비스 거리를 구할 수 없다. 또한, 측정기술의 발달로 정밀한 계측기로 측정할 경우 측정데이타의 표준편차가 0이거나 0에 근접한 매우 작은 값을 갖는 경우도 발생하는데, 표준편차가 0인 경우에도 정상그룹의 정규화와 비정상그룹의 표준화가 불가능하게 되어 마하라노비스 거리를 구할 수 없게 된다.

MTGS(Mahalanobis-Taguchi-Gram-Schmidt)는 이러한 문제를 해결하고 마하라노비스 거리를 구할 수 있을 뿐 아니라 측정항목의 예측능력 평가를 위한 SN비 분석도 간편하게 할 수 있는 방법이다.

MTGS가 MTS와 구별되는 점은 정규화된 정상그룹데이타와 표준화된 비정상그룹 데이타를 그람-슈미트 방법으로 직교변환 하여 마하라노비스 거리를 계산하는데 있다.

또한 정상그룹 측정 항목의 표준편차가 0이어서 정규화가 불가능한 경우 측정 데이타(X)를 바로 그람-슈미트 직교과정(Gram-Schmidt orthogonalization process)으로 변환하여 마하라노비스 거리를 구할 수 있다.

MTGS 적용절차는 아래와 같다.
1) 정상그룹 측정데이타(X)를 정규화(Z)한다.
2) 비정상그룹 데이타(AX)를 표준화(AZ)한다.
3) 그람-슈미트 방법으로 정상그룹의 직교 데이터 집합(U)을 구한다.
4) 그람-슈미트 방법으로 비정상그룹의 변환 데이터 집합(AU)을 구한다.
5) 그람-슈미트 변환 데이터로 정상그룹과 비정상그룹의 마하라노비스 거리(MD)를 계산한다.
6) SN비 분석을 한다.
7) SN비(이득)이 큰 측정항목을 찾아 중요 측정항목으로 정하고, 중요하지 않은 측정 항목을 측정항목에서 제거할 수 있는지 검토한다.
8) 문턱값(threshold value)을 정하여 새로운 시료의 판정(예측) 기준을 정한다.

2 그람-슈미트 직교변환 방법

MTGS의 핵심개념인 그람-슈미트 직교과정(Gram-Schmidt orthogonalization process)은 서로 독립인 k개 측정항목(X)의 선형벡터를 서로 직교하는 새로운 데이터 집합(U)으로 변환하는 방법이다.

그람-슈미트 방법으로 서로 직교하지 않는 선형독립 벡터집합 $V=\{v_1, v_2, ..., v_k\}$를 서로 직교하는 선형벡터 집합 $U=\{u_1, u_2, ..., u_k\}$를 변환할 수 있다. 이와 같은 변환에 사영연산자(projection operator)를 사용한다. MTGS에서는 정상그룹 데이터와 비정상그룹 데이터가 직교변환 대상이며 각각 서로 다른 사영연산자를 사용하여 변환된다. 즉, 정상그룹 데이터의 직교변환에는 정상그룹 사영연산자를 사용하고 비정상그룹 데이타의 직교변환에는 비정상그룹의 사영연산자를 사용한다.

2.1 정상그룹 데이터의 그람-슈미트 직교변환

정상그룹 데이터의 그람-슈미트 직교변환을 위한 사영연산자는 다음 식으로 구할 수 있다.

$$proj_u(v) = \frac{<u,v>}{<u,u>} u \tag{4.1}$$

사영연산자는 서로독립인 선형벡터 집합 V를 선형직교벡터 집합 U로 변환하는 역할을 한다. 정상그룹 사영연산자로 k개의 선형벡터 v_i, i=1,2,3,...,k를 서로 직교하는 선형벡터 u_i로 변환하는 방법은 아래와 같다.

$$\begin{aligned} u_1 &= v_1 \\ u_2 &= v_2 - proj_{u_1}(v_2) \\ u_3 &= v_3 - proj_{u_1}(v_3) - proj_{u_2}(v_3) \\ &\vdots \\ u_k &= v_k - \sum_{j=1}^{k-1} proj_{u_j}(v_k) \end{aligned} \tag{4.2}$$

직교집합 $U=\{u_1, u_2, ..., u_k\}$는 서로 직교(orthogonal)하며, 아래 식으로 정규화(normalization)하면 단위 값을 갖는 정규 직교 기저 벡터(orthonormal basis vector) e_i를 얻을 수 있다.

$$e_i = \frac{u_i}{\|u_i\|}, \text{ i=1,2,3,....,k} \tag{4.3}$$

k개의 직교정규 기저벡터는 크기가 1인 단위값이며, 마하라노비스 거리 계산에 직교정규 기저 벡터(e_i)를 사용하면 계산과정에서 발생할 수 있는 정보손실을 최소화할 수 있다.

예제 4.1

▶ 정상그룹 데이터의 그람-슈미트 직교변환

정상그룹의 서로 독립인 2개의 선형벡터(*linear vector*) $V_1 = (1,1,0)^T$, $V_2 = (2,2,3)^T$일 때 그람-슈미트 방법으로 선형 직교벡터 집합(*orthogonal vector set*) $U = \{u_1, u_2\}$를 구하시오.

풀이

정상그룹 선형직교벡터 집합을 구하기 위한 사영연산자(*projection operator*)를 먼저 계산하면,

$$proj_{u_1}(v_2) = \frac{<u_1, v_2>}{<u_1, u_1>} u_1 \quad \text{으로부터,}$$

$<u_1, u_1> = [1\ 1\ 0] \times \begin{bmatrix} 1 \\ 1 \\ 0 \end{bmatrix} = 2, \quad <u_1, v_2> = [1\ 1\ 0] \times \begin{bmatrix} 2 \\ 2 \\ 3 \end{bmatrix} = 4$ 이고

사영연산자는, $proj_{u_1}(v_2) = \frac{4}{2}(1,1,0)^T = (2,2,0)^T$ 이다.

u_1과 u_2를 구하는 식은,

$u_1 = v_1$
$u_2 = v_2 - proj_{u_1}(v_2)$

이고,

$u_1 = v_1 = (1,1,0)^T$
$u_2 = v_2 - proj_{u_1}(v_2)$
$\quad = (2,2,3)^T - proj_{u_1}(v_2)$
$\quad = (2,2,3)^T - (2,2,0)^T$
$\quad = (0,0,3)^T$

따라서 $U = \{u_1, u_2\} = \{(1,1,0)^T, (0,0,3)^T\}$ 이다.

2.2 비정상그룹 데이터의 그람-슈미트 변환

k개의 측정항목을 갖는 정상그룹의 선형독립 벡터 집합 $V = \{v_1, v_2, ..., v_k\}$ 일 때 비정상그룹

의 선형독립벡터 집합 $Y=\{y_1, y_2, ..., y_k\}$를 그람-슈미트 방법으로 $AU=\{au_1, au_2, ..., au_k\}$를 구하기 위한 사영연산자 계산식은,

$$proj_{au}(v) = \frac{<u,v>}{<u,u>} au \tag{4.4}$$

이고, 이를 이용한 그람-슈미트 벡터 au_i, i=1,2,...,k를 구하는 방법은 다음과 같다.

$$\begin{aligned} au_1 &= y_1 \\ au_2 &= y_2 - proj_{au_1}(v_2) \\ au_3 &= y_3 - proj_{au_1}(v_3) - proj_{au_2}(v_3) \\ &\vdots \\ au_k &= y_k - \sum_{j=1}^{k-1} proj_{au_j}(v_k) \end{aligned} \tag{4.5}$$

예제 4.2

▶ 비정상그룹 데이타의 그람-슈미트 변환

정상그룹 선형벡터는 $v_1=(1,1,0)^T, v_2=(2,2,3)^T$이고, 비정상그룹의 선형벡터는 $y_1=(2,1,2)^T, y_2=(1,1,1)^T$일 때 그람-슈미트 벡터집합 $AU=\{au_1, au_2\}$를 구하시오.

풀이

식 (4.5)로부터 비정상 그룹의 선형벡터 y_1, y_2를 벡터 au_1과 au_2로 변환하는 식은 다음과 같다.

$au_1 = y_1$
$au_2 = y_2 - proj_{au_1}(v_2)$

이다.

$au_1 = y_1 = (2,1,2)^T$이고,

비정상 그룹 y_2의 직교변환을 위한 사영연산자를 구하는 식은,

$$proj_{au_1}(v_2) = \frac{<u_1,v_2>}{<u_1,u_1>} au_1 \text{ 이고,}$$

$<u_1,u_1> = [1\ 1\ 0] \times \begin{bmatrix} 1 \\ 1 \\ 0 \end{bmatrix} = 2$, $<u_1,v_2> = [1\ 1\ 0] \times \begin{bmatrix} 2 \\ 2 \\ 3 \end{bmatrix} = 4$ 이므로,

이 값을 사영연산자 계산식에 대입하면,

$$proj_{au_1}(v_2) = \frac{4}{2}(2,1,2)^T = (4,2,4)^T \text{ 이다.}$$

이를 이용하여 y_2의 직교벡터 au_2를 구하면,

$$au_2 = y_2 - proj_{au_1}(v_2)$$
$$= (1,1,1)^T - (4,2,4)^T$$
$$= (-3,-1,-3)^T$$

이다.

따라서 비정상그룹의 그람-슈미트 변환 집합(AU)은,
$AU = \{au_1, au_2\} = \{(2,1,2)^T, (-3,-1,-3)^T\}$ 이다.

〈표 4.1〉 정상그룹과 비정상 그룹의 그람-슈미트 변환

시료번호	정상그룹(X)		비정상그룹(AX)		정상그룹직교변환 (U)		비정상그룹직교변환 (AU)	
	X1	X2	v_1	v_2	y_1	y_2	au_1	au_2
1	1	2	2	1	1	0	2	-3
2	1	2	1	1	1	0	1	-1
3	0	3	2	1	0	3	2	-3

3 그람-슈미트 직교변환과 마하라노비스 거리

MTS에서와 마찬가지로 MTGS에서도 정상그룹의 직교변환 데이터를 정규화하고 비정상그룹의 변환 데이터는 표준화한 다음 마하라노비스 거리를 구한다. MTGS에서 마하라노비스 거리 계산방법은 직교변환 과정에 따라서 크게 XZU 과정과 XU 과정으로 나눌 수 있다. XZU 과정은 측정데이타(X)를 정규화(Z)한 다음 이를 그람-슈미트 방법으로 변환(U_Z)하고 마하라노비스 거리를 구하는 방법으로서 MTGS에서 가장 많이 쓰이는 방법이다. XU 과정은 측정값(X)을 바로 그람-슈미트 방법으로 변환(U)한 다음 이를 정규화(Z_u), 표준화 하고 역행렬을 이용하여 마하라노비스 거리를 구하는 방법이다.

3.1 XZU 과정과 정상그룹의 거리계산

XZU 과정은 정상그룹 측정 데이터(X)는 정규화(Z)한 다음 이를 그람-슈미트 방법으로 직교변환(U)하고, 비정상그룹 측정데이타(AX)를 표준화(AZ)한 다음 이를 그람-슈미트 방법으로 변환(u_{az})하여 마하라노비스 거리를 구한다. MTGS에서 마하라노비스 거리 계산에 가장 많이 사용되는 방법이다.

정상그룹의 직교변환 데이터를 정규화하는 방법은 다음과 같다.

$$Z_{u_{ij}} = \left(\frac{u_{ij} - \overline{u_i}}{s_i}\right), \quad i=1,2,...k \quad j=1,2,...,n \tag{4.6}$$

여기서 정상그룹의 정규화 데이터(Z)로부터 직교변환 된 데이터(u_i)의 평균을 $\overline{u_i}$, 표준편차는 s_i 로 나타내면 정규화는 다음과 같이 쓸 수 있다.

$$Z_{u_j} = \left(\frac{u_{1j} - \overline{u_1}}{s_1}, \frac{u_{2j} - \overline{u_2}}{s_2}, ..., \frac{u_{kj} - \overline{u_k}}{s_k}\right)$$

그런데, $\overline{u_1} = \overline{u_2} = ,..., = \overline{u_k} = 0$ 이므로

$$Z_{u_j} = \left(\frac{u_{1j} - 0}{s_1}, \frac{u_{2j} - 0}{s_2}, ..., \frac{u_{kj} - 0}{s_k}\right)$$

$$= \left(\frac{u_{1j}}{s_1}, \frac{u_{2j}}{s_2}, ..., \frac{u_{kj}}{s_k}\right) \tag{4.7}$$

이다.

또한, XZU 과정으로 직교변환 된 데이터의 상관행렬(R_{u_z})과 역행렬($R_{u_z}^{-1}$)을 구하면 다음과 같이 대각요소가 1이고 그외 다른 요소는 모두 0인 $k \times k$행렬 이다.

$$R_{u_z} = R_{u_z}^{-1} = \begin{bmatrix} 1 & 0 & 0 & 0 & . & 0 \\ 0 & 1 & 0 & 0 & . & 0 \\ 0 & 0 & 1 & 0 & . & 0 \\ . & . & . & . & . & . \\ . & . & . & . & . & . \\ 0 & 0 & 0 & 0 & . & 1 \end{bmatrix} \tag{4.8}$$

역행렬 (4.8)을 마하라노비스 거리계산 식에 대입하여 간단히 하면 다음과 같은 간편식이 구해진다.

$$D_j^2 = \frac{1}{k} \times (z_{u_{1j}}, z_{u_{2j}}, ..., z_{u_{kj}}) \times \begin{bmatrix} 1 & 0 & 0 & . & 0 \\ 0 & 1 & 0 & . & 0 \\ 0 & 0 & 1 & 0 & . & 0 \\ . & . & . & . & . \\ . & . & . & . & . \\ 0 & 0 & 0 & 0 & . & 1 \end{bmatrix} \times (z_{u_{1j}}, z_{u_{2j}}, ..., z_{u_{kj}})^T$$

$$= \frac{1}{k} \times (z_{u_{1j}}^2 + z_{u_{2j}}^2 + ... + z_{u_{kj}}^2)$$

$$= \frac{1}{k} \times \left(\frac{u_{1j}^2}{s_1^2} + \frac{u_{2j}^2}{s_2^2} + \ldots + \frac{u_{kj}^2}{s_k^2} \right) \tag{4.9}$$

이와 같이 XZU 과정으로 그람-슈미트 직교변환하면 식 (4.9)를 이용하여 행렬계산 없이 간편하게 마하라노비스 거리를 구할 수 있다.

3.2 XZU 과정과 비정상 그룹의 거리계산

XZU 과정으로 변환 된 비정상그룹의 거리를 구하려면 먼저 변환 데이터를 표준화해야한다. 비정상 그룹의 변환 데이터($u_{az_{ij}}$)는 정상그룹의 직교변환 데이터(u_i)의 표준편차 s_i와 평균($\overline{u_i}$)으로 다음과 같이 표준화된다.

$$z_{au_{ij}} = \left(\frac{u_{az_{ij}} - \overline{u_i}}{s_i} \right) \quad \text{여기서 } i=1,2,\ldots,k \quad j=1,2,\ldots,n \tag{4.10}$$

그런데 $\overline{u_i}$ 는 0이므로 다음과 같이 쓸 수 있다.

$$Z_{au_j} = \left(\frac{au_{1j}-0}{s_1}, \frac{au_{2j}-0}{s_2}, \ldots, \frac{au_{kj}-0}{s_k} \right)$$

$$= \left(\frac{au_{1j}}{s_1}, \frac{au_{2j}}{s_2}, \ldots, \frac{au_{kj}}{s_k} \right) \tag{4.11}$$

식 (4.10)을 역행렬을 이용한 마하라노비스 거리 계산식에 대입하여 간단히 하면 다음과 같은 간편식을 얻는다.

$$D_j^2 = Z_{au_j} = \frac{1}{k}(z_{au_{1j}}, z_{au_{2j}}, \ldots, z_{au_{kj}}) R_{u_z}^{-1} (z_{au_{1j}}, z_{au_{2j}}, \ldots, z_{au_{kj}})^T$$

$$= \frac{1}{k} \left(\frac{au_{1j}-\overline{u_1}}{s_1}, \frac{au_{2j}-\overline{u_2}}{s_2}, \ldots, \frac{au_{kj}-\overline{u_k}}{s_k} \right) R_{u_z}^{-1} \left(\frac{au_{1j}-\overline{u_1}}{s_1}, \frac{au_{2j}-\overline{u_2}}{s_2}, \ldots, \frac{au_{kj}-\overline{u_k}}{s_k} \right)^T$$

$$= \frac{1}{k} \left(\frac{au_{1j}^2}{s_1} + \frac{au_{2j}^2}{s_2} + \ldots + \frac{au_{kj}^2}{s_k} \right) \tag{4.12}$$

식 (4.12)와 같이 되는 이유는 XZU 과정으로 직교변환된 상관행렬(R_{u_z})과 역행렬 ($R_{u_z}^{-1}$)은 대각요소가 1이고 나머지 요소는 0인 행렬이기 때문이다.

비정상그룹의 마하라노비스 거리 역시 정상그룹의 마하라노비스 거리계산과 같이 역행렬을 구할 필요 없이 간편식을 이용하여 바로 구할 수 있음을 알 수 있다.
이와 같이 XZU 과정으로 직교변환 하면 마하라노비스 거리 계산이 매우 편리해진다.

예제 4.3

▶ **정상그룹 데이터의 마하라노비스 거리계산**

<표4.2>는 5마리의 토끼를 정상그룹으로 하여 2개의 측정항목, 몸길이(x_1)와 꼬리길이(x_2)의 측정 데이터를 정규화(Z)한 다음 그람-슈미트 방법으로 직교변환한 데이터(U_z)이다.
1) 간편식을 이용하여 XZU 과정으로 직교변환된 데이터의 마하라노비스 거리를 구하시오.
2) 역행렬을 이용하여 XZU 과정으로 직교변환된 데이터의 마하라노비스 거리를 구하시오.
3) 정상그룹 측정변수(X)를 XU 과정으로 직교변환 하시오.
4) XU 과정으로 직교 변환된 정상그룹 데이터의 마하라노비스 거리를 구하시오.

〈표 4.2〉 정상그룹의 측정값과 XZU 과정의 직교변환

번호	측정변수(X)		정규화 변수(Z)		직교변환변수(U_z)	
	x_1	x_2	z_1	z_2	u_{z_1}	u_{z_2}
1	51.000	7.000	0.5643	1.3030	0.5643	1.2585
2	47.000	5.300	-0.4617	-0.7480	-0.4617	-0.7116
3	53.000	5.000	1.0773	-1.1100	1.0773	-1.195
4	50.000	6.500	0.3078	0.6998	0.3078	0.6755
5	43.000	5.800	-1.4877	-0.1448	-1.4877	-0.0274
평균	48.800	5.920	0.0000	0.0000	0.0000	0.0000
표준편차	3.899	0.829	1.0000	1.0000	1.0000	1.0000

풀이

1) XZU 과정의 간편식을 이용한 거리계산

   간편식을 이용하여 1번 시료의 거리를 구하면,

$$D_j^2 = \frac{1}{k}\left\{\frac{u_{1j}^2}{s_1^2} + \frac{u_{2j}^2}{s_2^2} + \dots + \frac{u_{kj}^2}{s_k^2}\right\} \text{으로부터,}$$

$$D_1^2 = \frac{1}{2}\left\{\frac{0.5643^2}{1.00^2} + \frac{1.2585^2}{1.00^2}\right\}$$

$$= \frac{1}{2}(0.01154 + 2.27106)$$

$$= 0.96$$

   2번 시료의 거리는

$$D_2^2 = \frac{1}{2}\left\{\frac{-0.4617^2}{1.00^2} + \frac{-0.7116^2}{1.00^2}\right\}$$
$$= \frac{1}{2}(0.213167 + 0.507949)$$
$$= 0.36$$

3번 시료의 거리는
$$D_3^2 = \frac{1}{2}\left\{\frac{1.0773^2}{1.00^2} + \frac{-1.1950^2}{1.00^2}\right\}$$
$$= \frac{1}{2}(1.160575 + 1.432466)$$
$$= 1.30$$

이다.

나머지 4번, 5번 시료에 대해서도 같은 방법으로 거리를 구하면 각각 0.28, 1.11 이다.

2) 역행렬을 이용한 거리계산

XZU 과정으로 직교 변환된 데이터로 역행렬을 이용하여 마하라노비스 거리를 계산하고, 간편식으로 구한 거리와 비교해 보자.

먼저 1번 시료의 첫 번째 측정항목에 대한 직교변환 데이터는 다음과 같이 정규화 된다.

$$z_{u_{11}} = \left(\frac{u_{11} - 0}{s_1}\right)$$
$$= \left(\frac{0.5643 - 0}{1.0}\right)$$
$$= 0.5643$$

XZU 과정으로 직교변환(U_z) 하면 상관행렬(R_{u_z})과 역행렬($R_{u_z}^{-1}$)은 모두 대각요소가 1이고 나머지 요소는 0인 행렬이므로,

$$R_{u_z} = R_{u_z}^{-1} = \begin{bmatrix} 1 & 0 \\ 0 & 1 \end{bmatrix}$$ 이다.

역행렬($R_{u_z}^{-1}$)을 이용하여 1번 시료의 마하라노비스 거리(D_1^2)를 구하는 식은

$$D_1^2 = \frac{1}{2} \times (z_{uz_{11}}, z_{uz_{21}}) \times \begin{bmatrix} 1 & 0 \\ 0 & 1 \end{bmatrix} \times (z_{uz_{11}}, z_{uz_{21}})^T$$ 이고,

$$D_1^2 = \frac{1}{2} \times (0.5643, 1.2585) \times \begin{bmatrix} 1 & 0 \\ 0 & 1 \end{bmatrix} \times (0.5643, 1.2585)^T$$
$$= \frac{1}{2} \times (0.5643^2 + 1.2585^2)$$
$$= 0.96$$

2번 시료의 마하라노비스 거리는,

$$D_2^2 = \frac{1}{2} \times (-0.4612, -0.7116) \times \begin{bmatrix} 1 & 0 \\ 0 & 1 \end{bmatrix} \times (-0.4612, -0.7116)^T$$

$$= \frac{1}{2} \times \{(-0.4612)^2 + (-0.7116)^2\}$$

$$= 0.36$$

같은 방법으로 나머지 시료의 거리를 구하면 $D_3^2 = 1.30$, $D_4^2 = 0.28$, $D_5^2 = 1.11$이다. 간편식으로 구한 마하라노비스 거리와 같다.

⟨표 4.3⟩ 정상그룹(토끼)의 마하라노비스 거리

번호	측정변수(X)		정규화 변수(Z)		직교변환변수(U)		거리
	X_1	X_2	Z_1	Z_2	U_{Z_1}	U_{Z_2}	D_j^2
1	51.0	7.0	0.5643	1.3030	0.5643	1.2614	0.96
2	47.0	5.3	-0.4617	-0.7480	-0.4617	-0.7116	0.36
3	53.0	5.0	1.0773	-1.1100	1.0773	-1.195	1.30
4	50.0	6.5	0.3078	0.6998	0.3078	0.6755	0.28
5	43.0	5.8	-1.4877	-0.1448	-1.4877	-0.0274	1.11

3.3 XU 과정과 마하라노비스 거리계산

XU 과정은 측정항목을 바로 그람-슈미트 방법으로 직교변환 하는 방법이다. 정상그룹 데이터의 직교변환을 위한 정상그룹 사영연산자(*projection operator*)계산식은 다음과 같다.

$$proj_{u_1}(v_2) = \frac{<u_1, v_2>}{<u_1, u_1>} u_1 \text{ 이고,}$$

$$<u_1, u_1> = [51\ 47\ 53\ 50\ 43] \times \begin{bmatrix} 51 \\ 47 \\ 53 \\ 50 \\ 43 \end{bmatrix} = 11968,$$

$$<u_1, v_2> = [51.0\ 47.0\ 53.0\ 50.0\ 43.0] \times \begin{bmatrix} 7.0 \\ 5.3 \\ 5.0 \\ 6.5 \\ 5.8 \end{bmatrix} = 1445.5 \text{ 이다}$$

사영연산자는, $proj_{u_1}(v_2) = \dfrac{1445.5}{11968}(51, 47, 53, 50, 43)^T$
$\qquad\qquad\qquad\qquad = (6.160, 5.677, 6.401, 6.039, 5.194)^T$

정상그룹의 사영연산자로 직교변환 벡터 u_1과 u_2를 구하면,

$$u_1 = v_1$$
$$u_2 = v_2 - proj_{u_1}(v_2)$$

로부터,

$$u_1 = v_1 = (1, 1, 0)^T$$
$$u_2 = v_2 - proj_{u_1}(v_2)$$
$$\quad = (7.0, 5.3, 5.0, 6.5, 5.8)^T - (6.160, 5.677, 6.401, 6.039, 5.194)^T$$
$$\quad = (0.840, -0.376, -1.401, 0.461, 0.606)^T$$

이다.

정상그룹의 마하라노비스 거리를 계산하기위해 직교변환된 데이터로 정상그룹 직교변환 데이터를 정규화한다.

<표4.4>에서 1번 시료의 직교변환 데이터 $u_{11} = 51$과 $u_{21} = 0.840$는 평균 $\overline{u_1} = 48.80$, $\overline{u_2} = 0.0259$ 와 표준편차 $s_1 = 3.899$, $s_2 = 0.920$를 이용하여 다음과 같이 정규화된다.

$$Z_{u_{11}} = \dfrac{(51.0 - 48.80)}{3.899} = 0.5643, \quad Z_{u_{21}} = \dfrac{(0.840 - 0.0259)}{0.920} = 0.8847$$

또한 상관행렬(R_{u_z})과 역행렬($R_{u_z}^{-1}$)을 구하면 다음과 같다.

상관행렬(R_{u_z})

$$R_{u_x} = \begin{bmatrix} 1 & -0.44054 \\ -0.44054 & 1 \end{bmatrix}$$

역행렬($R_{u_z}^{-1}$)

$$R_{u_x}^{-1} = \begin{bmatrix} 1.24081 & 0.54663 \\ 0.54663 & 1.24081 \end{bmatrix}$$

XU 과정으로 직교변환하면 상관행렬과 역행렬의 대각요소는 1이 아니며 대각요소 이외

의 다른 요소 역시 0이 아닌 값을 갖는다. 이는 XZU 과정으로 직교변환 된 데이터의 상관행렬과 다른 점이다. 이러한 이유 때문에 XU과정으로 그람-슈미트 변환된 데이터의 마하라노비스 거리계산은 간편식을 사용하지 않고 역행렬($R_{u_x}^{-1}$)을 사용하여 구한다.

역행렬을 이용하여 1번 시료의 마하라노비스 거리(D_1^2)를 구하면,

$$D_1^2 = \frac{1}{k} z_{u_{11}} R_{u_x}^{-1} z_{u_{21}}^T$$
$$= \frac{1}{2} \times (0.564, 0.885) \times \begin{bmatrix} 1.24081 & 0.54663 \\ 0.54663 & 1.24081 \end{bmatrix} \times (0.564, 0.885)^T$$
$$= 0.96$$

2번 시료의 마하라노비스 거리는,

$$D_2^2 = \frac{1}{k} z_{u_{12}} R_{u_x}^{-1} z_{u_{22}}^T$$
$$= \frac{1}{2} \times (-0.4617, -0.4374) \times \begin{bmatrix} 1.24081 & 0.54663 \\ 0.54663 & 1.24081 \end{bmatrix} \times (-0.4617, -0.4374)^T$$
$$= 0.36$$

이다.

나머지 시료에 대해서도 같은 방법으로 거리를 계산하면, $D_3^2 = 1.30$, $D_4^2 = 0.28$, $D_5^2 = 1.11$ 이다.

⟨표 4.4⟩ 정상그룹(토끼)을 XU 과정으로 직교변환한 데이타와 거리

번호	측정변수(X)		그람-슈미트직교변환(U)		정규화(Z_u)		거리
	x_1	x_2	u_1	u_2	z_{u_1}	z_{u_2}	D_j^2
1	51.0	7.0	51.00	0.840	0.564	0.885	0.96
2	47.0	5.3	47.00	-0.376	-0.462	-0.437	0.36
3	53.0	5.0	53.00	-1.401	1.077	-1.551	1.30
4	50.0	6.5	50.00	0.461	0.308	0.473	0.28
5	43.0	5.8	43.00	0.606	-1.488	0.630	1.11
	평균		48.800	0.0259			
	표준편차		3.899	0.920			

XU과정으로 직교변환된 비정상그룹 데이터의 마하라노비스 거리는 정상그룹 직교변환된 데이터의 평균과 표준편차로 표준화 하여 구하면 될 것이다.

3.4 표준편차가 0인 경우의 마하라노비스 거리계산

어떤 시료의 특징 3개 x_1, x_2, x_3 를 측정한 결과 <표 4.5>와 같다고 하자. 특이한 것은 측정변수 x_3는 표준편차가 0이어서 측정값을 정규화할 수 없기 때문에 역행렬을 구할 수 없고 마하라노비스 거리를 계산할 수 없다. 이러한 경우 측정변수를 바로 그람-슈미트 방법으로 직교변환(U)하는 XU 과정으로 변환하면 마하라노비스 거리를 계산할 수 있다.

측정변수(X)를 정규화하지 않고 바로 그람-슈미트 방법으로 직교 변환하면 <표4.5>의 직교변환변수(U)와 같다. 표에서 보는 바와 같이 측정변수 x_3의 표준편차는 0이었으나 u_3의 표준편차는 0.632이다.

〈표 4.5〉 정상그룹(A사)의 측정 데이타를 XU 과정으로 직교변환한 데이타

번호	측정변수(X)			그람-슈미트 직교변환(U)			정규화(Z_u)		
	x_1	x_2	x_3	u_1	u_2	u_3	z_{u_1}	z_{u_2}	z_{u_3}
1	-1.75	-1.70	-1.20	-1.750	-0.102	-1.036	-1.842	0.150	-0.671
2	0.95	0.97	-1.20	0.950	0.103	-1.505	0.789	1.640	-1.412
3	-0.13	-0.22	-1.20	-0.130	-0.101	-0.758	-0.263	0.158	-0.231
4	-0.13	-0.25	-1.20	-0.130	-0.131	-0.620	-0.263	-0.060	-0.013
5	-0.67	-0.82	-1.20	-0.670	-0.208	-0.361	-0.789	-0.620	0.397
6	0.41	0.31	-1.20	0.410	-0.064	-0.833	0.263	0.426	-0.350
7	1.49	0.98	-1.20	1.490	-0.381	0.806	1.316	-1.876	2.242
8	-0.67	-0.83	-1.20	-0.670	-0.218	-0.315	-0.789	-0.692	0.469
9	0.41	0.20	-1.20	0.410	-0.174	-0.328	0.263	-0.373	0.449
10	1.49	1.41	-1.20	1.490	0.049	-1.168	1.316	1.247	-0.880
평균	0.140	0.005	-1.20	0.140	-0.123	-0.612	0.000	0.000	0.000
표준편차	1.026	0.965	0.000	1.0262	0.1377	0.6324	1.000	1.000	1.000

1번 시료의 마하라노비스 거리 계산을 위해 u_{11}, u_{21}, u_{31}를 정규화하면 다음과 같다.

$$Z_{u_{11}} = \frac{(-1.750 - 0.140)}{0.973} = -1.842, \quad Z_{u_{21}} = \frac{\{-0.102 - (-0.123)\}}{0.1377} = 0.150$$

$$Z_{u_{31}} = \frac{\{-1.036 - (-0.612)\}}{0.6324} = -0.671$$

나머지 시료에 대해서도 같은 방법으로 정규화 하면 <표4.5>와 같고 $z_{u_1}, z_{u_2}, z_{u_3}$의 상관행렬($R_u$)과 역행렬($R_u^{-1}$)을 구하면 측정항목수가 3 개 이므로 다음과 같은 3X3 행렬이

된다.

상관행렬(R_{u_x})

1.00000	0.13486	0.14664
0.13486	1.00000	-0.96037
0.14664	-0.96037	1.00000

역행렬($R_{u_x}^{-1}$)

11906.7	-42241	-42313
-42240.6	149868	150126
-42313.5	150126	150385

역행렬($R_{u_x}^{-1}$)을 이용하여 1번 시료의 마하라노비스 거리를 구하면,

$$\begin{aligned}D_1^2 &= \frac{1}{k} z_{i1} R_{u_x}^{-1} z_{i1}^T \\ &= \frac{1}{3} \times (-1.842,\ 0.150,\ -0.671) \times \begin{bmatrix} 11906.7 & -42241 & -42313 \\ -42240.6 & 149868 & 150126 \\ -42313.5 & 150126 & 150385 \end{bmatrix} \times (-1.842,\ 0.150,\ -0.671)^T \\ &= 1.87\end{aligned}$$

2번 시료의 거리는,

$$\begin{aligned}&= \frac{1}{3} \times (0.789,\ 1.640,\ -1.412) \times \begin{bmatrix} 11906.7 & -42241 & -42313 \\ -42240.6 & 149868 & 150126 \\ -42313.5 & 150126 & 150385 \end{bmatrix} \times (0.789,\ 1.640,\ -1.412)^T \\ &= 0.88\end{aligned}$$

같은 방법으로 나머지 시료의 마하라노비스 거리를 모두 계산하면 <표4.6>과 같다.

<표 4.6> 정상그룹의 마하라노비스 거리

	마하라노비스 거리 (MD)									
시료	1	2	3	4	5	6	7	8	9	10
MD	1.87	0.88	0.04	0.07	0.3	0.32	2.12	0.33	0.58	2.24

■ 그람-슈미트 직교변환을 위한 Matlab 코드

Matlab 소프트웨어를 이용하여 정상그룹과 비정상그룹 데이터를 그람-슈미트 방법으로 변환하는 방법을 소개한다. 아래 코드는 정상그룹 데이터(A)와 비정상그룹 데이터(B)를 입력 요소로 하여 정상그룹의 그람-슈미트 변환 데이타(U)와 비정상그룹의 그람-슈미트 변환 데이타(AU)를 출력하는 간단한 프로그램이다.

XZU 과정으로 그람-슈미트 직교변환 하려면 입력 데이터 A는 정상그룹의 정규화 데이터(Z)여야하고 입력 데이터 B는 비정상그룹의 표준화 데이터(AZ)여야 한다. 하지만 XU 과정으로 그람-슈미트 직교변환하려면 입력 데이터 A는 정상그룹의 측정 데이터(X)여야 하고, 입력데이터 B는 비정상그룹의 측정데이타(AX)여야 한다.

Matlab 프로그램 실행으로 얻는 출력물은 XZU, XU 과정 모두 동일하게 정상그룹의 그람-슈미트 직교변환 데이타(U)와 비정상그룹의 변환 데이타(AU)이다.

그람-슈미트 직교변환 Matlab 코드와 입력/출력요소

```
A=[51.0 7.0;
   47.0 5.3;
   53.0 5.0;
   50.0 6.5;
   43.0 5.8]

B=[50.0 75.0;
   43.0 54.0]

[m,n]=size (A);
U = zeros(m,n);
for j = 1:n
U(:,j) = A(:,j);
if j > 1
for k = 1:j-1
pk = ((A(:,j)'*U(:,k))/norm(U(:,k))^2)*U(:,k);
U(:,j) = U(:,j) - pk;
end % for k = 1:j-1
end % if j > 1
end

[o,p]=size (B);
AU = zeros(o,p);
for x = 1:p
AU(:,x) = B(:,x);
if x > 1
for c = 1:x-1
pk2 = ((A(:,x)'*U(:,c))/norm(U(:,c))^2)*AU(:,c);
```

```
AU(:,x) = AU(:,x) - pk2;
end % for c = 1:x-1
end % if x > 1
end
```

\>\> U

U =
 51.0000   0.8402
 47.0000   -0.3767
 53.0000   -1.4014
 50.0000   0.4610
 43.0000   0.6064

\>\> AU

AU =
 50.0000   68.9610
 43.0000   48.8064

A= 정상그룹 데이타
B= 비정상그룹 데이타
U= 정상그룹 그람-슈미트 변환 데이타
AU= 비정상그룹 그람-슈미트 변환 데이타

---

4 MTS와 MTGS의 마하라노비스 거리 비교

사례를 통해 MTS와 MTGS의 마하라노비스 거리를 구하여 차이점을 알아보자. 자동차 계기판에 사용할 파란색 LED 라이트를 개발하는 엔지니어는 자신의 설계에 적합한 라이트 튜브를 선정하기 위해 두 제조사로부터 샘플을 받아 테스트 하였다. A사 시료 6개를 정상그룹으로 하고 B사의 시료 4개를 비정상 그룹으로 하여 LED 빛을 색도계로 측정한 특성치 X_1과 X_2의 측정값은 <표 4.7>과 같다.

⟨표 4.7⟩ 정상그룹(A사)과 비정상그룹(B사)의 측정데이터

번호	정상그룹(A사)		비정상그룹(B사)	
	V_1	V_2	y_1	y_2
1	0.1850	0.2730	0.1790	0.2300
2	0.1860	0.2820	0.1730	0.2010
3	0.1860	0.2810	0.1760	0.2210
4	0.1860	0.2900	0.1790	0.2300
5	0.1850	0.2890		
6	0.1830	0.2720		
평균	0.1852	0.2812		
표준편차	0.00117	0.00763		

1) MTS의 역행렬로 구한 마하라노비스 거리

A사 1번 시료의 측정데이터를 z_{11}, z_{21}으로 정규화하면,

$$z_{11} = \frac{(0.1850 - 0.1852)}{0.00117} = -0.1426, \quad z_{21} = \frac{(0.2730 - 0.2812)}{0.00763} = -1.0747$$

비정상그룹(B사) 1번 시료의 측정데이타를 az_{11}, az_{21}으로 표준화하면,

$$az_{11} = \frac{(0.1790 - 0.1852)}{0.00117} = -5.299, \quad az_{21} = \frac{(0.2300 - 0.2812)}{0.00763} = -6.7104$$

이다.

나머지 측정값에 대해서도 같은 방법으로 정규화, 표준화 하면 <표 4.8>과 같다.

⟨표 4.8⟩ 정상그룹의 정규화(Z)와 비정상 그룹의 표준화(AZ)

번호	정상그룹(A사)		비정상그룹(B사)	
	z_1	z_2	az_1	az_2
1	-0.1426	-1.0747	-5.2990	-6.7104
2	0.7128	0.1093	-10.4070	-10.5113
3	0.7128	-0.0219	-7.8410	-7.8889
4	0.7128	1.1582	-5.2750	-6.7089
5	-0.1426	1.0271		
6	-1.8534	-1.2019		

z_1과 z_2로 상관행렬(R)과 역행렬(R^{-1})을 구하면,

상관행렬(R)

$$R = \begin{bmatrix} 1 & 0.62435 \\ 0.62435 & 1 \end{bmatrix}$$

역행렬(R^{-1})

$$R^{-1} = \begin{bmatrix} 1.63884 & -1.02320 \\ -1.02320 & 1.63884 \end{bmatrix}$$

이다.

역행렬(R^{-1})을 이용하여 정상그룹(A사) 1번 시료의 거리를 구하면 다음과 같다.

$$\begin{aligned} D_1^2 &= \frac{1}{k}(z_{11}, z_{21}) R^{-1} (z_{11}, z_{21})^T \\ &= \frac{1}{2} \times (-0.1426, -1.0708) \times \begin{bmatrix} 1.63884 & -1.02320 \\ -1.02320 & 1.63884 \end{bmatrix} \times (-0.1426, -1.0708)^T \\ &= 0.80 \end{aligned}$$

나머지 시료에 대해서도 같은 방법으로 거리를 구하면,
$D_2 = 0.347$, $D_3 = 0.433$, $D_4 = 0.671$ $D_5 = 1.031$, $D_6 = 1.719$ 이다.

비정상그룹(B사) 1번 시료의 마하라노비스 거리를 계산하면,

$$\begin{aligned} D_1^2 &= \frac{1}{k}(az_{11}, az_{21}) R^{-1} (az_{11}, az_{21})^T \\ &= \frac{1}{2} \times (-5.2750, -6.7089) \times \begin{bmatrix} 1.63884 & -1.02320 \\ -1.02320 & 1.63884 \end{bmatrix} \times (-5.2750, -6.7089)^T \\ &= 23.47 \end{aligned}$$

나머지 시료에 대해서도 같은 방법으로 거리를 구하면,

$D_2 = 67.36$, $D_3 = 38.08$, $D_4 = 23.47$ 이다.

2) MTGS의 XU 과정과 마하라노비스 거리

MTGS의 XU 과정은 측정데이터(X)를 바로 그람-슈미트 직교변환(U)한 다음 마하라노비스 거리를 구하는 방법이다. XU 과정은 측정데이타의 표준편차가 0이거나 거의 0에 가까운 작은 값이어서 정규화, 표준화를 할 수 없을 때 유용하게 사용할 수 있다.

정상그룹의 직교변환 데이타를 정규화한 다음 역행렬(R_u^{-1})을 이용하여 마하라노비스 거리를 구하는 식은 다음과 같다.

$$D_j^2 = \frac{1}{k} Z_u R_u^{-1} Z_u^T$$
$$= \frac{1}{k}(z_{u_{1j}}, z_{u_{2j}}, ..., z_{u_{kj}}) R_u^{-1} (z_{u_{1j}}, z_{u_{2j}}, ..., z_{u_{kj}})^T$$
$$= \frac{1}{k}\left(\frac{u_{1j}-\overline{u_1}}{s_{u_1}}, \frac{u_{2j}-\overline{u_2}}{s_{u_2}}, ..., \frac{u_{kj}-\overline{u_k}}{s_{u_k}}\right) R_u^{-1} \left(\frac{u_{1j}-\overline{u_1}}{s_{u_1}}, \frac{u_{2j}-\overline{u_2}}{s_{u_2}}, ..., \frac{u_{kj}-\overline{u_k}}{s_{u_k}}\right)^T$$

(4.13)

비정상그룹의 마하라노비스 거리는 비정상그룹의 측정데이타(AX)를 바로 그람-슈미트 방법으로 변환(AU)하여 구한다.

$$D_j^2 = \frac{1}{k} Z_{au_j} R_u^{-1} Z_{au_j}^T$$
$$= \frac{1}{k}(z_{au_{1j}}, z_{au_{2j}}, ..., z_{au_{kj}}) R_u^{-1} (z_{au_{1j}}, z_{au_{2j}}, ... z_{au_{kj}})^T$$
$$= \frac{1}{k}\left(\frac{au_{1j}-\overline{u_1}}{s_{au_1}}, \frac{au_{2j}-\overline{u_2}}{s_{au_2}}, ..., \frac{au_{kj}-\overline{u_k}}{s_{au_k}}\right) R_u^{-1} \left(\frac{au_{1j}-\overline{u_1}}{s_{au_1}}, \frac{au_{2j}-\overline{u_2}}{s_{au_2}}, ..., \frac{au_{kj}-\overline{u_k}}{s_{au_k}}\right)^T$$

(4.14)

au_{ij} = 비정상그룹 측정항목 i의 j번째 시료 직교변환 데이터, $z_{au_{ij}}$ = 비정상그룹 측정항목 i의 j 번째 시료 표준화 데이터, s_{u_i} = 정상그룹 측정항목 i의 직교변환 데이터 표준편차, $\overline{u_i}$ = 정상그룹 직교변환 변수 i 의 평균, R_u^{-1} = 정상그룹 직교변환상관 R의 역행렬

XU 과정으로 정상그룹의 측정 데이타(X)를 그람-슈미트 방법으로 직교변환(U)하려면 사영연산자를 먼저 구해야한다.

사영연산자를 구하는 식은 $proj_{u_1}(v_2) = \frac{<u_1, v_2>}{<u_1, u_1>} u_1$ 이다.

먼저 $<u_1, u_1>$을 구하면,

$u_1 = v_1$ 이므로

$$<u_1, u_1> = [0.1850, 0.1860, 0.1860, 0.1860, 0.1850, 0.1830] \times \begin{bmatrix} 0.1850 \\ 0.1860 \\ 0.1860 \\ 0.1860 \\ 0.1850 \\ 0.1830 \end{bmatrix} = 0.20573$$

이고,

$$<u_1, v_2> = [0.1850, 0.1860, 0.1860, 0.1860, 0.1850, 0.1830] \times \begin{bmatrix} 0.2730 \\ 0.2820 \\ 0.2810 \\ 0.2900 \\ 0.2890 \\ 0.2720 \end{bmatrix} = 0.31240$$

이다.

이것을 사영연산자 계산식에 대입하면 다음과 같은 사영연산자가 구해진다.

$$proj_{u_1}(v_2) = \frac{0.31240}{0.20573} [0.1850, 0.1860, 0.1860, 0.1860, 0.1850, 0.1830]^T$$
$$= (0.2809, 0.2824, 0.2824, 0.2824, 0.2809, 0.2779)^T$$

이렇게 구한 사영연산자를 이용하여 측정항목(X)을 그람-슈미트 방법으로 변환(U)하면 <표 4.9>의 u_1과 u_2와 같다. u_1의 평균은 0.185167이고, 표준편차는 0.000017이므로 u_1의 첫 번 시료 데이터 0.1850은 다음과 같이 정규화된다.

$$Z_{u_{11}} = \frac{0.1850 - 0.185167}{0.000017}$$
$$= -0.1426$$

u_2의 첫 번째 시료의 값 -0.0079는 다음과 같이 정규화된다.

$$Z_{u_{21}} = \frac{-0.0079 - 0.000017}{0.006674}$$
$$= -1.1862$$

나머지 u_1, u_2 데이터에 대해서도 같은 방법으로 정규화하면 <표 4.9>와 같다.

<표 4.9> 정상그룹(A사)측정 데이타를 XU 과정으로 직교변환한 데이터와 거리

번호	측정변수(X)		직교변환(U)		정규화(Z_u)		거리
	v_1	v_2	u_1	u_2	z_{u_1}	z_{u_2}	D_j^2
1	0.185	0.273	0.1850	-0.0079	-0.1426	-1.1862	0.80
2	0.186	0.282	0.1860	-0.0004	0.7128	-0.062	0.35
3	0.186	0.281	0.1860	-0.0014	0.7128	-0.212	0.43
4	0.186	0.29	0.1860	0.0076	0.7128	1.136	0.67
5	0.185	0.289	0.1850	0.0081	-0.1426	1.211	1.03
6	0.183	0.272	0.1830	-0.0059	-1.8534	-0.887	1.72
평균			0.185167	0.000017			
표준편차			0.001169	0.006674			

마하라노비스 거리계산을 위해 z_{u_1}과 z_{u_2}의 상관행렬(R_{z_u})과 역행렬($R_{z_u}^{-1}$)을 구하면 다음과 같다.

상관행렬(R_{z_u})

$$\begin{matrix} 1.00000 & 0.45072 \\ 0.45072 & 1.00000 \end{matrix}$$

역행렬($R_{z_u}^{-1}$)

$$\begin{matrix} 1.25494 & -0.56562 \\ -0.56562 & 1.25494 \end{matrix}$$

역행렬($R_{z_u}^{-1}$)을 이용하여 정상그룹 1번 시료의 마하라노비스 거리(D_1^2)를 구하면,

$$D_1^2 = \frac{1}{2} \times (-0.1426, -1.186) \times \begin{bmatrix} 1.25494 & -0.56562 \\ -0.56562 & 1.25494 \end{bmatrix} \times (-0.1426, -1.186)^T$$
$$= 0.80$$

나머지 시료에 대해서도 같은 방법으로 거리를 계산하면, $D_2^2 = 0.35$, $D_3^2 = 0.43$, $D_4^2 = 0.67$, $D_5^2 = 1.03$, $D_5^2 = 1.72$ 이다.

계속해서 비정상그룹(B사)의 마하라노비스 거리(MD)를 구하기 위해 비정상그룹의 측정 데이터를 그람-슈미트 방법으로 변환 해보자.

먼저 비정상그룹의 데이터를 변환하기 위해 사영연산자를 구한다.

$proj_{au_1}(v_2) = \frac{<u_1, v_2>}{<u_1, u_1>} au_1$ 으로 계산하면,

$$proj_{au_1}(v_2) = \frac{0.31240}{0.20573}(0.1790, 0.1730, 0.1760, 0.1790)^T$$
$$= (0.2718, 0.2627, 0.2673, 0.2718)^T$$

이다.

사영연산자를 이용하여 비정상그룹(B사)의 측정 데이터를 au_1, au_2로 변환하면,

$$au_1 = y_1 = (0.179, 0.173, 0.176, 0.179)^T$$
$$au_2 = y_2 - proj_{au_1}(v_2)$$
$$= (0.230, 0.201, 0.221, 0.230)^T - (0.2718, 0.2627, 0.2673, 0.2718)^T$$
$$= (-0.0418, -0.0617, -0.0463, -0.0418)^T$$

이것을 행렬 AU로 표시하면,

$$AU = \begin{bmatrix} 0.179 & -0.0418 \\ 0.173 & -0.0617 \\ 0.176 & -0.0463 \\ 0.179 & -0.0418 \end{bmatrix}$$

이다.

마하라노비스 거리를 구하기 위해 비정상그룹(B사)의 그람-슈미트 변환데이타(AU)를 표준화(Z_{AU})하면 <표 4.10>와 같다.

〈표 4.10〉 비정상그룹(B사) 데이타를 XU으로 변환한 데이타와 거리

번호	측정항목(AX)		그람-슈미트 변환(AU)		표준화(Z_{AU})		거리
	y_1	y_2	au_1	au_2	z_{au_1}	z_{au_2}	D_j^2
1	0.1790	0.2300	0.179	-0.0418	-5.2750	-6.2657	23.40
2	0.1730	0.2010	0.173	-0.0617	-10.4074	-9.2474	67.35
3	0.1760	0.2210	0.176	-0.0463	-7.8412	-6.9399	38.08
4	0.1790	0.2300	0.179	-0.0418	-5.2750	-6.2657	23.47

au_{11}과 au_{21}을 표준화하면,

$$z_{au_{11}} = \frac{(0.179 - 0.185167)}{0.001169}$$
$$= -5.2750$$

$$z_{au_{21}} = \frac{(-0.0418 - 0.000017)}{0.006674}$$
$$= -6.2657$$

이다.

역행렬($R_{z_u}^{-1}$)을 이용하여 비정상그룹 1번 시료의 마하라노비스 거리를 계산하면,

$$D_1^2 = \frac{1}{2} \times (-5.2750, -6.2657) \times \begin{bmatrix} 1.25495 & -0.56565 \\ -0.56565 & 1.25495 \end{bmatrix} \times (-5.2750, -6.2657)^T$$
$$= 23.40$$

이다.

나머지 시료에 대해서도 같은 방법으로 계산하면, $D_2^2 = 67.35$ $D_3^2 = 38.08$, $D_4^2 = 23.47$ 이다.

<표4.11>에서와 같이 MTS 방법으로 구한 마하라노비스 거리와 MTGS의 XZU, XU 과정으로 구한 마하라노비스 거리는 같음을 알 수 있다. 이는 측정항목이 서로 직교하기 때문이다. 하지만 MTS와 MTGS로 구한 마하라노비스 거리 값이 항상 같은 것은 아니다.

〈표 4.11〉 MTGS와 MTS의 마하라노비스 거리 비교

시료	MTGS: XUZ 과정		MTGS: XZU 과정		MTS	
	정상그룹 (D^2)	비정상그룹 (D^2)	정상그룹 (D^2)	비정상그룹 (D^2)	정상그룹 (D^2)	비정상그룹 (D^2)
1	0.800	23.40	0.800	23.47	0.800	23.47
2	0.347	67.35	0.347	67.36	0.347	67.36
3	0.433	38.08	0.433	38.08	0.433	38.08
4	0.671	23.47	0.671	23.47	0.671	23.47
5	1.031		1.031		1.031	
6	1.719		1.719		1.719	

5 그람-슈미트 직교변환 데이터의 SN비 분석

MTGS에서 SN비 분석의 목적은 MTS에서와 마찬가지로 측정항목의 예측능력을 평가하는 것이다. MTGS에서도 MTS에서와 마찬가지로 직교배열표를 이용하여 비정상그룹의 데이타로 실험을 하고 SN비 이득을 구하여 예측능력을 평가한다. 다만, MTGS의 XZU 과정으로 직교변환된 데이타 $u_1, u_2, ..., u_k$가 서로 독립이고 직교할 경우 간편식을 이용하여 SN비를 계산할 수 있다. 간편식으로 SN비를 계산할 때 한 가지 유의해야 할 점은 그람-슈미트 방법으로 직교변환된 $u_1, u_2, ..., u_k$ 사이에는 유의한 상관관계가 존재하지 않더라도 직교변환 데이터(U)와 변환전 데이터(Z) 상호간에 상관관계가 존재할 수 있으므로 Z와 U 사이의 부분상관계수(partial correlation coefficient)를 구하여 상관관계가 유의한지 확인할 필요가 있다. U와 Z의 상관관계가 유의하지 않을 경우 비정상그룹의 그람-슈미트 변환 데이터 au_{ij}를 사용하여 간편식으로 SN비를 계산 할 수 있어 매우 편리하다.

MTGS에서도 MTS에서와 같이 비정상그룹의 데이타로 SN비를 계산한다. 이렇게 하는 이유는 정상그룹은 정규화된 마하라노비스 공간으로서 거리계산의 기준점이 되기 때문이다.
SN비는 다음과 같이 y_{ij} 값을 구하여 계산된다.

$$y_{ij} = \sqrt{\frac{au_{ij}^2}{s_i^2}} \tag{4.15}$$

정상그룹 그람-슈미트 변환 데이타 u_i의 평균 $\overline{u_i}$와 표준편차 s_i를 구하는 식은 아래와 같다.

$$평균(\overline{u_i}) = \frac{1}{n}\sum_{j=1}^{n} u_{ij}, \tag{4.16}$$

$$표준편차(s_i) = \sqrt{\frac{\sum_{j=1}^{n}(u_{ij} - \overline{u_i})^2}{n-1}} \ (i=1,2,...,k \ \ n=정상그룹 시료갯수) \tag{4.17}$$

y_{ij}는 정상그룹 측정항목 u_i의 표준편차 s_i가 작을수록 보다 정확한 값이 된다. 또한, y_{ij}값이 클수록 정상그룹과 비정상그룹을 잘 구분해주는 측정항목이라 할 수 있으므로 y_{ij}는 망대특성이다. 따라서 예측에 중요한 측정항목을 선정하는데 망대특성의 SN비를 이용한다. SN비가 더 큰 측정항목이 예측능력이 더 우수한 측정항목이다.

만일 Z와 U의 부분상관계수가 유의할 경우 SN비 분석에 간편식을 사용하는 것은 바람직하지 않으며 MTS에서의 SN비 분석에서와 마찬가지로 2수준의 직교배열표(orthogonal array)를 사용하여 실험을 한 다음 각 측정항목별로 SN비 이득(gain)을 구하고 SN비 이득이 큰 측정항목을 예측에 중요한 항목으로 정하는 것이 바람직하다.

직교배열표를 사용한 SN비 분석방법은 3장에서 다루었으므로 여기서는 간편식을 이용한 SN비 분석방법에 대해 알아본다.

MTGS의 XZU 과정으로 직교변환된 A, B 두 회사의 품질 특성치(색도)차이를 예측하는 데 중요한 측정항목을 알아보기 위해 망대특성의 SN비를 구하는 식은 다음과 같다.

$$SN_i = -10\log\left(\frac{1}{n}\sum_{j=1}^{n}\frac{1}{\left(\frac{au_{ij}}{s_i}\right)^2}\right) \tag{4.18}$$

여기서 au_{ij} = 비정상그룹 j번째 시료의 측정항목 i의 그람-슈미트 변환 데이타
s_i= 정상그룹 직교변환 데이터 중 측정항목 i의 표준편차, n=비정상그룹 시료 개수

식 (4.18)에서 $\dfrac{au_{ij}}{s_i}$ 를 y_{ij} 로 하면, SN비 계산식은 다음과 같이 쓸 수 있다.

$$SN_i = -10\log_{10}\left(\dfrac{1}{n}\sum_{j=1}^{n}\dfrac{1}{y_{ij}^2}\right) \quad \text{i=1,2,....,k} \quad \text{j=1,2,....,n} \tag{4.19}$$

식 (4.15)를 이용하여 비정상그룹의 그람-슈미트 변환 데이타 au_{11}과 au_{21}을 각각 y_{11}, y_{21}로 변환하면 다음과 같다.

$$y_{11} = \sqrt{\dfrac{au_{11}^2}{s_1^2}}$$
$$= \sqrt{\dfrac{0.179^2}{0.00117^2}}$$
$$= 153.12$$

이고,

$$y_{21} = \sqrt{\dfrac{au_{21}^2}{s_2^2}}$$
$$= \sqrt{\dfrac{-0.0418^2}{0.00667^2}}$$
$$= 6.26$$

나머지 데이터에 대해서도 같은 방법으로 y_{ij}를 계산하면<표4.12>와 같다.

⟨표 4.12⟩ SN비 분석을 위한 y_{ij} 테이블

시료	정상그룹(A사)		비정상그룹(B사)			
	u_1	u_2	au_1	au_2	y_{1j}	y_{2j}
1	0.185	-0.0079	0.179	-0.0418	153.12	6.26
2	0.186	-0.0004	0.173	-0.0617	147.98	9.25
3	0.186	-0.0014	0.176	-0.0463	150.55	6.94
4	0.186	0.0076	0.179	-0.0418	153.12	6.26
5	0.185	0.0081				
6	0.183	-0.0059				
평균	0.1852	0.000				
표준편차	0.00117	0.00667				

y_{ij} 값으로 2개의 측정항목 v_1과 v_2의 SN비를 구하여 예측능력을 비교해 보자. 비정상그룹의 시료개수는 4개이므로 SN비 계산식 (4.19)에서 n=4 이다.

1) 측정항목 v_1의 망대특성의 SN 비

$$SN_1 = -10\log_{10}\left(\frac{1}{4}\sum_{j=1}^{4}\frac{1}{y_{1j}^2}\right)$$
$$= -10\log\left\{\frac{1}{4}\left(\frac{1}{153.12^2}+\frac{1}{147.98^2}+\frac{1}{150.55^2}+\frac{1}{153.12^2}\right)\right\}$$
$$= 43.59 \text{ db}$$

2) 측정항목 v_2의 망대특성의 SN 비

$$SN_2 = -10\log_{10}\left(\frac{1}{4}\sum_{j=1}^{4}\frac{1}{y_{2j}^2}\right)$$
$$= -10\log\left\{\frac{1}{4}\left(\frac{1}{6.26^2}+\frac{1}{9.25^2}+\frac{1}{6.94^2}+\frac{1}{6.26^2}\right)\right\}$$
$$= 16.80 \text{ db}$$

$SN_1 > SN_2$ 이므로 측정항목 v_1의 예측능력이 v_2보다 더 높다. 측정항목 v_1이 정상그룹과 비정상그룹 중 어느 그룹에 속하는지 예측하는데 더 중요한 역할을 한다.

6 MTGS 사례: 펄프공장의 부유물이 어류 성장에 미치는 영향조사

캐나다의 한 대학 연구소에서는 펄프공장에서 방류되는 다양한 부유물이 특정어류의 성장에 어떤 영향을 주는지 알아보기 위한 조사를 하였다. 조사대상은 강 상류와 펄프공장 인근 하류에 서식하는 동종의 어류이며, 알에서 부화한 후 2년 동안 부화연도(x_1)를 포함하여 모두 5개의 측정항목을 측정하였다. 정상그룹은 펄프공장으로 부터 30km 상류에 서식하는 어류 25마리이며 비정상그룹은 펄프공장 인근 하류에 서식하는 종의 어류 15마리이다. 시료 채집 전에 수중보 등 인공구조물과 강의 생태조건을 고려해 볼 때 조사대상의 물고기가 상류와 하류 지역간 교류할 가능성은 없다는 것을 확인하였다.

〈표 4.13〉 정상그룹: 30km 상류에서 채집한 시료의 측정 데이터

번호	x_1	x_2	x_3	x_4	x_5
1	83	1	5.49	5.49	40.5
2	83	6	21.39	3.95	40.5
3	83	4	14.32	3.65	40.5
4	83	4	14.15	3.42	42.3
5	83	3	10.73	3.35	42.3
6	83	5	17.44	3.11	40.5
7	83	7	21.43	2.75	42.3
8	83	3	10.68	2.74	40.5
9	83	5	16.83	2.68	42.3
10	83	7	24.01	2.62	40.5
11	84	1	5.67	5.67	41
12	84	1	5.42	5.42	42.6
13	84	5	19.31	4.95	41
14	84	5	17.32	4.73	42.6
15	84	3	11.75	4.47	41
16	84	3	13.97	4.37	41.5
17	84	6	23.39	4.08	41
18	84	6	20.93	3.6	42.6
19	84	5	20.4	3.37	41.5
20	84	4	17.03	3.06	41.5
21	84	6	23.14	2.74	41.5
22	84	3	10.48	2.65	42.6
23	84	4	14.36	2.61	41
24	84	2	7.83	2.4	42.6
25	84	7	23.19	2.26	42.6
평균	83.60	4.24	15.63	3.61	41.55
표준편차	0.500	1.855	5.952	1.036	0.842

〈표 4.14〉 비정상그룹: 펄프공장 인근 하류에서 채집한 시료의 데이터

번호	x_1	x_2	x_3	x_4	x_5
1	84	6	25.72	6.99	45.8
2	84	5	21.9	5.99	45
3	84	4	15.91	4.49	45
4	84	5	18.73	4.16	45.8
5	84	4	14.57	3.79	45.8
6	84	6	25.62	3.71	45
7	84	3	11.43	2.87	45
8	84	7	28.53	2.8	45.8
9	84	7	28.37	2.75	45
10	84	8	29.91	1.38	45.8
11	85	5	22.55	8.85	45
12	85	4	17.92	5.91	43
13	85	1	5.76	5.76	46.5
14	85	5	23.49	5.57	43
15	85	4	16.23	5.06	46.5

펄프공장에서 30km 강 상류에서 채집한 정상그룹 시료의 측정 데이터를 정리하면 〈표 4.14〉와 같고 정상그룹 측정데이터를 각 측정항목의 평균과 표준편차로 정규화하면 〈표 4.15〉와 같다. 펄프공장 인근 하류에서 채집한 시료 15마리의 비정상그룹 측정 데이타를 표준화 하면 〈표 4.16〉과 같다. 정규화, 표준화된 데이터를 그람-슈미트 방법의 XZU 과정으로 직교변환 하여 마하라노비스 거리를 구하고, SN비 분석을 하여 상류지역과 펄프공장 인근 하류에서 서식하는 동종의 어류의 성장상태 차이를 분석하고자 한다.

⟨표 4.15⟩ 정상그룹 측정 데이타의 정규화

번호	z_1	z_2	z_3	z_4	z_5
1	-1.200	-1.747	-1.703	1.818	-1.250
2	-1.200	0.949	0.968	0.332	-1.250
3	-1.200	-0.129	-0.219	0.043	-1.250
4	-1.200	-0.129	-0.248	-0.179	0.889
5	-1.200	-0.669	-0.823	-0.247	0.889
6	-1.200	0.410	0.305	-0.478	-1.250
7	-1.200	1.488	0.975	-0.826	0.889
8	-1.200	-0.669	-0.831	-0.835	-1.250
9	-1.200	0.410	0.202	-0.893	0.889
10	-1.200	1.488	1.409	-0.951	-1.250
11	0.800	-1.747	-1.673	1.992	-0.656
12	0.800	-1.747	-1.715	1.751	1.245
13	0.800	0.410	0.619	1.297	-0.656
14	0.800	0.410	0.285	1.085	1.245
15	0.800	-0.669	-0.651	0.834	-0.656
16	0.800	-0.669	-0.278	0.738	-0.062
17	0.800	0.949	1.304	0.458	-0.656
18	0.800	0.949	0.891	-0.005	1.245
19	0.800	0.410	0.802	-0.227	-0.062
20	0.800	-0.129	0.236	-0.526	-0.062
21	0.800	0.949	1.262	-0.835	-0.062
22	0.800	-0.669	-0.865	-0.922	1.245
23	0.800	-0.129	-0.213	-0.961	-0.656
24	0.800	-1.208	-1.310	-1.163	1.245
25	0.800	1.488	1.271	-1.298	1.245

⟨표 4.16⟩ 비정상그룹 측정 데이터의 표준화

번호	az_1	az_2	az_3	az_4	az_5
1	0.800	0.949	1.696	3.266	5.047
2	0.800	0.410	1.054	2.301	4.097
3	0.800	-0.129	0.048	0.853	4.097
4	0.800	0.410	0.521	0.535	5.047
5	0.800	-0.129	-0.177	0.178	5.047
6	0.800	0.949	1.679	0.101	4.097
7	0.800	-0.669	-0.705	-0.710	4.097
8	0.800	1.488	2.168	-0.777	5.047
9	0.800	1.488	2.141	-0.826	4.097
10	0.800	2.027	2.400	-2.147	5.047
11	2.800	0.410	1.163	5.060	4.097
12	2.800	-0.129	0.385	2.223	1.720
13	2.800	-1.747	-1.658	2.079	5.879
14	2.800	0.410	1.321	1.895	1.720
15	2.800	-0.129	0.101	1.403	5.879

정상그룹의 정규화 데이터(Z)를 그람-슈미트 방법으로 직교변환하면 <표 4.17>과 같다.

<표 4.17> 정상그룹 정규화 데이터의 그람-슈미트 직교변환(u_{z_i})

번호	u_{z_1}	u_{z_2}	u_{z_3}	u_{z_4}	u_{z_5}
1	-1.200	-1.887	0.157	0.896	-0.194
2	-1.200	0.809	0.166	0.718	-0.339
3	-1.200	-0.269	0.043	0.072	-0.709
4	-1.200	-0.269	0.014	-0.109	1.324
5	-1.200	-0.809	-0.028	-0.383	1.201
6	-1.200	0.270	0.035	-0.173	-0.794
7	-1.200	1.348	-0.359	0.558	0.267
8	-1.200	-0.809	-0.036	-0.960	-1.035
9	-1.200	0.270	-0.068	-0.444	1.020
10	-1.200	1.348	0.075	-0.174	-0.741
11	0.800	-1.654	-0.038	1.088	-0.796
12	0.800	-1.654	-0.080	0.905	0.963
13	0.800	0.504	0.124	1.222	-0.438
14	0.800	0.504	-0.210	1.477	0.553
15	0.800	-0.576	-0.080	0.517	-1.048
16	0.800	-0.576	0.293	-0.101	0.520
17	0.800	1.043	0.277	0.434	-0.138
18	0.800	1.043	-0.136	0.548	0.612
19	0.800	0.504	0.307	-0.558	0.443
20	0.800	-0.036	0.273	-1.073	0.311
21	0.800	1.043	0.235	-0.801	0.178
22	0.800	-0.576	-0.294	-0.940	0.062
23	0.800	-0.036	-0.176	-0.881	-1.526
24	0.800	-1.115	-0.207	-1.567	0.257
25	0.800	1.582	-0.288	-0.269	0.048
평균	0.000	0.000	0.000	0.000	0.000
표준편차	1.000	0.993	0.196	0.809	0.757

비정상그룹(펄프공장 인근 하류)의 데이터를 표준화(AZ)한 다음 그람-슈미트 방법으로 직교변환한 데이터는 <표 4.18>과 같다.

〈표 4.18〉 비정상그룹 표준화 데이타의 그람-슈미트 직교변환(au_{z_i})

번호	au_{z_1}	au_{z_2}	au_{z_3}	au_{z_4}	au_{z_5}
1	0.800	1.043	0.669	2.694	6.962
2	0.800	0.504	0.559	1.618	5.593
3	0.800	-0.036	0.085	0.568	4.150
4	0.800	0.504	0.026	0.597	4.908
5	0.800	-0.036	-0.140	0.208	4.419
6	0.800	1.043	0.652	-0.448	5.560
7	0.800	-0.576	-0.134	-0.952	3.364
8	0.800	1.582	0.609	-1.001	6.287
9	0.800	1.582	0.582	-1.013	5.259
10	0.800	2.121	0.309	-1.688	5.322
11	2.800	0.737	0.443	4.284	4.940
12	2.800	0.198	0.198	1.527	1.543
13	2.800	-1.420	-0.248	1.213	4.493
14	2.800	0.737	0.601	0.898	2.573
15	2.800	0.198	-0.087	1.104	4.846

1) 상관행렬(R_{u_z})과 역행렬($R_{u_z}^{-1}$)

MTGS의 XZU 과정으로 직교변환하면 상관행렬(R_{u_z})과 역행렬($R_{u_z}^{-1}$)은 같고 대각 요소가 1.0이고 나머지 요소가 0.0 인 행렬이 된다.

$$R_{u_z} = R_{u_z}^{-1} = \begin{bmatrix} 1 & 0 & 0 & 0 & 0 \\ 0 & 1 & 0 & 0 & 0 \\ 0 & 0 & 1 & 0 & 0 \\ 0 & 0 & 0 & 1 & 0 \\ 0 & 0 & 0 & 0 & 1 \end{bmatrix}$$

2) 마하라노비스 거리

XZU 과정으로 직교변환된 데이터의 마하라노비스 거리는 간편식을 이용하여 간단히 구할 수 있다.

$$D_j^2 = \frac{1}{5}\left(\frac{u_{z_{1j}}^2}{s_1^2} + \frac{u_{z_{2j}}^2}{s_2^2} + \ldots + \frac{u_{z_{5j}}^2}{s_5^2}\right), \quad j=1,2,\ldots,25 \text{ 이고, } s_i^2 \text{은 직교변환 변수 } u_{z_i}$$

(i=1,2,....,5)의 표준편차이다.

정상그룹 1번 시료의 마하라노비스 거리를 구하면,

$$D_1^2 = \frac{1}{5}\left(\frac{u_{z_{11}}^2}{s_1^2} + \frac{u_{z_{21}}^2}{s_2^2} + \ldots + \frac{u_{z_{51}}^2}{s_5^2}\right)$$

$$= \frac{1}{5}\left(\frac{-1.200^2}{1.000^2} + \frac{-1.887^2}{0.993^2} + \frac{0.157^2}{0.196^2} + \frac{0.896^2}{0.809^2} + \frac{-0.194^2}{0.757^2}\right)$$

$$= 1.397$$

이다.

같은 방법으로 나머지 시료의 마하라노비스 거리를 계산하면 <표 4.19>와 같다.

<표 4.19> 정상그룹 시료의 마하라노비스 거리

번호	1	2	3	4	5	6	7	8	9	10
MD	1.397	0.762	0.490	0.919	0.972	0.538	1.450	1.083	0.750	0.886
번호	11	12	13	14	15	16	17	18	19	20
MD	1.272	1.29	0.783	1.182	0.694	0.739	0.813	0.667	0.836	0.904
번호	21	22	23	24	25					
MD	0.844	0.919	1.339	1.377	1.091					

비정상그룹의 직교변환 데이터를 정상그룹 직교변환 변수 u_{z_i}의 표준편차(s_i)와 평균(0.0)으로 표준화한 다음 마하라노비스 거리 계산식에 대입하여 정리하면 다음과 같은 간편식을 얻을 수 있다.

$$D_1^2 = \frac{1}{5}(au_{z_{11}}, au_{z_{21}}, \ldots, au_{z_{51}})R_{u_z}^{-1}(au_{z_{11}}, au_{z_{21}}, \ldots, au_{z_{51}})^T$$

$$= \frac{1}{5}(\frac{au_{z_{11}}-0}{s_1}, \frac{au_{z_{21}}-0}{s_2}, \ldots, \frac{au_{z_{51}}-0}{s_5})R_{u_z}^{-1}(\frac{au_{z_{11}}-0}{s_1}, \frac{au_{z_{21}}-0}{s_2}, \ldots, \frac{au_{z_{51}}-0}{s_5})^T$$

$$= \frac{1}{5}\left\{\frac{au_{z_{11}}^2}{s_1^2} + \frac{au_{z_{21}}^2}{s_2^2} + \ldots + \frac{au_{z_{51}}^2}{s_5^2}\right\}$$

비정상그룹(펄프공장 인근에서 채집한 시료) 1번 시료의 마하라노비스 거리를 구하면,

$$D_1^2 = \frac{1}{5} \times \left(\frac{0.800^2}{1.000^2} + \frac{1.043^2}{0.993^2} + \frac{0.669^2}{0.196^2} + \frac{2.694^2}{0.809^2} + \frac{6.962^2}{0.757^2}\right)$$

$$= 21.81$$

같은 방법으로 나머지 시료의 마하라노비스 거리를 계산하면 <표 4.20>과 같다.

〈표 4.20〉 비정상그룹(펄프공장 인근 하류)시료의 마하라노비스 거리

번호	1	2	3	4	5	6	7	8	9	10
MD	21.81	13.53	6.28	8.69	7.06	13.42	4.51	16.67	12.37	12.29
번호	11	12	13	14	15					
MD	16.83	3.32	9.79	6.12	10.18					

정상그룹의 마하라노비스 거리와 비교 해 볼 때 비정상그룹의 마하라노비스 거리는 대체적으로 큰 편임을 알 수 있다.

3) 마하라노비스 거리 비교

정상그룹과 비정상 그룹의 마하라노비스 거리 그래프를 보면 정상그룹(30km 상류의 시료)의 마하라노비스 거리 평균은 0.96이고 비정상그룹(펄프공장 인근 하류의 시료)의 거리평균은 10.86이다. <그림 4.1>에서 보는 바와 같이 5개 측정항목으로 두 그룹을 잘 구분할 수 있음을 알 수 있다. 성장패턴의 차이는 펄프공장에서 유출되는 부유물의 영향인 것으로 판단된다. 즉, 펄프공장에서 버려지는 부유물이 펄프공장 인근 하류에 서식하는 어류의 성장상태에 영향을 주어 상류에 서식하는 어류의 성장 상태와 다른 패턴을 보이고 있다고 추정할 수 있다.

4) 문턱값 구하기

<그림 4.1>을 보면 5개 측정항목을 사용할 경우 정상그룹과 비정상그룹을 오류없이 구분할 수 있음을 알 수 있다. 정상그룹의 마하라노비스 거리 최대값은 1.450이고, 비정상그룹의 마하라노비스 거리 최소값은 3.32이다. 정상그룹과 비정상그룹의 마하라노비스 거리가 중복되지 않으므로 1.450과 3.32사이의 값 3.0을 문턱값(threshold value)으로 정하면, 앞으로 어떤 시료에 대하여 5개 측정항목으로 측정한 다음 마하라노비스 거리를 구하여 그 값이 3.0보다 작으면 정상그룹으로 판정하고 3.0보다 클 경우 비정상그룹으로 판정하기로 한다.

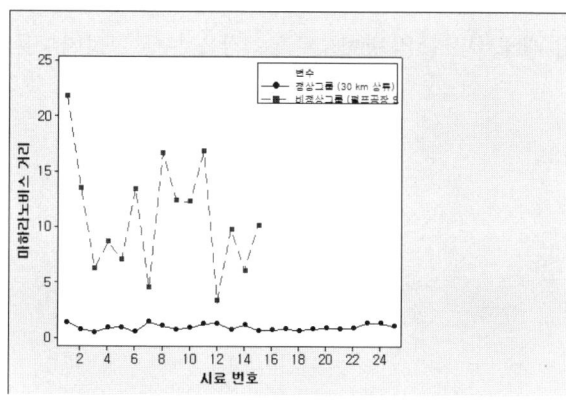

〈그림 4.1〉 정상그룹과 비정상그룹 거리 비교

5) 측정항목의 예측능력 평가

XZU 과정으로 직교변환된 데이터의 SN비는 직교배열표를 이용한 실험을 하지 않고 간편식으로 간단히 SN비를 구할 수 있다. 비정상그룹의 직교변환 데이터($au_{z_{ij}}$)를 y_{ij}로 변환하여 SN비를 구하는 식은 다음과 같다.

$$SN_i = -10\log_{10}\left(\frac{1}{n}\sum_{j=1}^{n}\frac{1}{y_{ij}^2}\right), \quad \text{n=비정상그룹 시료 개수}, \quad y_{ij} = \sqrt{\frac{au_{z_{ij}}^2}{s_i^2}}$$

여기서 s_i는 정상그룹 z_i를 그람-슈미트 방법으로 직교변환 한 데이터(u_{z_i})의 표준편차이고 $au_{z_{ij}}$는 비정상그룹의 i번째 시료를 측정항목 j로 측정된 데이터를 표준화 한 다음 그람-슈미트 방법으로 직교변환 한 데이터이다.

비정상그룹 1번 시료의 첫 번째 측정항목을 표준화한 다음 그람-슈미트 방법으로 변환하면 $au_{z_{11}}$=0.80 이고, y_{11}은 0.80과 표준편차(s_1) 1.00으로 다음과 같이 구해진다.

$$y_{11} = \sqrt{\frac{0.800^2}{1.00^2}}$$
$$= 0.800$$

같은 방법으로 비정상그룹 1번 시료의 두 번째 측정항목을 표준화한 다음 그람-슈미트 방법으로 직교변환하면 $au_{z_{21}}$=1.043이고, y_{21}은 1.043과 표준편차(s_2) 0.976 으로 다음과 같이 구해진다.

$$y_{21} = \sqrt{\frac{1.043^2}{0.993^2}}$$
$$= 1.050$$

비정상그룹의 나머지 시료에 대해서도 같은 방법으로 y_{ij} 값을 모두 구하면 <표 4.21>과 같다.

〈표 4.21〉 SN비 계산을 위한 y_{ij} 테이블

번호	y_1	y_2	y_3	y_4	y_5
1	0.800	1.050	3.413	3.330	9.197
2	0.800	0.508	2.852	2.000	7.388
3	0.800	0.036	0.434	0.702	5.482
4	0.800	0.508	0.133	0.738	6.483
5	0.800	0.036	0.714	0.257	5.838
6	0.800	1.050	3.327	0.554	7.345
7	0.800	0.580	0.684	1.177	4.444
8	0.800	1.593	3.107	1.237	8.305
9	0.800	1.593	2.969	1.252	6.947
10	0.800	2.136	1.577	2.087	7.030
11	2.800	0.742	2.260	5.295	6.526
12	2.800	0.199	1.010	1.888	2.038
13	2.800	1.430	1.265	1.499	5.935
14	2.800	0.742	3.066	1.110	3.399
15	2.800	0.199	0.444	1.365	6.402
SN	-0.749	-20.26	-7.96	-2.66	13.33

측정항목의 예측능력 평가에 망대특성의 SN비를 사용한다. 이렇게 하는 이유는 정상그룹(강 상류에 서식하는 시료)과 비정상그룹(펄프공장 인근 하류에서 서식하는 시료)의 차이가 큰 측정항목이 예측능력이 높은 측정항목이라 할 수 있기 때문이다.

측정항목 x_1의 SN비를 구하면,

$$SN_1 = -10\log_{10}\left(\frac{1}{15}\sum_{j=1}^{15}\frac{1}{y_{1j}^2}\right)$$
$$= -10\log_{10}\frac{1}{15}\left(\frac{1}{0.800^2} + \frac{1}{0.800^2} + \cdots + \frac{1}{2.800^2}\right)$$
$$= -0.749(\text{db})$$

이고,

측정항목 x_2의 SN비는,

$$SN_2 = -10\log_{10}\left(\frac{1}{15}\sum_{j=1}^{15}\frac{1}{y_{2j}^2}\right)$$

$$= -10\log_{10}\frac{1}{15}\left(\frac{1}{1.050^2}+\frac{1}{0.508^2}+\cdots+\frac{1}{0.199^2}\right)$$
$$= -20.26(db)$$

이다.

같은 방법으로 나머지 측정항목의 SN비를 모두 계산하면 <표 4.19>의 마지막 줄과 같다.
SN비가 큰 순서로 측정항목을 나열하면 $x_5 > x_1 > x_4 > x_3 > x_2$ 이고, SN비가 가장 큰 x_5(몸길이)의 예측능력이 가장 우수하다. 실제 정상그룹과 비정상그룹의 몸길이 평균값을 비교해 보면 <그림 4.2> 정상그룹의 평균이 41.55cm이고 비정상그룹의 평균은 45.2cm로 뚜렷한 차이를 보여주고 있음을 알 수 있다. 또한, SN비가 가장 작은 x_2의 예측능력이 가장 낮다.

SN비가 작은 측정항목은 정상그룹과 비정상그룹을 구분하는데 중요도가 낮은 측정항목이므로 예측시스템의 효율을 높일 수 있는 기회로 활용할 수 있다. 즉, SN비가 가장 작은(예측능력이 가장 낮은)x_2를 뺀 나머지 4개 항목만으로 정상그룹과 비정상그룹을 구분할 때의 오류율을 구해보고 5개 측정항목 모두 사용했을 때의 예측 오류율과 차이가 없다면 x_2를 측정항목에서 제거할 수 있다.

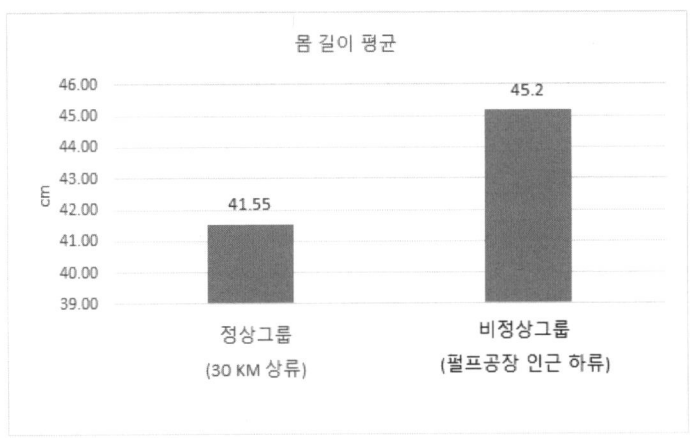

<그림 4.2> 정상그룹과 비정상그룹의 몸길이(x_5)평균 비교

x_2를 제거할 수 있다면 측정 항목 수가 줄어들게 되므로 데이터 수집과 분석 작업이 훨씬 간편해진다.

만일 x_2를 제거 했을 때 오류율이 높아진다면 측정항목에서 제거하지 않는 것이 바람직하다.

■ Matlab 코드를 이용한 펄프공장 사례의 그람-슈미트 직교변환

1) Matlab 입력 데이터 A, B 와 그람-슈미트 직교변환 코드

```
A=[-1.2    -1.747   -1.703    1.818   -1.25;
   -1.2     0.949    0.968    0.332   -1.25;
   -1.2    -0.129   -0.219    0.043   -1.25;
   -1.2    -0.129   -0.248   -0.179    0.889;
   -1.2    -0.669   -0.823   -0.247    0.889;
   -1.2     0.41     0.305   -0.478   -1.25;
   -1.2     1.488    0.975   -0.826    0.889;
   -1.2    -0.669   -0.831   -0.835   -1.25;
   -1.2     0.41     0.202   -0.893    0.889;
   -1.2     1.488    1.409   -0.951   -1.25;
    0.8    -1.747   -1.673    1.992   -0.656;
    0.8    -1.747   -1.715    1.751    1.245;
    0.8     0.41     0.619    1.297   -0.656;
    0.8     0.41     0.285    1.085    1.245;
    0.8    -0.669   -0.651    0.834   -0.656;
    0.8    -0.669   -0.278    0.738   -0.062;
    0.8     0.949    1.304    0.458   -0.656;
    0.8     0.949    0.891   -0.005    1.245;
    0.8     0.41     0.802   -0.227   -0.062;
    0.8    -0.129    0.236   -0.526   -0.062;
    0.8     0.949    1.262   -0.835   -0.062;
    0.8    -0.669   -0.865   -0.922    1.245;
    0.8    -0.129   -0.213   -0.961   -0.656;
    0.8    -1.208   -1.31    -1.163    1.245;
    0.8     1.488    1.271   -1.298    1.245]

B=[0.8     0.949    1.696    3.266    5.047;
   0.8     0.41     1.054    2.301    4.097;
   0.8    -0.129    0.048    0.853    4.097;
   0.8     0.41     0.521    0.535    5.047;
   0.8    -0.129   -0.177    0.178    5.047;
   0.8     0.949    1.679    0.101    4.097;
   0.8    -0.669   -0.705   -0.71     4.097;
   0.8     1.488    2.168   -0.777    5.047;
   0.8     1.488    2.141   -0.826    4.097;
   0.8     2.027    2.4     -2.147    5.047;
   2.8     0.41     1.163    5.06     4.097;
   2.8    -0.129    0.385    2.223    1.72;
   2.8    -1.747   -1.658    2.079    5.879;
   2.8     0.41     1.321    1.895    1.72;
   2.8    -0.129    0.101    1.403    5.879]

[m,n]=size (A);
U = zeros(m,n);
```

```
for j = 1:n
U(:,j) = A(:,j);
if j > 1
for k = 1:j-1
pk = ((A(:,j)'*U(:,k))/norm(U(:,k))^2)*U(:,k);
U(:,j) = U(:,j) - pk;
end % for k = 1:j-1
end % if j > 1
end

[o,p]=size (B);
AU = zeros(o,p);
for x = 1:p
AU(:,x) = B(:,x);
if x > 1
for c = 1:x-1
pk2 = ((A(:,x)'*U(:,c))/norm(U(:,c))^2)*AU(:,c);
AU(:,x) = AU(:,x) - pk2;
end % for c = 1:x-1
end % if x > 1
end
```

2. Matlab 실행결과 출력

```
>> U
U =
  -1.2000   -1.8872    0.1568    0.8963   -0.1943
  -1.2000    0.8088    0.1659    0.7178   -0.3392
  -1.2000   -0.2692    0.0433    0.0723   -0.7094
  -1.2000   -0.2692    0.0143   -0.1091    1.3244
  -1.2000   -0.8092   -0.0275   -0.3831    1.2006
  -1.2000    0.2698    0.0351   -0.1733   -0.7937
  -1.2000    1.3478   -0.3592    0.5578    0.2674
  -1.2000   -0.8092   -0.0355   -0.9599   -1.0353
  -1.2000    0.2698   -0.0679   -0.4443    1.0197
  -1.2000    1.3478    0.0748   -0.1738   -0.7409
   0.8000   -1.6535   -0.0381    1.0876   -0.7956
   0.8000   -1.6535   -0.0801    0.9053    0.9633
   0.8000    0.5035    0.1242    1.2221   -0.4384
   0.8000    0.5035   -0.2098    1.4769    0.5527
   0.8000   -0.5755   -0.0804    0.5168   -1.0478
   0.8000   -0.5755    0.2926   -0.1006    0.5195
   0.8000    1.0425    0.2771    0.4335   -0.1382
   0.8000    1.0425   -0.1359    0.5477    0.6119
   0.8000    0.5035    0.3072   -0.5576    0.4429
   0.8000   -0.0355    0.2734   -1.0733    0.3105
   0.8000    1.0425    0.2351   -0.8008    0.1783
```

```
    0.8000   -0.5755   -0.2944   -0.9402    0.0616
    0.8000   -0.0355   -0.1756   -0.8808   -1.5259
    0.8000   -1.1145   -0.2072   -1.5669    0.2565
    0.8000    1.5815   -0.2881   -0.2686    0.0477

>>AU
AU=
    0.8000    1.0425    0.6691    2.6936    6.9623
    0.8000    0.5035    0.5592    1.6182    5.5933
    0.8000   -0.0355    0.0854    0.5684    4.1504
    0.8000    0.5035    0.0262    0.5971    4.9075
    0.8000   -0.0355   -0.1396    0.2079    4.4189
    0.8000    1.0425    0.6521   -0.4476    5.5598
    0.8000   -0.5755   -0.1344   -0.9518    3.3637
    0.8000    1.5815    0.6089   -1.0013    6.2870
    0.8000    1.5815    0.5819   -1.0126    5.2594
    0.8000    2.1205    0.3087   -1.6878    5.3219
    2.8000    0.7371    0.4434    4.2841    4.9396
    2.8000    0.1981    0.1975    1.5267    1.5432
    2.8000   -1.4199   -0.2479    1.2129    4.4931
    2.8000    0.7371    0.6014    0.8983    2.5725
    2.8000    0.1981   -0.0865
```

A: 정상그룹의 정규화 데이터 B: 비정상그룹의 표준화 데이터
U: 정상그룹의 그람-슈미트 직교변환 데이터 AU: 비정상그룹의 그람-슈미트 변환 데이터

CHAPTER 05

스마트폰을 이용한 음성 패턴인식 실험

🎯 **학습목표 :**

1. 다양한 음성인식방법에 대해 알아본다.
2. 음성을 디지털 데이터로 변환하여 특징량을 추출할 수 있다.
3. 디지털 데이터로 변환된 소리정보를 이용하여 마하라노비스 거리를 계산할 수 있다.
4. 마하라노비스 거리 데이터로 SN비를 구하여 음성인식에 중요한 측정항목을 정할 수 있다.
5. 음성 예측 정확성을 높이는데 MTS가 어떤 역할을 할 수 있는지 토의해 본다.

1 음성인식 시스템 개발

음성인식 기술은 단말기를 제어하거나 정보서비스 이용에 마우스나 키보드를 사용하지 않고, 사람의 목소리만으로 원하는 단말기를 제어하거나 서비스를 제공받을 수 있는 기술이다. 음성인식 기술은 신호처리기술, 패턴인식, 통계학 언어처리 기술 등이 복합된 기술로 1950년대부터 현재까지 오랜 기간 동안 연구되어 왔지만 현재까지 상용화되어 있는 음성인식 기술은 아주 제한된 어휘수와 제한된 영역 내에서 가능한 수준이다. 해외에서는 홈뱅킹 시스템이나 ATM에 적용되어 금융정보 검색과 금융서비스를 제공받을 수 있는 데 까지 발전되었다. 또한 음성으로 가전기기들을 조절하고 음성인식을 사용해 문자를 입력하는 시스템을 도입한 제품들이 등장하고 있다. 음성인식 시스템이 가장 활발하게 적용되고 있는 분야는 신원확인이나 정보조회 등에 활용되는 보안시스템, 음성작동 다이얼, 통화자 확인, 정보접속 등의 통신분야 이다.

이번 장에서는 스마트폰에서 제공하는 음성인식 어플리케이션을 사용하여 간단한 실험을 통해 MTS를 이용한 음성인식 시스템 개발방법을 소개한다.

스마트폰의 음성인식 애프리케이션은 음성검색을 위한 프로그램이다. 프로그램을 작동시킨 후 음성을 입력하면 인터넷 검색이나 저장된 전화번호를 검색해 준다. 현재 필자가 사용하고 있는 스마트폰에는 음성인식 프로그램이 설치되어 있는데 인터넷 포털에 접속하여 음성정보를 입력하면 원하는 정보를 검색할 수 있다. 스마트폰에 음성정보를 입력하면, <그림 5.1>과 같이 음성을 진동파로 변환한 다음 <그림 5.2>와 같이 음성인식 결과를 여러 개 제시해 주고 검색자가 선택할 수 있도록 하고 있다. 스마트 폰의 음성 검색결과가 하나가 아닌 여러개 제시되는 이유는 프로그램의 음성인식 오류율이 높아 유사한 정보를 다수 제시해 주고 검색자가 그중 하나를 선택하도록 했기 때문이다.

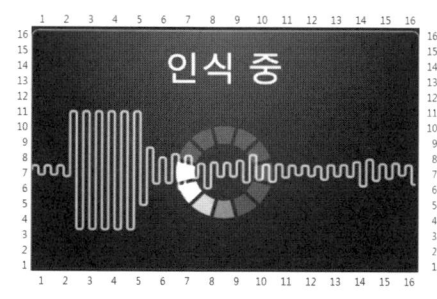

<그림 5.1> 숫자 "1(일)" 음성 입력시의 진동파

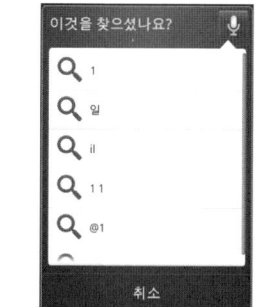

<그림 5.2> 숫자 "1(일)" 음성예측

만일 음성인식 정확도가 높은 기기라면 중간 확인절차 없이 곧바로 검색자가 원하는 검색결과를 제시 해 줄 수 있을 것이다. 하지만 기기의 사용환경이 매우 다양하여 입력되는 음성정보에 노이즈가 섞여서 검색자의 음성을 정확히 인식하기가 쉽지 않은 문제가 있다. 예를 들어 "우리나라"라는 음성을 입력할 때 성별, 나이, 발음의 정확성, 음색, 주변 소음 등 음성인식에 방해가 되는 노이즈가 항상 존재한다.

보다 효율적으로 음성검색 서비스를 제공하려면 기기에 입력되는 음성정보를 정확히 인식하는 기술이 필요하다. 음성인식 정확성을 높이는 방법에는 어떤 것이 있을까?

첫째, 검색자가 음성정보를 입력할 때 노이즈가 없는 음성신호를 입력할 수 있도록 하는 것 이다. 가장 이상적인 것은 모든 스마트폰 사용자들이 방송국 아나운서 수준으로 발음을 정확히 할 수 있도록 훈련시키고 녹음실처럼 소음이 차단된 곳에서 항상 동일한 음성정보를 입력하도록 하는 것이다. 하지만, 이러한 방법은 현실적으로 적용하기가 어렵다.

둘째, 기기의 음성인식 능력을 향상시켜 노이즈가 섞여 있는 음성정보가 입력되더라도 검색자가 필요한 정보를 정확히 인식할 수 있는 패턴인식 시스템을 개발하는 것이다.

MTS는 위의 두 가지 방법 중 두 번째 방법에 관한 것이다. 즉, 입력된 음성정보를 정확히 인식하기 위한 측정방법과 예측능력이 높은 패턴인식 시스템을 개발할 수 있다. MTS는 음성인식 시스템 개발에서 노이즈가 있는 음성정보 인식 오류를 최소화하고 그로 인한 손실을 최대한 줄일 수 있는 패턴인식 시스템을 개발할 수 있다.

2 마하라노비스 공간 정의

2.1 측정대상 선정

MTS 를 활용한 음성인식 실험을 위해 스마트폰의 음성검색 애플리케이션에 음성을 입력할 때 생성되는 음파(다음 그림 참조)를 시료로 정하였다. 동일한 스마트 폰에 15명이 숫자 "1(일)"과 "2(이)" 발음을 입력한 후 그 때 제시되는 음파 이미지를 캡쳐 하여 6개의 측정항목을 측정하였다. 음성 "1(일)"의 음파 15개를 정상그룹으로 하고 숫자 "2(이)"의 음파를 비정상그룹 으로 분류하였다.

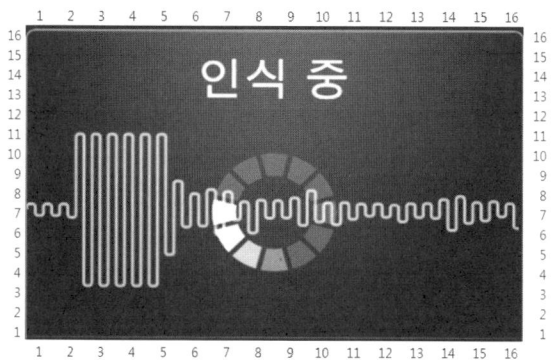

〈그림 5.3〉 숫자 "1(일)" 음성 입력시의 음파

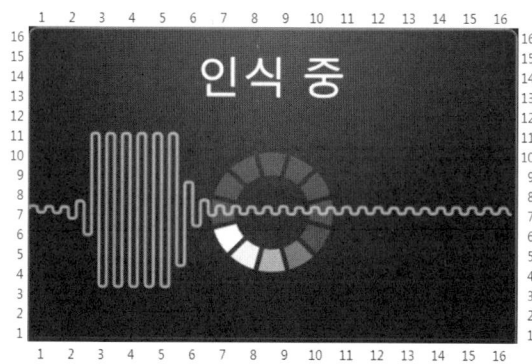

〈그림 5.4〉 숫자 "2(이)" 음성 입력시의 음파

실험의 목적은 MTS 방법으로 숫자 "1" 음성과 숫자 "2" 음성을 예측하는데 중요한 측정항목을 선정하여 정확도가 높은 계측시스템을 개발하는 것이다.

2.2 측정항목 선정

<그림 5.3>과 <그림 5.4>의 음파 이미지를 16×16 셀로 나눈 다음 6개 항목을 측정하였다.

① peak 개수 (x_1)

② X 방향 변화량 (x_2)

③ 첫번 peak 높이 (x_3)

④ 마지막 peak 높이 (x_4)

⑤ Y 방향 4번 라인의 정보량 (x_5)

⑥ Y 방향 10번 라인의 정보량 (x_6)

예를 들어 <그림 5.5>에서 의미 있는 변화가 있는 음파의 peak 개수는 7개 이다. peak 높이가 같은 그룹이 나타나는 횟수를 X 방향 변화량으로 하였다. 7개의 peak 중 같은 높이의 파형은 좌측에서부터 차례로 1번, 2번 peak와 3번, 4번, 5번 peak, 6번, 7 번 peak이며 모두 3회 변화 하였으므로 X 방향 변화량은 3이 된다. 또한, 파형이 y축의 4번 라인과 교차하는 횟수는 8회 이고, 10번 라인과 교차하는 횟수는 6회 이므로 정보량은 각각 8과 6이 된다.

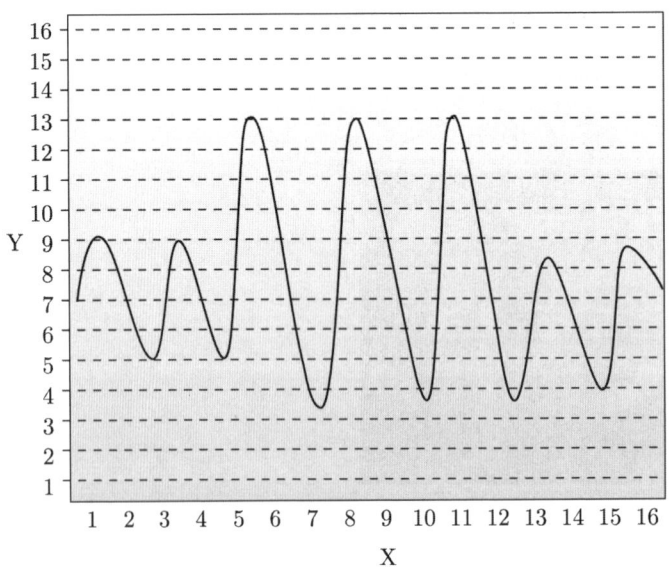

<그림 5.5> 음파의 특징량 측정방법

이와 같은 방법으로 숫자 "1"의 음파 15개와 숫자 "2"의 음파 7개를 모두 측정하였다.

3 데이터베이스 구축

3.1 정상그룹의 측정데이터

숫자 "1"의 음파 이미지(정상그룹) 15개를 측정하여 데이터베이스를 만들고 항목별 평균과 표준편차를 계산하였다. 측정된 데이터 수는 $6 \times 15 = 90$개다.

⟨표 5.1⟩ 정상그룹 "1(일)" 데이터 측정 테이블

시료번호	측정항목					
	x_1	x_2	x_3	x_4	x_5	x_6
1	y_{11}	y_{21}	y_{31}	y_{41}	y_{51}	y_{61}
2	y_{12}	y_{22}	y_{32}	y_{142}	y_{52}	y_{62}
.	.	.	.	.	.	.
.	.	.	.	.	.	.
15	y_{115}	y_{215}	y_{315}	y_{415}	y_{515}	y_{615}
평균	m_1	m_2	m_3	m_4	m_5	m_6
표준 편차	s_1	s_2	s_3	s_4	s_5	s_6

⟨표 5.2⟩ 정상그룹 "1(일)" 음파 이미지 측정 데이타

시료번호	측정항목					
	x_1	x_2	x_3	x_4	x_5	x_6
1	8	2	11	8	10	12
2	18	12	8	9	12	14
3	15	9	11	9	12	14
4	7	2	11	9	12	14
5	7	3	11	8	10	12
6	8	3	11	8	10	12
7	9	5	9	9	12	12
8	10	5	9	9	14	14
9	8	4	11	8	14	14
10	7	2	11	8	12	14
11	8	4	11	8	12	14
12	9	6	10	8	12	14
13	10	5	11	8	12	14
14	10	4	11	8	14	14
15	9	5	9	8	12	12
평균	9.533	4.733	10.333	8.333	12.000	13.333
표준편차	3.067	2.712	1.047	0.488	1.309	0.976

3.2 측정항목의 평균과 표준편차

정상그룹의 평균과 표준편차를 계산하는 식은 아래와 같다.

$$\text{평균}(m_i) = \frac{\sum_{j=1}^{n} y_{ij}}{n}, \ (n = \text{정상그룹 시료수}) \tag{5.1}$$

$$표준편차(s_i) = \sqrt{\frac{\sum_{j=1}^{n}(y_{ij}-m_i)^2}{n-1}} \quad (i=1,2,3,....,k \;\; j=1,2,3,....,n) \tag{5.2}$$

측정항목 x_1(peak 개수)의 평균을 구하면, $m_1 = \dfrac{(8+18+15+.....+9)}{15} = 9.533$ 이고,

$$\begin{aligned}표준편차(s_1) &= \sqrt{\frac{\sum_{j=1}^{15}(y_{1j}-m_1)^2}{(15-1)}} \\ &= \sqrt{\frac{(8-9.533)^2+(18-9.533)^2+.....+(9-9.533)^2}{14}} \\ &= 3.067\end{aligned}$$

이다. 나머지 측정항목들도 같은 방법으로 평균과 표준편차를 구하면, <표 5.2>와 같다.

3.3 비정상그룹 "2(이)" 측정데이터

숫자 "2"의 음파 이미지(비정상그룹) 7개를 정상그룹과 동일한 측정방법으로 6개 항목을 측정한 결과는 <표 5.3>과 같다.

<표 5.3> 비정상그룹 "2(이)" 음파 이미지 측정 데이타

시료번호	측정항목					
	x_1	x_2	x_3	x_4	x_5	x_6
1	9	4	8	8	12	12
2	10	6	8	8	12	14
3	8	4	8	8	10	12
4	8	4	8	9	12	14
5	9	5	8	8	10	12
6	10	5	8	8	14	16
7	9	4	8	8	14	14

4 측정 데이터의 정규화와 표준화

4.1 정상그룹 정규화

정상그룹의 측정데이터는 식 (5.3)을 이용하여 간단히 정규화 할 수 있다. 정상그룹의 측정데이터를 정규화하는 이유는 마하라노비스 공간의 중심점을 원점으로 만들고, 각 측정항목의 오차(표준편차)를 가중치로 하는 마하라노비스 공간을 만들기 위해서이다. 1번 시료의 첫번 측정항목 peak개수(x_1) 8은 평균과 표준편차를 사용하여 다음과 같이 정규화 된다.

$$Z_{1j} = \frac{(y_{1j} - m_1)}{s_1} \quad (j = 1, 2, \ldots, 15) \tag{5.3}$$

$$Z_{11} = \frac{(8 - 9.533)}{3.067} = -0.500$$

나머지 측정데이터를 같은 방법으로 정규화하면 <표 5.4>와 같다.

<표 5.4> 정상그룹("1") 측정값의 정규화

시료번호	Z1	Z2	Z3	Z4	Z5	Z6
1	-0.500	-1.008	0.637	-0.683	-1.528	-1.366
2	2.760	2.680	-2.230	1.366	0.000	0.683
3	1.782	1.574	0.637	1.366	0.000	0.683
4	-0.826	-1.008	0.637	1.366	0.000	0.683
5	-0.826	-0.639	0.637	-0.683	-1.528	-1.366
6	-0.500	-0.639	0.637	-0.683	-1.528	-1.366
7	-0.174	0.098	-1.274	1.366	0.000	-1.366
8	0.152	0.098	-1.274	1.366	1.528	0.683
9	-0.500	-0.270	0.637	-0.683	1.528	0.683
10	-0.826	-1.008	0.637	-0.683	0.000	0.683
11	-0.500	-0.270	0.637	-0.683	0.000	0.683
12	-0.174	0.467	-0.319	-0.683	0.000	0.683
13	0.152	0.098	0.637	-0.683	0.000	0.683
14	0.152	-0.270	0.637	-0.683	1.528	0.683
15	-0.174	0.098	-1.274	-0.683	0.000	-1.366

4.2 비정상그룹 표준화

정상그룹 ("1"의 음파)의 측정항목별 평균과 표준편차로 비정상그룹("2"의 음파) 측정값을 표준화 한다. 이렇게 하는 이유는 비정상그룹의 마하라노비스 거리 계산 기준점을 정상그룹과 동일하게 만들어 정상그룹의 마하라노비스 거리와 바로 비교할 수 있도록 하기위해서이다. 1번 이미지의 peak 개수(x_1) 9는 다음과 같이 20.174로 표준화 된다.

$$Z_{11} = \frac{(9-9.533)}{3.067} = -0.174$$

나머지 측정항목에 대해서도 같은 방법으로 표준화 하면 <표 5.5>와 같다.

〈표 5.5〉 비정상그룹("2" 음파) 측정값의 표준화

번호	Z1	Z2	Z3	Z4	Z5	Z6
1	-0.174	-0.270	-2.230	-0.683	0.000	-1.366
2	0.152	0.467	-2.230	-0.683	0.000	0.683
3	-0.500	-0.270	-2.230	-0.683	-1.528	-1.366
4	-0.500	-0.270	-2.230	1.366	0.000	0.683
5	-0.174	0.098	-2.230	-0.683	-1.528	-1.366
6	0.152	0.098	-2.230	-0.683	1.528	2.733
7	-0.174	-0.270	-2.230	-0.683	1.528	0.683

5 상관행렬과 역행렬

정상그룹의 측정항목을 정규화한 변수 $Z_1, Z_2, Z_3, Z_4, Z_5, Z_6$를 이용하여 두 변수간 상관계수(r)를 계산하고 상관행렬(R)을 구한다. 상관계수는 아래 식으로 간단히 구할 수 있다.

$$r_{ij} = r_{ji} = \frac{1}{n-1} \sum_{p=1}^{n} Z_{ip} Z_{jp} \quad (i,j=1,2,....,k. \ p=1,2,....,n) \tag{5.4}$$

식 (5.4)로 Z_1과 Z_2의 상관계수 r_{12}를 구하면,

$$r_{12} = r_{21} = \frac{1}{15-1} \sum_{p=1}^{15} Z_{1p} Z_{2p}$$

$$= \frac{1}{14}(Z_{11} \times Z_{21} + Z_{12} \times Z_{22} + ... + Z_{115} \times Z_{215})$$

$$= \frac{1}{14}[(-0.500)\times(-1.008)+\ldots\ldots+(-0.1.4)\times(0.098)]$$

$$= 0.954$$

이다.

나머지 표준화 변수들의 상관계수를 구하여 정리하면 아래와 같은 6×6 상관행렬을 얻는다.

$$R = \begin{bmatrix} 1.000 & 0.954 & -0.527 & 0.541 & 0.178 & 0.318 \\ 0.954 & 1.000 & -0.621 & 0.504 & 0.201 & 0.306 \\ -0.527 & -0.621 & 1.000 & -0.513 & -0.209 & 0.093 \\ 0.541 & 0.504 & -0.513 & 1.000 & 0.224 & 0.200 \\ 0.178 & 0.201 & -0.209 & 0.224 & 1.000 & 0.671 \\ 0.318 & 0.306 & 0.093 & 0.200 & 0.671 & 1.000 \end{bmatrix}$$

역행렬(R^{-1})을 구하면 아래와 같이 9×9 행렬이다.

$$R^{-1} = \begin{bmatrix} 1.000 & 0.954 & -0.527 & 0.541 & 0.178 & 0.318 \\ 0.954 & 1.000 & -0.621 & 0.504 & 0.201 & 0.306 \\ -0.527 & -0.621 & 1.000 & -0.513 & -0.209 & 0.093 \\ 0.541 & 0.504 & -0.513 & 1.000 & 0.224 & 0.200 \\ 0.178 & 0.201 & -0.209 & 0.224 & 1.000 & 0.671 \\ 0.318 & 0.306 & 0.093 & 0.200 & 0.671 & 1.000 \end{bmatrix}^{-1}$$

$$= \begin{bmatrix} 13.933 & -13.939 & -2.258 & -1.745 & -0.030 & 0.411 \\ -13.939 & 16.423 & 3.986 & 1.475 & 0.943 & -1.889 \\ -2.258 & 3.986 & 3.219 & 0.944 & 1.316 & -1.873 \\ -1.745 & 1.475 & 0.944 & 1.744 & 0.080 & -0.386 \\ -0.030 & 0.943 & 1.316 & 0.080 & 2.459 & -2.067 \\ 0.411 & -1.889 & -1.873 & -0.386 & -2.067 & 3.086 \end{bmatrix}$$

6 마하라노비스 거리 계산(D^2)

6.1 정상그룹의 마하라노비스 거리

역행렬(R^{-1})을 사용하여 정상그룹(숫자 "1" 음파)의 마하라노비스 거리(MD)를 구해보자. 아래 식으로 1번 음파의 마하라노비스 거리(MD)를 구하면,

$$MD_j = D_j^2 = \frac{1}{k} Z_{ij} R^{-1} Z_{ij}^T \quad (i=1,2,...,k\ j=1,2,....,n) \tag{5.5}$$

1번 시료는 식 (5.5)에서 j=1인 경우이므로,

$$MD_1 = D_1^2 = \frac{1}{6} Z_{i1} R^{-1} Z_{i1}^T (i=1,2,....,6)$$

와 같다. 즉,

$$MD_1 = D_1^2 = \frac{1}{6} \times [-0.500 \ -1.008 ...... -1.366] \times R^{-1} \times \begin{bmatrix} -0.500 \\ -1.008 \\ \cdot \\ \cdot \\ -1.366 \end{bmatrix} = 0.97$$

이다.

15번 음파의 마하라노비스 거리(MD)는

$$MD_{15} = D_{15}^2 = \frac{1}{6} \times [-0.174 \ -0.270 ...... -1.366] \times R^{-1} \times \begin{bmatrix} -0.174 \\ -0.270 \\ \cdot \\ \cdot \\ -1.366 \end{bmatrix} = 0.89$$

이다.

나머지 시료에 대해서도 같은 방법으로 계산하면 <표 5.6>과 같은 결과를 얻는다.

〈표 5.6〉 정상그룹 (숫자 "1" 음파)의 마하라노비스 거리(D^2)

시료번호	1	2	3	4	5	6	7	8	9	10
D^2	0.97	1.71	1.61	1.26	0.61	0.49	1.14	0.92	0.88	0.65

시료번호	11	12	13	14	15
D^2	0.37	1.06	0.27	1.17	0.89

정상그룹의 마하라노비스 거리를 k차원 공간에 위치시키면 원점을 기준점으로 하는 마하라노비스 공간은 평균이 1이고 산포가 작은 균질한 단위공간이 된다. 정상그룹의 음파 15개의 마하라노비스 거리 평균은 0.93으로 1에 가깝고 표준편차는 0.42이다.

6.2 비정상그룹의 마하라노비스 거리

역행렬(R^{-1})을 사용하여 비정상그룹(숫자 "2" 음파)의 마하라노비스 거리(MD)를 구하여 정상그룹의 거리와 비교한다.

식 (5.5)를 이용하여 1번 음파 이미지의 마하라노비스 거리(MD)를 구하면,

$$MD_1 = D_1^2 = \frac{1}{6} \times [-0.174 \quad -0.270 \ldots\ldots -1.366] \times R^{-1} \times \begin{bmatrix} -0.174 \\ -0.270 \\ \cdot \\ \cdot \\ -1.366 \end{bmatrix} = 2.60$$

이고,

7번 음파의 마하라노비스 거리(MD)는

$$MD_7 = D_7^2 = \frac{1}{6} \times [-0.174 \quad -0.270 \ldots\ldots -0.683] \times R^{-1} \times \begin{bmatrix} -0.174 \\ -0.270 \\ \cdot \\ \cdot \\ -0.683 \end{bmatrix} = 3.44$$

이다.

나머지 시료에 대해서도 같은 방법으로 마하라노비스 거리를 계산하여 정리하면 <표 5.7>과 같다.

<표 5.7> 비정상그룹 (숫자 "2")의 마하라노비스 거리

번호	1	2	3	4	5	6	7
D^2	2.60	3.44	3.25	3.72	2.82	7.66	3.80

비정상그룹 7개 음파의 마하라노비스 거리 평균은 3.90 이고 표준편차는 1.72이다. 정상그룹의 마하라노비스 거리와 비교할 때 평균값이 더 크고, 산포역시 커서 균질하지 않음을 알 수 있다.

6개 측정항목은 정상그룹과 비정상그룹을 잘 구분해 주고 있으며, 6개 측정항목의 종합적 측정지표인 마하라노비스 거리는 숫자 "1"과 "2"의 음성 패턴인식에 매우 유용한 측도임을 알 수 있다.

7 문턱값 정하기

정상그룹 숫자 "1(일)" 음파 이미지 15개의 마하라노비스 거리 최소값은 0.27이고 최대 값은 1.71이다. 비정상그룹 숫자 "2(이)의 음파 7개의 마하라노비스 거리 최소값은 2.60이고 최대값은 7.66 이다. 정상그룹과 비정상그룹의 마하라노비스 거리 범위가 중복되지 않는다. 문턱값(threshold value)을 2로 한다면 오류없이 숫자 "1"과 "2"의 음성을 정확히 예측할 수 있다. "1"과 "2" 발음을 음파로 변환한 다음 6개 항목을 측정하여 마하라노비스 거리를 계산하고, 그 값이 2 보다 작으면 숫자 "1"로 분류하고 2 보다 클 경우 숫자 "2"로 분류한다.

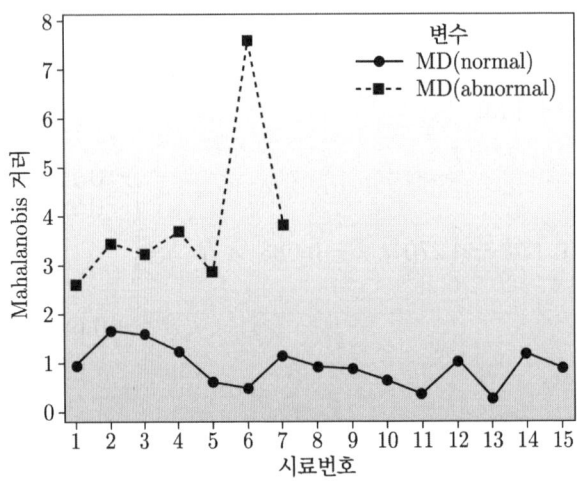

〈그림 5.6〉 정상그룹("1")과 비정상그룹("2")의 마하라노비스 거리(D^2)비교

8 측정항목의 예측능력 평가

측정항목의 예측능력 평가란 패턴인식에 중요한 측정항목을 선정하여 측정항목 수를 줄일 수 있는 기회를 탐색하는 것을 말한다. 예측오류율이 커지지 않는다는 전제하에 측정항목 수를 줄일 수 있다면 측정시스템의 효율을 크게 향상시킬 수 있을 것이다. 측정항목 예측능력 평가는 직교배열표를 사용하여 간단한 실험을 통해 구한 비정상그룹의 마하라노비스 거리를 사용하여 SN비를 계산한다. 품질공학에서 시스템 강건성의 측도로 쓰이는 SN비는 MTS에서 마하라노비스 거리의 정확성을 평가하는 지표로 사용된다. SN비가 클수록 마하라노비스 거리의 정확성은 더 높아진다.

8.1 직교배열표 실험

측정항목 6개 보다 많은 열을 갖는 2 수준계 직교배열표 중 실험횟수가 가장 작은 직교배열표를 선정하여 내측배열에 측정항목을 배치한다. $L_{12}(2^{11})$ 직교배열표는 2 수준의 실험인자 11개 까지 배치할 수 있다. 음성인식을 위한 측정항목이 6개 이므로 <표 5.8>에서 직교배열표의 1열부터 6열 까지 차례로 측정항목을 배치하고 나머지 열은 비워 두었다. 직교배열표의 내측배열의 각 수준 열에서 수준 1은 "사용함", 수준 2는 "사용하지 않음"을 의미한다.

〈표 5.8〉 $L_{12}(2^{11})$ 직교 배열표와 측정항목의 배치

번호	x_1	x_2	x_3	x_4	x_5	x_6						x_1	x_2	x_3	x_4	x_5	x_6
1	1	1	1	1	1	1	1	1	1	1	1	사용	사용	사용	사용	사용	사용
2	1	1	1	1	1	2	2	2	2	2	2	사용	사용	사용	사용	사용	X
3	1	1	2	2	2	1	1	1	2	2	2	사용	사용	X	X	X	사용
4	1	2	1	2	2	1	2	2	1	1	2	사용	X	사용	X	X	사용
5	1	2	2	1	2	2	1	2	1	2	1	사용	X	X	사용	X	X
6	1	2	2	2	1	2	2	1	2	1	1	사용	X	X	X	사용	X
7	2	1	2	2	1	1	2	2	1	2	1	X	사용	X	X	사용	사용
8	2	1	2	1	2	2	2	1	1	1	2	X	사용	X	사용	X	X
9	2	1	1	2	2	2	1	2	2	1	1	X	사용	사용	X	X	X
10	2	2	2	1	1	1	2	2	1	2	사용	X	X	X	사용	사용	사용
11	2	2	1	2	1	2	1	1	1	2	2	X	X	사용	X	사용	X
12	2	2	1	1	2	1	2	1	2	2	1	X	X	사용	사용	X	사용

8.2 직교실험의 마하라노비스 거리(D) 계산

직교배열표 실험은 정상그룹과 비정상그룹 구분에 중요한 측정항목을 선정하기 위한 실험이다. L12 직교배열표의 12개 실험조합 각각에서 비정상그룹의 마하라노비스 거리를 계산하여 SN비를 구한다.

12개 실험조합 각각에서 마하라노비스 거리 계산에 사용되는 측정항목 수가 다르므로 실험번호별로 상관행렬과 역행렬(R^{-1})도 다르다. 즉, 실험번호 1의 경우 6개 측정항목이 모두 사용되므로 마하라노비스 거리계산에 사용되는 역행렬(R^{-1})은 6×6 행렬이다. 2번 실험의 경우 마하라노비스 거리계산에 사용되는 측정항목은 x_1, x_2, x_3, x_4, x_5 5개이므로 마하라노비스 거리 계산에 사용되는 역행렬은 5×5행렬이다.

2번 실험에서 비정상그룹의 각 시료별 마하라노비스 거리를 계산해보자. 2번 실험에서 마하라노비스 거리 계산에 사용되는 측정항목은 x_1, x_2, x_3, x_4, x_5 5개 이다. 정상그룹 측정항목의 평균과 표준편차로 정상그룹 측정 데이터를 정규화하면 <표 5.9>와 같고, 비정상그룹을 표준화하면 <표 5.10>과 같다.

〈표 5.9〉 실험번호 2의 마하라노비스 거리 계산을 위한 정규화

시료번호	Z1	Z2	Z3	Z4	Z5
1	-0.500	-1.008	0.637	-0.683	-1.528
2	2.760	2.680	-2.230	1.366	0.000
3	1.782	1.574	0.637	1.366	0.000
4	-0.826	-1.008	0.637	1.366	0.000
5	-0.826	-0.639	0.637	-0.683	-1.528
6	-0.500	-0.639	0.637	-0.683	-1.528
7	-0.174	0.098	-1.274	1.366	0.000
8	0.152	0.098	-1.274	1.366	1.528
9	-0.500	-0.270	0.637	-0.683	1.528
10	-0.826	-1.008	0.637	-0.683	0.000
11	-0.500	-0.270	0.637	-0.683	0.000
12	-0.174	0.467	-0.319	-0.683	0.000
13	0.152	0.098	0.637	-0.683	0.000
14	0.152	-0.270	0.637	-0.683	1.528
15	-0.174	0.098	-1.274	-0.683	0.000

8.2.1 상관행렬과 역행렬구하기

정상그룹의 정규화변수 Z_1, Z_2, Z_3, Z_4, Z_5의 두 변수간 상관계수 r_{ij}를 계산하여 상관행렬(R)을 구한다. 먼저 Z_1과 Z_2의 상관계수 r_{12}를 구하면 아래와 같다.

$$r_{12} = r_{21} = \frac{1}{15-1} \sum_{p=1}^{15} Z_{1p} Z_{2p}$$

$$= \frac{1}{14}(Z_{11} \times Z_{21} + Z_{12} \times Z_{22} + \dots + Z_{115} \times Z_{215})$$

$$= \frac{1}{14}((-0.500) \times (-1.008) + \dots + (-0.1.4) \times (0.098))$$

$$= 0.954$$

같은 방법으로 나머지 상관계수를 모두 구하면 아래와 같은 5×5 상관행렬(R)을 얻는다.

$$R = \begin{bmatrix} 1 & r_{12} & \dots & r_{15} \\ r_{21} & 1 & \dots & r_{25} \\ . & . & \dots & . \\ . & . & \dots & . \\ r_{51} & r_{52} & \dots & 1 \end{bmatrix} = \begin{bmatrix} 1.000 & 0.954 & -0.527 & 0.541 & 1.779 \\ 0.954 & 1.000 & -0.621 & 0.504 & 0.201 \\ -0.527 & -0.621 & 1.000 & -0.513 & -0.209 \\ 0.541 & 0.504 & -0.513 & 1.000 & 0.224 \\ 1.779 & 0.201 & -0.209 & 0.224 & 1.000 \end{bmatrix}$$

역행렬(R^{-1})을 구하면 아래와 같이 5×5 행렬이다.

$$R^{-1} = \begin{bmatrix} 1 & r_{12} & \dots & r_{15} \\ r_{21} & 1 & \dots & r_{25} \\ . & . & \dots & . \\ . & . & \dots & . \\ r_{51} & r_{52} & \dots & 1 \end{bmatrix}^{-1} = \begin{bmatrix} 13.878 & -13.687 & -2.008 & -1.694 & 0.246 \\ -13.687 & 15.267 & 2.839 & 1.239 & -0.322 \\ -2.008 & 2.839 & 2.082 & 0.710 & 0.061 \\ -1.694 & 1.239 & 0.710 & 1.700 & -0.179 \\ 0.246 & -0.322 & 0.061 & -0.179 & 1.074 \end{bmatrix}$$

8.2.2 비정상그룹의 마하라노비스 거리 (D^2)

비정상그룹의 시료수(n)가 7개 이므로 L12 직교배열표의 12개 실험조합 각각에서 7개의 마하라노비스 거리(D^2)가 구해진다.

직교배열표의 2번 실험에서 시료 2의 마하라노비스 거리를 계산해보자. 마하라노비스 거리 계산에 사용되는 측정항목은 x_1, x_2, x_3, x_4, x_5 5개이고, <표 5.10>에서 2번 시료의 표준화 변수는 $Z_{12} = 0.152$, $Z_{22} = 0.467$, $Z_{32} = -2.230$, $Z_{42} = -0.683$, $Z_{52} = 0.000$이고 마하라노비스 거리를 계산하면,

$$MD_2 = D_2^2 = \frac{1}{5} \times [0.152 \; 0.467 \ldots 0.000] \times R^{-1} \times \begin{bmatrix} 0.152 \\ 0.467 \\ \cdot \\ \cdot \\ \cdot \\ 0.000 \end{bmatrix} = 2.0$$

이다.

<표 5.10> 실험번호 2의 비정상그룹 표준화 데이터

번호	Z1	Z2	Z3	Z4	Z5
1	-0.174	-0.270	-2.230	-0.683	0.000
2	0.152	0.467	-2.230	-0.683	0.000
3	-0.500	-0.270	-2.230	-0.683	-1.528
4	-0.500	-0.270	-2.230	1.366	0.000
5	-0.174	0.098	-2.230	-0.683	-1.528
6	0.152	0.098	-2.230	-0.683	1.528
7	-0.174	-0.270	-2.230	-0.683	1.528

12개 실험조합에서 마하라노비스 거리를 계산하려면 실험번호별로 서로 다른 측정항목들로 구성된 마하라노비스 공간을 만들어야 하므로 반복적인 계산이 요구된다. 직교배열 실험의 마하라노비스 거리 계산에 MTS.MAC 파일을 사용하면 쉽게 계산할 수 있다.

MTS.MAC 파일을 사용하여 실험번호 3의 마하라노비스 거리를 계산하는 방법은 다음과 같다.

Step 1. 측정항목을 선정한다.
3번 실험의 경우 마하라노비스 거리 계산에 사용되는 측정항목은 x_1, x_2, x_6 이다.

Step 2. 정상그룹의 측정값을 정규화 하고, 비정상그룹의 측정항목을 표준화한다.

	C1	C2	C3	C4	C5	C6	C7	C8
	Z1	Z2	Z6		AZ1	AZ2	AZ6	
1	-0.500	-1.008	-1.366		-0.174	-0.270	-1.366	
2	2.760	2.680	0.683		0.152	0.467	0.683	
3	1.782	1.574	0.683		-0.500	-0.270	-1.366	
4	-0.826	-1.008	0.683		-0.500	-0.270	0.683	
5	-0.826	-0.639	-1.366		-0.174	0.098	-1.366	
6	-0.500	-0.639	-1.366		0.152	0.098	2.733	
7	-0.174	0.098	-1.366		-0.174	-0.270	0.683	
8	0.152	0.098	0.683					
9	-0.500	-0.270	0.683					
10	-0.826	-1.008	0.683					
11	-0.500	-0.270	0.683					
12	-0.174	0.467	0.683					
13	0.152	0.098	0.683					
14	0.152	-0.270	0.683					
15	-0.174	0.098	-1.366					
16								
17								

Step 3. 정상그룹 행렬(M1)과 비정상그룹 행렬(M10)을 지정한다.
- 정상그룹 행렬(M1) 지정

▶ 데이터>복사>열을 행렬로
- 복사될 열: Z1 Z2 Z6
- 복사된 데이터 저장: M1

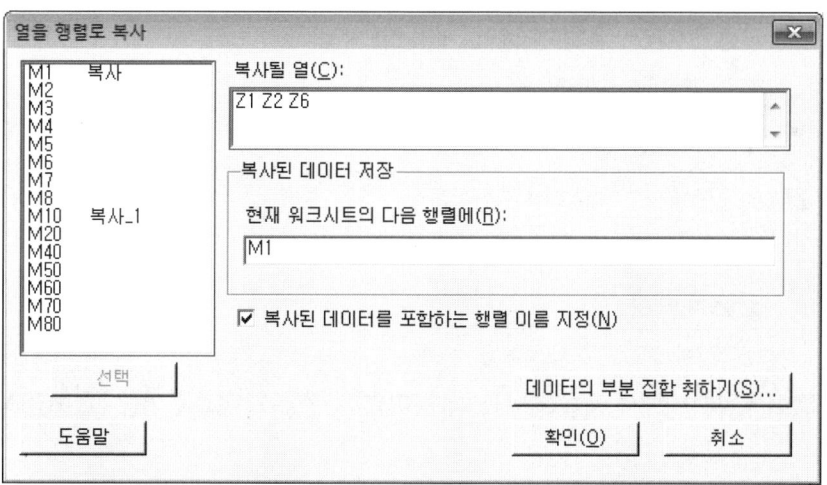

- 비정상그룹 행렬(M10) 지정

▶ 데이터>복사>열을 행렬로
- 복사될 열: AZ1 AZ2 AZ6
- 복사된 데이터 저장: M10

Step 4. 세션창에서 매크로파일 실행 준비를 한다.

▶ 창(W)>세션
▶ 편집기>명령사용

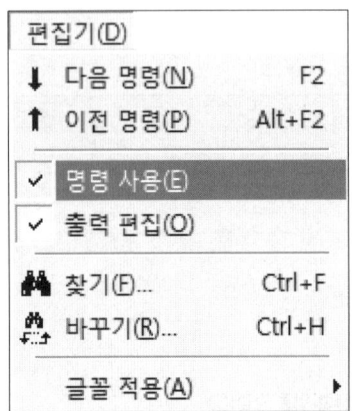

Step 5. 세션창에서 정상그룹 시료 개수(K1)와 측정항목수(K2)를 입력하고 MTS.MAC 파일을 실행시킨다.

▶ MTB> LET K1=15
▶ MTB> LET K2=3
▶ MTB> %MTS

Step 6. 세션창에 출력된 정상그룹과 비정상그룹의 마하라노비스 거리를 확인한다.

■ MTS.MAC 실행결과

```
MTB > LET K1=15
MTB > LET K2=3
MTB > %MTS
다음 파일에서 실행하는 중: C:\Program Files\Minitab\Minitab 16\한국어\매크로\MTS.MAC
```

데이터 표시

행렬 복사

```
-0.49987  -1.00804  -1.36626
 2.76012   2.67992   0.68313
 1.78213   1.57353   0.68313
-0.82586  -1.00804   0.68313
-0.82586  -0.63925  -1.36626
-0.49987  -0.63925  -1.36626
-0.17387   0.09835  -1.36626
 0.15213   0.09835   0.68313
-0.49987  -0.27045   0.68313
-0.82586  -1.00804   0.68313
-0.49987  -0.27045   0.68313
-0.17387   0.46714   0.68313
 0.15213   0.09835   0.68313
 0.15213  -0.27045   0.68313
-0.17387   0.09835  -1.36626
```

데이터 표시

행렬 M4

```
1.00000  0.95437  0.31814
0.95437  1.00000  0.30592
0.31814  0.30592  1.00000
```

데이터 표시

행렬 M5

```
 11.3103  -10.6944  -0.32666
-10.6944   11.2152  -0.02864
 -0.3267   -0.0286   1.11269
```

데이터 표시

행렬 M40

행렬 M5

```
 11.3103  -10.6944  -0.32666
-10.6944   11.2152  -0.02864
 -0.3267   -0.0286   1.11269
```

데이터 표시

행렬 M40

```
1.66561
2.56152
1.12452
0.74386
0.76507
0.71843
0.91521
0.16591
0.50260
0.74386
0.50260
1.70169
0.16591
0.80802
0.91521
```

데이터 표시

행렬 M80

```
0.68519
0.54065
0.78797
0.50297
0.91481
2.69050
0.25469
```

```
MTB >
```

■ 세션창에 출력된 행렬 보기

M_4 =상관행렬, M_5 =역행렬, M_{40} =정상그룹의 마하라노비스 거리(MD), M_{80} =비정상그룹의 마하라노비스 거리 (MD)

나머지 실험번호에 대해서도 MTS.MAC을 사용하여 비정상그룹의 MD 값을 구하면 <표 5.11>과 같다.

〈표 5.11〉 L12 직교배열표 실험과 비정상그룹 마하라노비스 거리(D^2)

실험번호	마하라노비스 거리(MD)						
1	2.60	3.44	3.25	3.72	2.82	7.66	3.80
2	3.10	2.00	3.02	2.08	2.75	3.23	3.61
3	0.69	0.54	0.79	0.50	0.92	2.69	0.25
4	2.59	2.96	2.99	4.21	2.59	7.10	3.52
5	0.26	0.43	0.25	2.02	0.26	0.43	0.26
6	0.97	0.24	0.94	0.52	0.97	4.02	0.32
7	1.14	0.31	0.86	0.37	0.94	2.75	0.93
8	0.24	0.67	0.24	1.55	0.36	0.36	0.24
9	4.71	3.17	4.71	4.71	3.83	3.83	4.71
10	1.24	0.48	0.88	0.88	0.88	3.04	1.20
11	2.60	2.60	4.56	2.60	4.56	3.08	3.08
12	3.27	4.00	3.27	1.92	3.27	7.81	4.00

8.3 SN비 분석

L12 직교배열표의 각 실험조건 에서 계산된 마하라노비스 거리는 SN비 계산에 사용된다. 정상그룹과 비정상그룹의 마하라노비스 거리를 크게하는 측정항목이 예측능력이 높은 측정항목이므로 망대특성의 SN비 계산식으로 SN비를 계산한다.

실험번호 1과 2의 SN비를 계산해보자.

망대특성의 SN비 계산식은,

$$SN = -10 Log_{10} \left[\frac{1}{n} \sum_{i=1}^{n} \frac{1}{D_i^2} \right], \ (n = \text{비정상그룹의 시료수}) \tag{5.6}$$

식 (5.6)으로 1번 실험의 SN비를 계산하면,

$$SN = -10Log_{10}\left[\frac{1}{7}\sum_{i=1}^{7}\frac{1}{D_i^2}\right]$$
$$= -10Log_{10}\left[\frac{1}{7}\times(\frac{1}{2.60}+\frac{1}{3.44}+\cdots+\frac{1}{3.80})\right] = 5.44(db)$$

이다.

같은 방법으로 2번 실험의 SN비를 계산하면,

$$SN = -10Log_{10}\left[\frac{1}{7}\sum_{i=1}^{7}\frac{1}{D_i^2}\right]$$
$$= -10Log_{10}\left[\frac{1}{7}\times(\frac{1}{3.10}+\frac{1}{2.00}+\cdots+\frac{1}{3.61})\right] = 4.33(db)$$

이다.

나머지 실험번호의 SN비를 모두 구하면 <표 5.12>와 같다.

〈표 5.12〉 음성인식 예측능력 평가 실험의 SN비

실험 번호	마하라노비스 거리(MD)							SN
1	2.60	3.44	3.25	3.72	2.82	7.66	3.80	5.44
2	3.10	2.00	3.02	2.08	2.75	3.23	3.61	4.33
3	0.69	0.54	0.79	0.50	0.92	2.69	0.25	-2.33
4	2.59	2.96	2.99	4.21	2.59	7.10	3.52	5.21
5	0.26	0.43	0.25	2.02	0.26	0.43	0.26	-4.73
6	0.97	0.24	0.94	0.52	0.97	4.02	0.32	-2.58
7	1.14	0.31	0.86	0.37	0.94	2.75	0.93	-1.77
8	0.24	0.67	0.24	1.55	0.36	0.36	0.24	-4.62
9	4.71	3.17	4.71	4.71	3.83	3.83	4.71	6.18
10	1.24	0.48	0.88	0.88	0.88	3.04	1.20	-0.28
11	2.60	2.60	4.56	2.60	4.56	3.08	3.08	4.94
12	3.27	4.00	3.27	1.92	3.27	7.81	4.00	5.30

실험 번호별로 SN비를 계산하고 각 측정항목별 SN비 이득을 계산하면 측정항목 별 예측능력을 평가할 수 있다. SN비 이득이 클 수록 예측능력이 높은 측정항목이다.

SN비 이득(gain) = 수준 1의 SN비 평균 - 수준 2의 SN비 평균
$$= \overline{SN_1} - \overline{SN_2}$$

이다.

측정항목 x_1의 이득(gain)을 구하하면 다음과 같다.

① 수준 1의 SN비 평균
$$\overline{SN_1} = \frac{(5.44 + 4.33 - 2.33 + 5.21 - 4.73 - 2.58)}{6}$$
$$= 0.89 \, (\text{db})$$

② 수준 2의 SN비 평균
$$\overline{SN_2} = \frac{(-1.77 - 4.62 + 6.18 - 0.28 + 4.94 + 5.30)}{6}$$
$$= 1.63 \, (\text{db})$$

③ 이득(gain) $= \overline{SN_1} - \overline{SN_2}$
$$= 0.89 - 1.63$$
$$= -0.76$$

x_1(peak 수)의 SN비 이득은 음(-)의 값을 갖으므로, x_1은 예측능력이 없는 항목이고, 측정항목에서 제외시켜도 무방하다.

같은 방법으로 나머지 측정항목의 SN비 이득을 모두 구하면 <표 5.13>과 같다.

<표 5.13> 측정항목별 SN비 이득

수준	x_1	x_2	x_3	x_4	x_5	x_6
1	0.89	1.21	5.24	0.91	1.68	1.93
2	1.63	1.31	-2.72	1.61	0.84	0.59
이득	-0.74	-0.11	7.95	-0.70	0.84	1.34
순위	6	4	1	5	3	2

SN비 이득이 "+"인 측정항목 x_3, x_5, x_6은 숫자 "1"과 숫자 "2" 음성을 예측하는데 중요한 항목이다. 반면에, SN비 이득이 "-"인 x_1, x_2, x_4는 숫자 "1"과 숫자 "2" 음성 예측능력이 없는 항목이므로 측정항목에서 제외시킬 수 있다. 측정항목수를 기존의 6개에서 3개로 줄일 수 있으므로 음성인식의 효율이 크게 향상될 것이다.

■ Minitab으로 SN비 구하기

Minitab을 이용하면 직교배열표 실험과 SN비 계산을 쉽게 할 수 있다. Minitab을 이용하여 SN비를 구하는 방법을 알아보자.

① $L_{12}(2^{11})$ 직교배열 실험 계획하기

▶ 통계분석>실험계획법>Taguchi 설계>Taguchi 설계 생성
  - 2수준계 설계
  - 인자수: 11

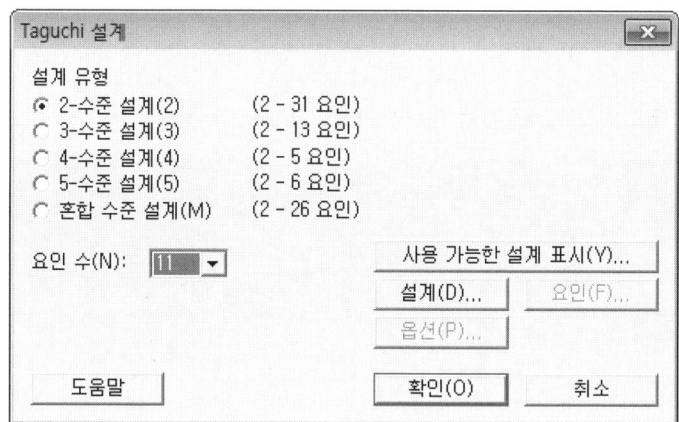

▶ 설계
  - L12
  - 확인
▶ 요인
  - A: X1 B: X2 C: X3 D: X4 E: X5 F: X6
▶ 확인
▶ 확인

위와 같이 차례로 실행하면 6개의 측정항목이 배치된 $L_{12}(2^{11})$ 직교배열표가 생성된다.

	C1 X1	C2 X2	C3 X3	C4 X4	C5 X5	C6 X6	C7 G	C8 H	C9 J	C10 K	C11 L	C12
1	1	1	1	1	1	1	1	1	1	1	1	
2	1	1	1	1	1	2	2	2	2	2	2	
3	1	1	2	2	2	1	1	1	2	2	2	
4	1	2	1	2	2	1	2	2	1	1	2	
5	1	2	2	1	2	2	1	2	1	2	1	
6	1	2	2	2	1	2	2	1	2	1	1	
7	2	1	2	2	1	1	2	2	1	2	1	
8	2	1	2	1	2	2	2	1	1	1	2	
9	2	1	1	2	2	2	1	2	2	1	1	
10	2	2	2	1	1	1	1	2	2	1	2	
11	2	2	1	2	1	2	1	1	1	2	2	
12	2	2	1	1	2	1	2	1	2	2	1	
13												
14												

③ SN비 분석

L12 직교배열표를 사용하여 각 실험조건에서 구한 마하라노비스 거리를 다음과 같이 Minitab 워크시트에 입력하고, 망대특성의 SN비를 계산한다. 워크시트의 12열에서부터 18열 까지 입력된 마하라노비스 거리 데이터는 $D = \sqrt{MD}$ 값이다. 이렇게 하는 이유는 앞에서 구한 마하라노비스 거리는 $MD = D^2$이기 때문에 SN비 계산과정에서 마하라노비스 거리 데이터가 제곱이 되므로 데이터 제곱의 중복이 발생하지 않도록 하기 위해서이다.

〈Minitab 워크시트 : L_{12}직교배열표와 마하라노비스 거리〉

▶ 통계분석>실험계획법>다구찌 설계>다구찌 설계 분석
  - 반응 데이터열: D1 - D7

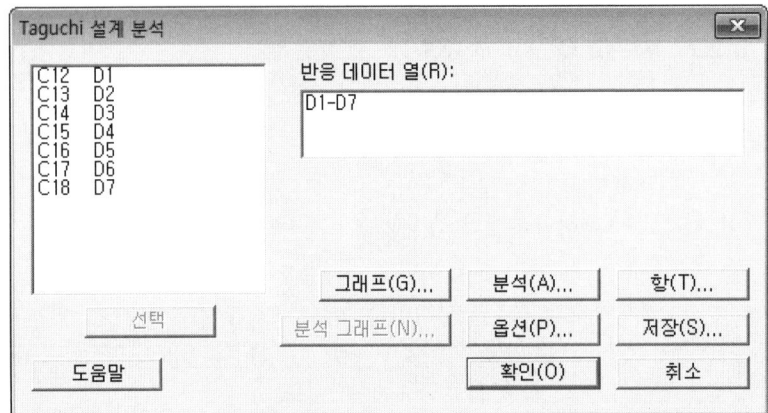

▶ 옵션
  - 신호 대 잡음비: 망대특성
▶ 확인
▶ 저장
  - 다음 항목 저장: 신호 대 잡음 비

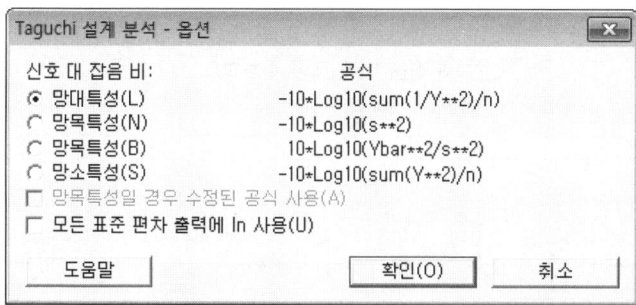

▶ 확인

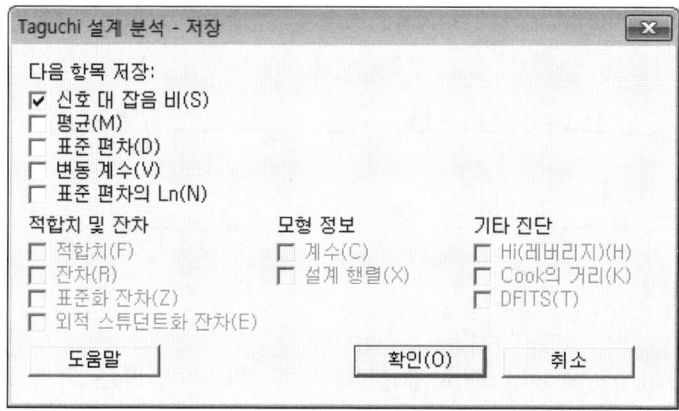

■ Minitab 분석결과

Minitab 세션창에 SN비 계산결과가 출력되고 워크시트에 SN비가 저장된다. 수준 1(사용함)의 SN비가 수준 2(사용하지 않음)의 SN비 보다 큰 측정항목이 정상그룹과 비정상그룹을 구분하는데 중요한 측정항목이며, 예측능력이 있는 항목이다. x_3, x_5, x_6이 예측능력이 있는 중요한 측정항목으로 선정된다. 수준 1의 SN비 평균이 수준 2의 SN비 평균보다 작은 x_1, x_2, x_4는 예측능력이 없는 항목이므로 측정항목에서 제외할 수 있다.

〈Minitab 분석결과〉 측정항목 수준별 SN비

```
Taguchi 분석: D1, D2, D3, D4, D5, D6, D7 대 X1, X2, X3, X4, X5, X6

신호 대 잡음 비에 대한 반응 표
망대특성
수준    X1      X2      X3      X4      X5      X6
1     0.8981  1.2105  5.2335  0.9160  1.6910  1.9338
2     1.6369  1.3246 -2.6984  1.6191  0.8440  0.6013
델타   0.7388  0.1141  7.9319  0.7032  0.8470  1.3325
순위      4       6       1       5       3       2
```

⟨Minitab 분석결과⟩ SN비 주효과도

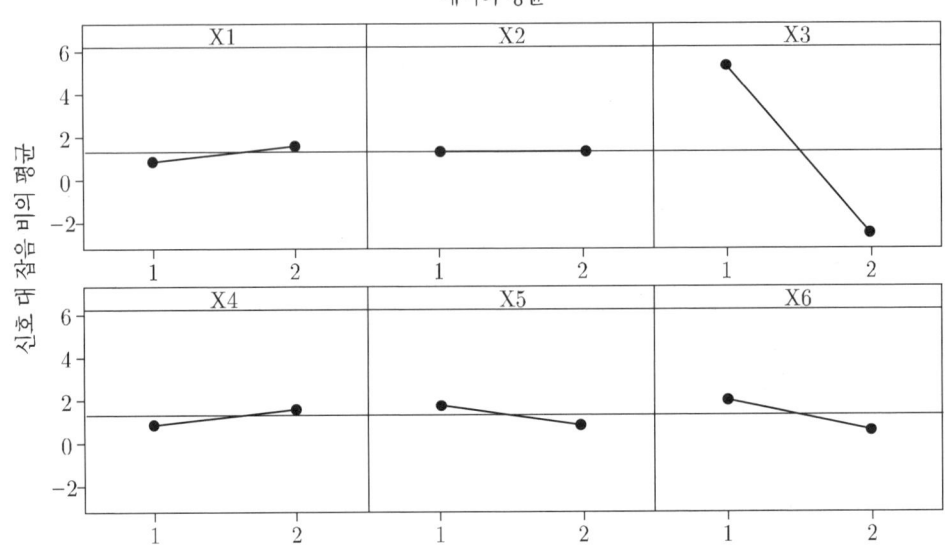

SN비 주효과도에서 수준 1의 SN비 평균값이 수준 2의 SN비 평균값보다 큰 측정항목 x_3, x_5, x_6은 정상그룹과 비정상그룹 구분에 중요한 항목이다.

8.4 중요 측정항목의 예측능력 평가

6개 측정항목중 예측능력이 있는 것으로 선정된 3개 항목으로 정상그룹과 비정상그룹을 잘 구분할 수 있는지 검증 해보자. <표 5.14>는 MTS.MAC 파일을 사용하여 3개의 측정항목 x_3, x_5, x_6만으로 정상그룹과 비정상그룹의 마하라노비스 거리를 구한 결과이다.

정상그룹("1")의 마하라노비스 거리 최소값은 0.33이고 최대값은 2.75이다. 비정상그룹 ("2")의 마하라노비스 거리 최소값은 2.06이고 최대값은 5.24이다. 두 그룹의 마하라노비스 거리 범위가 중복 되므로 예측오류를 피할수 없다. 문턱값(*threshold*)을 2로 정하여 마하라노비스 거리가 2 보다 작은 음성은 숫자 "1"로 분류하고, 거리가 2 보다 큰 음성은 숫자 "2"로 구분할 경우, "1(일)" 발음을 "2(이)" 발음으로 잘못 인식하는 오류가 1개 발생한다.

⟨표 5.14⟩ x_3, x_5, x_6를 사용한 정상그룹과 비정상그룹의 마하라노비스 거리 (D^2)

그룹	1	2	3	4	5	6	7	8	9	10	11	12	13	14	15
정상그룹 ("1")	0.93	2.75	0.33	0.33	0.93	0.93	1.32	1.10	1.32	0.33	0.33	0.43	0.33	1.32	1.32
비정상그룹 ("2")	2.19	2.75	3.09	2.75	3.09	5.24	2.06								

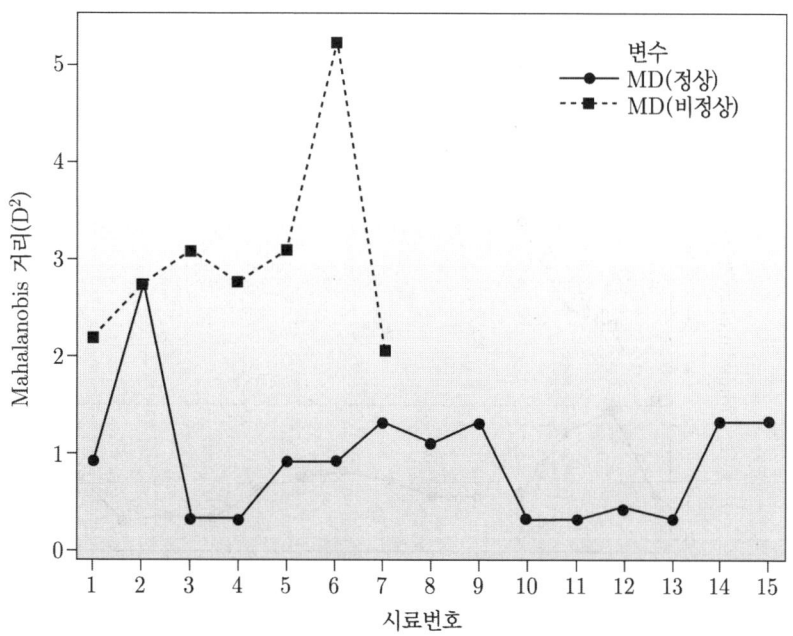

〈그림 5.7〉 x_3, x_5, x_6를 사용할 때의 정상그룹과 비정상그룹의 MD 비교

오류를 더 줄일 수 있는 가능성이 있는지 확인 하기위해 SN비 이득이 "−"이지만 1수준의 SN비 평균과 2수준의 SN비 차가 −0.11로 매우 작은 x_2를 측정항목에 포함시켜 마하라노비스 거리를 구한 결과 <표 5.15>와 같다.

〈표 5.15〉 x_2, x_3, x_5, x_6를 사용한 정상그룹과 비정상그룹의 마하라노비스 거리 (D^2)

그룹	1	2	3	4	5	6	7	8	9	10	11	12	13	14	15
정상그룹 ("1")	0.73	2.25	1.85	0.80	0.71	0.71	0.99	1.14	1.07	0.80	0.28	0.35	0.26	1.07	0.99
비정상그룹 ("2")	2.38	3.73	4.04	5.55	3.37	8.50	3.54								

4개의 측정항목 x_2, x_3, x_5, x_6을 사용하여 마라하노비스 거리를 구하고 문턱값(threshold value)을 2.3으로 하면 <그림 5.8>에서와 같이 "1"과 "2" 음성을 오류없이 예측할 수 있다.

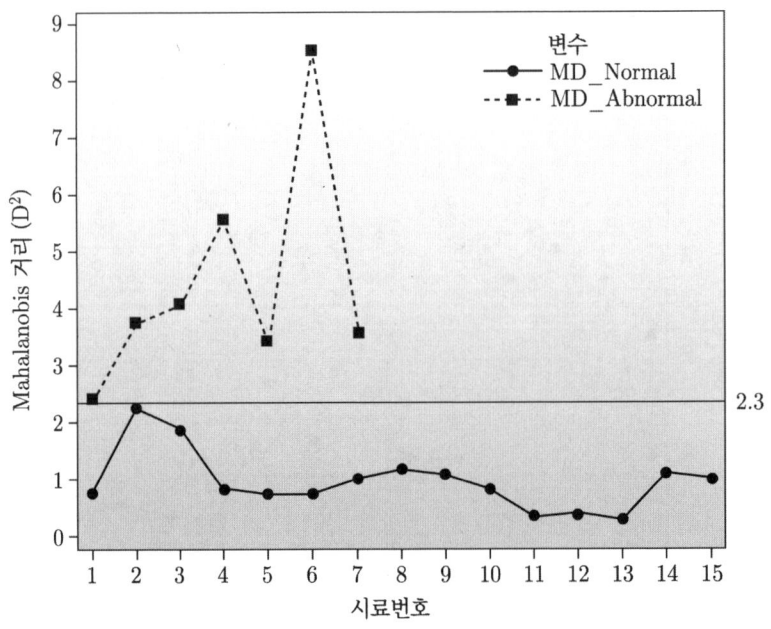

〈그림 5.8〉 측정항목 x_2, x_3, x_5, x_6의 예측능력

9 결론

6개 측정항목으로 숫자 "1"과 숫자 "2" 음성을 정확히 구분할 수 있었다. MTS 분석결과 Peak 개수(x_1)와 마지막 Peak 높이(x_4)는 예측능력이 없는 항목으로 판정되어 측정항목에서 제외시키기로 하였다. 나머지 4개의 측정항목으로 숫자 "1"과 숫자 "2"의 마하라노비스 거리를 계산한 결과 문턱값(threshold)을 2.3으로 할 때 오류없이 두 음성정보를 정확히 예측할 수 있었다.

앞으로 숫자 "1(일)"과 "2(이)" 음성정보를 녹음하여 진동파로 변환 한 다음 4개의 측정항목 x_2, x_3, x_5, x_6으로 진동파의 특징을 추출하고 마하라노비스 거리를 계산하여 그 값이 2.3 이하이면 "숫자 1(일)"로 분류하고 2.3 이상이면 "숫자2(이)로" 분류하면 될 것이다.

CHAPTER 06

붓꽃(IRIS) 패턴인식과 측정시스템 개발

학습목표:

1. 식물분류에 적합한 측정항목과 측정방법에 대해 토론해 본다.
2. 비교되는 그룹이 3개 이상일 때 마하라노비스 거리와 SN비를 계산할 수 있다.
3. 동특성의 SN비를 활용하여 측정항목의 예측능력을 평가할 수 있다.
4. 오류율과 손실이 최소가되는 문턱값(threshold)을 정할 수 있다.
5. 중요 측정항목의 예측능력을 평가할 수 있다.

1 붓꽃(IRIS) 측정 데이터 개요

피셔(R.A Fisher)는 1936년 Anals of Eugenic에 발표한 논문 "The use of multiple measurements in taxanomic problems"에서 서로 다른 3종의 붓꽃 setosa(X_1), versicolor (X_2), virginica(X_3)를 구분하는데 꽃받침 길이(x_1), 꽃받침 폭(x_2), 꽃잎길이(x_3), 꽃잎 폭 (x_4)을 측정하여 각 종별로 50개 시료를 측정한 다음 판별식을 구하여 붓꽃의 종을 분류하는 방법을 제시하였다.

이번 장에서는 피셔의 데이터를 이용하여 MTS 법으로 3종의 붓꽃을 분류하는 방법에 대해 설명한다. Fisher가 사용한 50개의 데이터중 34개는 마하라노비스 공간구성과 측정항목의 예측능력 확인에 사용하였으며, 16개는 중요 측정항목의 예측능력 검증에 사용하였다. 34개 시료의 테이터 수집 구조는 <표 6.1>과 같다.

〈표 6.1〉 setosa, versicolor, virginica 데이터 테이블 구조

번호	setosa(X1)				versicolor(X2)				virginica(X3)			
	x_{11}	x_{12}	x_{13}	x_{14}	x_{21}	x_{22}	x_{23}	x_{24}	x_{31}	x_{32}	x_{33}	x_{34}
1	y_{111}	y_{121}	y_{131}	y_{141}	y_{211}	y_{221}	y_{231}	y_{241}	y_{311}	y_{321}	y_{331}	y_{341}
2	y_{112}	y_{122}	y_{132}	y_{142}	y_{212}	y_{222}	y_{232}	y_{242}	y_{312}	y_{322}	y_{332}	y_{342}
.	.	.	.	.	.	.	.	.	.	.	.	.
.	.	.	.	.	.	.	.	.	.	.	.	.
.	.	.	.	.	.	.	.	.	.	.	.	.
34	y_{1134}	y_{1234}	y_{1334}	y_{1434}	y_{2134}	y_{2234}	y_{2334}	y_{2434}	y_{3134}	y_{3234}	y_{3334}	y_{3434}
평균	m_1	m_2	m_3	m_4								
표준 편차	s_1	s_2	s_3	s_4								

i =측정변수, j =측정항목, k =시료수, y_{ijk}($i=1,2,3.\ j=1,2,3,4.\ k=1,2,...,34$)

〈그림 6.1〉 Setosa

〈그림 6.2〉 Versicolor

〈그림 6.3〉 Virginica

2 마하라노비스 공간 정의

3종의 붓꽃 중 setosa를 정상그룹(대조군)으로 하고 50개 측정데이터 중 34개를 랜덤하게 선정하였다. setosa를 정상그룹으로 하였으므로 versicolor와 virginica는 비정상그룹이다. 비교되는 그룹은 모두 3개이며 비정상그룹이 2개이다.

3 측정 데이터베이스 구축

3종의 붓꽃 setosa, versicolor, virginica 측정 데이터는 <표 6.2>와 같다.

〈표 6.2〉 setosa, versicolor, virginica 측정데이터

NO	setosa				versicolor				virginica			
	꽃받침 길이	꽃받침 폭	꽃잎 길이	꽃잎 폭	꽃받침 길이	꽃받침 폭	꽃잎 길이	꽃잎 폭	꽃받침 길이	꽃받침 폭	꽃잎 길이	꽃잎 폭
1	5.1	3.5	1.4	0.2	7.0	3.2	4.7	1.4	6.3	3.3	6.0	2.5
2	4.9	3.0	1.4	0.2	6.4	3.2	4.5	1.5	5.8	2.7	5.1	1.9
3	4.7	3.2	1.3	0.2	6.9	3.1	4.9	1.5	7.1	3.0	5.9	2.1
4	4.6	3.1	1.5	0.2	5.5	2.3	4.0	1.3	6.3	2.9	5.6	1.8
5	5.0	3.6	1.4	0.2	6.5	2.8	4.6	1.5	6.5	3.0	5.8	2.2
6	5.4	3.9	1.7	0.4	5.7	2.8	4.5	1.3	7.6	3.0	6.6	2.1
7	4.6	3.4	1.4	0.3	6.3	3.3	4.7	1.6	4.9	2.5	4.5	1.7

〈표 6.2〉 setosa, versicolor, virginica 측정데이터 (계속)

NO	setosa				versicolor				virginica			
	꽃받침 길이	꽃받침 폭	꽃잎 길이	꽃잎 폭	꽃받침 길이	꽃받침 폭	꽃잎 길이	꽃잎 폭	꽃받침 길이	꽃받침 폭	꽃잎 길이	꽃잎 폭
8	5.0	3.4	1.5	0.2	4.9	2.4	3.3	1.0	7.3	2.9	6.3	1.8
9	4.4	2.9	1.4	0.2	6.6	2.9	4.6	1.3	6.7	2.5	5.8	1.8
10	4.9	3.1	1.5	0.1	5.2	2.7	3.9	1.4	7.2	3.6	6.1	2.5
11	5.4	3.7	1.5	0.2	5.0	2.0	3.5	1.0	6.5	3.2	5.1	2.0
12	4.8	3.4	1.6	0.2	5.9	3.0	4.2	1.5	6.4	2.7	5.3	1.9
13	4.8	3.0	1.4	0.1	6.0	2.2	4.0	1.0	6.8	3.0	5.5	2.1
14	4.3	3.0	1.1	0.1	6.1	2.9	4.7	1.4	0.7	2.5	5.0	2.0
15	5.8	4.0	1.2	0.2	5.6	2.9	3.6	1.3	5.8	2.8	5.1	2.4
16	5.7	4.4	1.5	0.4	6.7	3.1	4.4	1.4	6.4	3.2	5.3	2.3
17	5.4	3.9	1.3	0.4	5.6	3.0	4.5	1.5	6.5	3.0	5.5	1.8
18	5.1	3.5	1.4	0.3	5.8	2.7	4.1	1.0	7.7	3.8	6.7	2.2
19	5.7	3.8	1.7	0.3	6.2	2.2	4.5	1.5	7.7	2.6	6.9	2.3
20	5.1	3.8	1.5	0.3	5.6	2.5	3.9	1.1	6.0	2.2	5.0	1.5
21	5.4	3.4	1.7	0.2	5.9	3.2	4.8	1.8	6.9	3.2	5.7	2.3
22	5.1	3.7	1.5	0.4	6.1	2.8	4.0	1.3	5.6	2.8	4.9	2.0
23	4.6	3.6	1.0	0.2	6.3	2.5	4.9	1.5	7.7	2.8	6.7	2.0
24	5.1	3.3	1.7	0.5	6.1	2.8	4.7	1.2	6.3	2.7	4.9	1.8
25	4.8	3.4	1.9	0.2	6.4	2.9	4.3	1.3	6.7	3.3	5.7	2.1
26	5.0	3.0	1.6	0.2	6.6	3.0	4.4	1.4	7.2	3.2	6.0	1.8
27	5.0	3.4	1.6	0.4	6.8	2.8	4.8	1.4	6.2	2.8	4.8	1.8
28	5.2	3.5	1.5	0.2	6.7	3.0	5.0	1.7	6.1	3.0	4.9	1.8
29	5.2	3.4	1.4	0.2	6.0	2.9	4.5	1.5	6.4	2.8	5.6	2.1
30	4.7	3.2	1.6	0.2	5.7	2.6	3.5	1.0	7.2	3.0	5.8	1.6
31	4.8	3.1	1.6	0.2	5.5	2.4	3.8	1.1	7.4	2.8	6.1	1.9
32	5.4	3.4	1.5	0.4	5.5	2.4	3.7	1.0	7.9	3.8	6.4	2.0
33	5.2	4.1	1.5	0.1	5.8	2.7	3.9	1.2	6.4	2.8	5.6	2.2
34	5.5	4.2	1.4	0.2	6.0	2.7	5.1	1.6	6.3	2.8	5.1	1.5
평균	5.050	3.479	1.476	0.244	6.026	2.762	4.309	1.338	6.485	2.947	5.624	1.994
표준 편차	0.367	0.375	0.176	0.102	0.531	0.322	0.479	0.217	1.228	0.350	0.614	0.258

4 정상그룹 측정항목의 평균과 표준편차

정상그룹(setosa)의 꽃받침길이(x_{11}), 꽃받침 폭(x_{12}), 꽃잎길이(x_{13}), 꽃잎 폭(x_{14})의 평균과 표준편차를 구하여 측정 데이타를 정규화한다. 측정항목 x_{11}(꽃받침 길이)의 평균(m_1)과 표준편차(s_1)를 구하면 아래와 같다.

$$m_1 = \frac{(5.1+4.9+4.7+\ldots+5.5)}{34} = 5.050 \tag{6.1}$$

$$s_1 = \sqrt{\frac{\sum_{k=1}^{34}(y_{11k}-m_1)^2}{(34-1)}} \tag{6.2}$$

$$= \sqrt{\frac{(5.1-5.050)^2+(4.9-5.050)^2+\ldots+(5.5-5.050)^2}{33}}$$

$$= 0.367$$

이다.

나머지 측정항목들도 같은 방법으로 평균과 표준편차를 계산하면 <표 6.2>와 같다.

5 정상그룹 측정데이터 정규화

정상그룹(setosa) 측정데이터를 각 측정항목별 평균(m)과 표준편차(s)로 정규화 한다. 측정데이터를 정규화 하는 이유는 다차원 공간의 중심점을 제로점(0,0,...,0) 좌표로 만들고 평균값이 1에 근접하는 균질한 마하라노비스 공간을 만들기 위해서이다. 이렇게 하면 비정상그룹 시료 하나하나의 마하라노비스 거리를 비교하기가 쉬워진다.

정상그룹 측정데이터를 정규화하는 방법은 식 (6.3)과 같다.

$$Z_{ijk} = \frac{y_{ijk}-m_j}{s_j} \quad (i=1,2,3. \quad j=1,2,3,4. \quad k=1,2,\ldots,34) \tag{6.3}$$

식 (6.3)을 사용하여 정상그룹(setosa) 1번 시료의 꽃받침길이(x_{11}) 측정데이타 $y_{111}=5.1$은 m_1과 s_1으로 다음과 같이 정규화 된다.

$$Z_{111} = \frac{y_{111} - m_1}{s_1} = \frac{5.1 - 5.050}{0.367} = 0.136$$

같은 방법으로 첫번 시료의 두번째 측정항목 꽃받침 폭(x_{12}) 측정데이터 $y_{121} = 3.5$를 정규화하면 다음과 같다.

$$Z_{121} = \frac{y_{121} - m_2}{s_2} = \frac{3.5 - 3.479}{0.375} = 0.055$$

나머지 시료의 측정항목도 같은 방법으로 정규화 하면 <표 6.3>과 같다.

<표 6.3> 정상그룹(setosa) 측정 데이타의 정규화

시료번호	Z1	Z2	Z3	Z4
1	0.136	0.055	-0.435	-0.432
2	-0.409	-1.279	-0.435	-0.432
3	-0.954	-0.746	-1.003	-0.432
4	-1.226	-1.012	0.134	-0.432
5	-0.136	0.322	-0.435	-0.432
6	0.954	1.122	1.271	1.527
7	-1.226	-0.212	-0.435	0.547
8	-0.136	-0.212	0.134	-0.432
9	-1.771	-1.546	-0.435	-0.432
10	-0.409	-1.012	0.134	-1.412
11	0.954	0.589	0.134	-0.432
12	-0.681	-0.212	0.702	-0.432
13	-0.681	-1.279	-0.435	-1.412
14	-2.044	-1.279	-2.140	-1.412
15	2.044	1.389	-1.572	-0.432
16	1.771	2.456	0.134	1.527
17	0.954	1.122	-1.003	1.527
18	0.136	0.055	-0.435	0.547
19	1.771	0.855	1.271	0.547
20	0.136	0.855	0.134	0.547
21	0.954	-0.212	1.271	-0.432
22	0.136	0.589	0.134	1.527
23	-1.226	0.322	-2.709	-0.432
24	0.136	-0.479	1.271	2.507
25	-0.681	-0.212	2.408	-0.432
26	-0.136	-1.279	0.702	-0.432
27	-0.136	-0.212	0.702	1.527
28	0.409	0.055	0.134	-0.432
29	0.409	-0.212	-0.435	-0.432
30	-0.954	-0.746	0.702	-0.432
31	-0.681	-1.012	0.702	-0.432
32	0.954	-0.212	0.134	1.527
33	0.409	1.656	0.134	-1.412
34	1.226	1.923	-0.435	-0.432

6 비정상그룹 데이터 표준화

비정상그룹(실험군)의 측정값 역시 정상그룹(대조군)의 평균과 표준편차로 표준화한다. 즉, versicolor의 꽃받침길이 측정값은 정상그룹(setosa) 꽃받침 길이의 평균과 표준편차로 표준화한다. 이렇게 하는 이유는 정상그룹(setosa)의 중심점(원점)을 비정상그룹(versicolor)의 마하라노비스 거리 기준점으로 설정하여 비정상그룹의 마하라노비스 거리와 정상그룹의 마하라노비스 거리를 동일한 조건으로 비교하기 위해서이다.

6.1 versicolor 측정데이터 표준화

식 (6.3)을 사용하여 첫번 시료의 x_{21}(꽃받침 길이) 측정값 y_{211}=7.0을 표준화하면,

$$Z_{211} = \frac{y_{211} - m_1}{s_1} = \frac{7.0 - 5.050}{0.367} = 5.313$$

와 같고, 첫번 시료의 꽃받침 폭(x_{22}) 측정데이터 $y_{221} = 3.2$ 를 표준화하면

$$Z_{221} = \frac{y_{221} - m_2}{s_2} = \frac{3.2 - 3.479}{0.375} = -0.745$$

이다.

나머지 시료에 대해서도 같은 방법으로 표준화하면 <표 6.4>와 같다.

6.2 virginica 측정데이터 표준화

식 (6.3)을 사용하여 virginica 첫 번 시료의 꽃받침 길이(x_{31})측정값 $y_{311} = 6.3$을 표준화하면,

$$Z_{311} = \frac{y_{311} - m_1}{s_1} = \frac{6.3 - 5.050}{0.367} = 3.406$$

이다.

첫번 시료의 측정항목 x_{32}(꽃받침 폭) 측정값 $y_{321} = 3.3$은

$$Z_{321} = \frac{y_{321} - m_2}{s_2} = \frac{3.3 - 3.479}{0.375} = -0.479$$

로 표준화 된다.

나머지 시료에 대해서도 같은 방법으로 표준화 하면 <표 6.5>와 같다.

⟨표 6.4⟩ versicolor 측정 데이타 표준화

시료번호	Z1	Z2	Z3	Z4
1	5.313	-0.745	18.326	11.321
2	3.678	-0.745	17.189	12.301
3	5.041	-1.012	19.463	12.301
4	1.226	-3.147	14.346	10.342
5	3.951	-1.813	17.757	12.301
6	1.771	-1.813	17.189	10.342
7	3.406	-0.479	18.326	13.280
8	-0.409	-2.880	10.367	7.404
9	4.223	-1.546	17.757	10.342
10	0.409	-2.080	13.778	11.321
11	-0.136	-3.947	11.504	7.404
12	2.316	-1.279	15.483	12.301
13	2.589	-3.414	14.346	7.404
14	2.861	-1.546	18.326	11.321
15	1.499	-1.546	12.072	10.342
16	4.496	-1.012	16.620	11.321
17	1.499	-1.279	17.189	12.301
18	2.044	-2.080	14.915	7.404
19	3.134	-3.414	17.189	12.301
20	1.499	-2.613	13.778	8.383
21	2.316	-0.745	18.894	15.239
22	2.861	-1.813	14.346	10.342
23	3.406	-2.613	19.463	12.301
24	2.861	-1.813	18.326	9.362
25	3.678	-1.546	16.052	10.342
26	4.223	-1.279	16.620	11.321
27	4.768	-1.813	18.894	11.321
28	4.496	-1.279	20.031	14.260
29	2.589	-1.546	17.189	12.301
30	1.771	-2.346	11.504	7.404
31	1.226	-2.880	13.209	8.383
32	1.226	-2.880	12.641	7.404
33	2.044	-2.080	13.778	9.362
34	2.589	-2.080	20.600	13.280

<표 6.5> virginica 측정값 표준화

시료번호	Z1	Z2	Z3	Z4
1	3.406	-0.338	26.126	21.345
2	2.044	-1.920	20.944	15.663
3	5.586	-1.129	25.550	17.557
4	3.406	-1.393	23.823	14.716
5	3.951	-1.129	24.974	18.504
6	6.948	-1.129	29.580	17.557
7	-0.409	-2.448	17.490	13.769
8	6.131	-1.393	27.853	14.716
9	4.496	-2.448	24.974	14.716
10	5.858	0.454	26.701	21.345
11	3.951	-0.601	20.944	16.610
12	3.678	-1.920	22.096	15.663
13	4.768	-1.129	23.247	17.557
14	1.771	-2.448	20.368	16.610
15	2.044	-1.657	20.944	20.398
16	3.678	-0.601	22.096	19.451
17	3.951	-1.129	23.247	14.716
18	7.221	0.981	30.155	18.504
19	7.221	-2.184	31.307	19.451
20	2.589	-3.239	20.368	11.875
21	5.041	-0.601	24.398	19.451
22	1.499	-1.657	19.793	16.610
23	7.221	-1.657	30.155	16.610
24	3.406	-1.920	19.793	14.716
25	4.496	-0.338	24.398	17.557
26	5.858	-0.601	26.126	14.716
27	3.134	-1.657	19.217	14.716
28	2.861	-1.129	19.793	14.716
29	3.678	-1.657	23.823	17.557
30	5.858	-1.129	24.974	12.822
31	6.403	-1.657	26.701	15.663
32	7.766	0.981	28.428	16.610
33	3.678	-1.657	23.823	18.504
34	3.406	-1.657	20.944	11.875

7 상관행렬과 역행렬

상관행렬(R)을 구하기 위해 정상그룹의 정규화 변수(Z)를 사용하여 두 변수의 상관계수 r_{ij}를 계산한다. 상관계수를 구하는 식은 식 (6.4)와 같다.

$$r_{ij} = r_{ji} = \frac{1}{34-1} \sum_{p=1}^{34} Z_{1ip} Z_{1jp} \quad (i, j=1,2,3,4. \ p=1,2,\ldots,34) \tag{6.4}$$

이것을 풀어 쓰면,

$$r_{ij} = r_{ji} = \frac{1}{34-1}(Z_{1i1} \times Z_{1j1} + Z_{1i2} \times Z_{1j2} + \ldots + Z_{1i34} \times Z_{1j34}) \tag{6.5}$$

와 같고, 또한 다음과 같이 쓸 수도 있다.

$$r_{ij} = r_{ji} = \frac{1}{34-1}\left(\frac{y_{1i1}-m_{1i}}{\sigma_{1i}} \times \frac{y_{1j1}-m_{1j}}{\sigma_{1j}} + \ldots + \frac{y_{1i34}-m_{1i}}{\sigma_{1i}} \times \frac{y_{1j34}-m_{1j}}{\sigma_{1j}}\right) \tag{6.6}$$

식 (6.4)를 이용하여 정상그룹(*setosa*)의 측정항목 x_{11}과 x_{12}의 정규화변수 Z_{11p}와 Z_{12p}를 사용하여 상관계수 r_{12}를 구해보자.

$$r_{12} = r_{21} = \frac{1}{34-1} \sum_{p=1}^{34} Z_{11p} Z_{12p}$$

$$= \frac{1}{33}(Z_{111} \times Z_{121} + Z_{112} \times Z_{122} + \ldots + Z_{1134} \times Z_{1234})$$

$$= \frac{1}{33}(0.136 \times 0.055 + \ldots + 1.226 \times 1.923)$$

$$= 0.7567$$

나머지도 같은 방법으로 계산하면 아래와 같이 4×4 상관행렬(R)을 얻는다.

$$R = \begin{bmatrix} 1 & 0.7567 & 0.2206 & 0.3923 \\ 0.7567 & 1 & -0.0167 & 0.3492 \\ 0.2206 & -0.0167 & 1 & 0.2789 \\ 0.3923 & 0.3492 & 0.2789 & 1 \end{bmatrix}$$

마하라노비스 거리 계산에 필요한 역행렬(R^{-1})을 손으로 계산하는 것은 쉬운 일이 아닙니다. Minitab으로 역행렬(R^{-1})을 구하면 아래와 같이 4×4행렬을 얻는다.

$$R^{-1} = \begin{bmatrix} 1 & 0.7567 & 0.2206 & 0.3923 \\ 0.7567 & 1 & -0.0167 & 0.3492 \\ 0.2206 & -0.0167 & 1 & 0.2789 \\ 0.3923 & 0.3492 & 0.2789 & 1 \end{bmatrix}^{-1}$$

$$= \begin{bmatrix} 2.716 & -1.992 & -0.574 & -0.210 \\ -1.991 & 2.618 & 0.564 & -0.290 \\ -0.574 & 0.564 & 1.223 & -0.313 \\ -0.210 & -0.290 & -0.313 & 1.271 \end{bmatrix}$$

이다.

8 정상그룹의 마하라노비스 거리

역행렬(R^{-1})을 이용하여 정상그룹(setosa)의 마하라노비스 거리를 계산한다. 아래 마하라노비스 거리 계산식으로 정상그룹(setosa)의 1번 시료의 마하라노비스 거리를 구해보자.

$$MD_j = D_j^2 = \frac{1}{k} Z R^{-1} Z^T \quad (k = \text{변수의 개수} \quad j = 1, 2, \ldots, n \quad Z^T \text{는 전치행렬})$$

1번 시료의 마하라노비스 거리(MD)는,

$$MD_1 = D_1^2$$

$$= \frac{1}{4} \begin{bmatrix} 0.136 & 0.055 & -0.435 & -0.432 \end{bmatrix}$$

$$\times \begin{bmatrix} 2.716 & -1.992 & -0.574 & -0.210 \\ -1.991 & 2.618 & 0.564 & -0.290 \\ -0.574 & 0.564 & 1.223 & -0.313 \\ -0.210 & -0.290 & -0.313 & 1.271 \end{bmatrix} \begin{bmatrix} 0.136 \\ 0.055 \\ -0.435 \\ -0.432 \end{bmatrix}$$

$$= 0.115$$

이다.

나머지 시료에 대해서도 같은 방법으로 마하라노비스 거리를 구하면 <표 6.6>과 같다.

〈표 6.6〉 정상그룹(setosa)의 마하라노비스 거리(D^2)

번호	1	2	3	4	5	6	7	8	9	10
MD	0.11	0.76	0.42	0.42	0.17	0.96	0.94	0.06	0.85	0.75
번호	11	12	13	14	15	16	17	18	19	20
MD	0.42	0.51	0.82	1.82	2.47	1.66	1.22	0.20	1.07	0.42
번호	21	22	23	24	25	26	27	28	29	30
MD	1.09	0.74	2.37	2.14	2.48	0.86	0.79	0.18	0.40	0.49
번호	31	32	33	34						
MD	0.40	1.41	2.35	1.27						

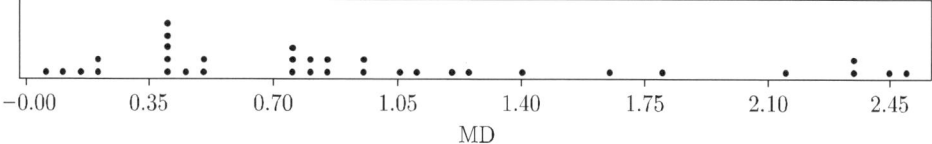

〈그림 6.4〉 정상그룹(setosa)의 마하라노비스 거리(D^2) 점도표

정상그룹(*setosa*)의 마하라노비스 거리 최소값은 0.06, 최대값은 2.48이다. 평균은 0.971로서 1에 가까운 값이다.

9 비정상그룹 마하라노비스 거리

9.1 versicolor의 마하라노비스 거리

비정상그룹 versicolor의 마하라노비스 거리는 역행렬()을 이용하여 계산된다.

versicolor 시료 1번의 마하라노비스 거리(MD) 계산 방법은 아래와 같다.

$$MD_1 = D_1^2$$

$$= \frac{1}{4}[5.313 \ -0.743 \ 18.326 \ 11.321]$$

$$\times \begin{bmatrix} 2.716 & -1.992 & -0.574 & -0.210 \\ -1.991 & 2.618 & 0.564 & -0.290 \\ -0.574 & 0.564 & 1.223 & -0.313 \\ -0.210 & -0.290 & -0.313 & 1.271 \end{bmatrix} \begin{bmatrix} 5.313 \\ -0.743 \\ 18.326 \\ 11.321 \end{bmatrix}$$

$$= 97.55$$

이다.

마하라노비스 거리 97.55는 정상그룹(*setosa*)의 마하라노비스 거리 평균 0.971 보다 매우 큰 값이다. 같은 방법으로 비정상그룹(*versicolor*) 34개 시료의 MD 값을 구하면 <표 6.7>과 같다.

<표 6.7> 정상그룹(setosa)의 마하라노비스 거리

번호	1	2	3	4	5	6	7	8	9	10
D^2	0.11	0.76	0.42	0.42	0.17	0.96	0.94	0.06	0.85	0.75
번호	11	12	13	14	15	16	17	18	19	20
D^2	0.42	0.51	0.82	1.82	2.47	1.66	1.22	0.20	1.07	0.42
번호	21	22	23	24	25	26	27	28	29	30
D^2	1.09	0.74	2.37	2.14	2.48	0.86	0.79	0.18	0.40	0.49
번호	31	32	33	34						
D^2	0.40	1.41	2.35	1.27						

versicolor의 마하라노비스 거리 최소값은 38.8, 최대값은 128.8이고 평균은 83.28 이다. versicolor 34개 시료의 마하라노비스 거리는 정상그룹(*setosa*)과 비교했을 때 모두 큰 값임을 알 수 있다.

정상그룹과 비정상그룹의 마하라노비스 거리 계산은 앞에서 설명한 바와 같이 Minitab의 MTS.MAC 파일을 사용하면 쉽게 계산할 수 있다.

MTS.MAC 파일을 사용하여 정상그룹(*setosa*)과 비정상그룹(*versicolor*)의 마하라노비스 거리(MD)를 한 번에 계산하는 절차는 다음과 같다.

Step 1. 측정항목 x_1, x_2, x_3, x_4를 선정한다.

Step 2. 정상그룹(*setosa*)의 측정값을 정규화 하고, 비정상그룹(*versicolor*)의 측정항목을 표준화한 데이터를 Minitab 워크시트에 입력한다.

	C1	C2	C3	C4	C5	C6	C7	C8	C9	C10
	Z1	Z2	Z3	Z4		AZ1	AZ2	AZ3	AZ4	
1	0.136	0.055	-0.435	-0.432		5.313	-0.745	18.326	11.321	
2	-0.409	-1.279	-0.435	-0.432		3.678	-0.745	17.189	12.301	
3	-0.954	-0.746	-1.003	-0.432		5.041	-1.012	19.463	12.301	
4	-1.226	-1.012	0.134	-0.432		1.226	-3.147	14.346	10.342	
5	-0.136	0.322	-0.435	-0.432		3.951	-1.813	17.757	12.301	
6	0.954	1.122	1.271	1.527		1.771	-1.813	17.189	10.342	
7	-1.226	-0.212	-0.435	0.547		3.406	-0.479	18.326	13.280	
8	-0.136	-0.212	0.134	-0.432		-0.409	-2.880	10.367	7.404	
9	-1.771	-1.546	-0.435	-0.432		4.223	-1.546	17.757	10.342	
10	-0.409	-1.012	0.134	-1.412		0.409	-2.080	13.778	11.321	
11	0.954	0.589	0.134	-0.432		0.136	-3.947	11.504	7.404	
...	-.681	-0.21		-0.432			-1.279		...91	
27			0.702			4.7...		5.894	1...	
28	0.409	0.055	0.134	-0.432		4.496	-1.2.3	20.031	14.260	
29	0.409	-0.212	-0.435	-0.432		2.589	-1.546	17.189	12.301	
30	-0.954	-0.746	0.702	-0.432		1.771	-2.346	11.504	7.404	
31	-0.681	-1.012	0.702	-0.432		1.226	-2.880	13.209	8.383	
32	0.954	-0.212	0.134	1.527		1.226	-2.880	12.641	7.404	
33	0.409	1.656	0.134	-1.412		2.044	-2.080	13.778	9.362	
34	1.226	1.923	-0.435	-0.432		2.589	-2.080	20.600	13.280	
35										
36										
37										

Minitab 워크시트에서 Z1, Z2, Z3, Z4는 정상그룹(*setosa*)의 측정항목 x_1, x_2, x_3, x_4을 정규화 한 변수이고, AZ1, AZ2, AZ3, AZ4는 비정상그룹(*versicolor*)의 측정항목 x_1, x_2, x_3, x_4의 측정데이터를 표준화 한 변수이다.

Step 3. 정상그룹 행렬(M1)과 비정상그룹 행렬(M10)을 지정한다.
- 정상그룹 행렬(M1) 지정

▶ 데이터>복사>열을 행렬로
- 복사될 열: Z1 Z2 Z3 Z4
- 복사된 데이터 저장: M1

▶ 확인

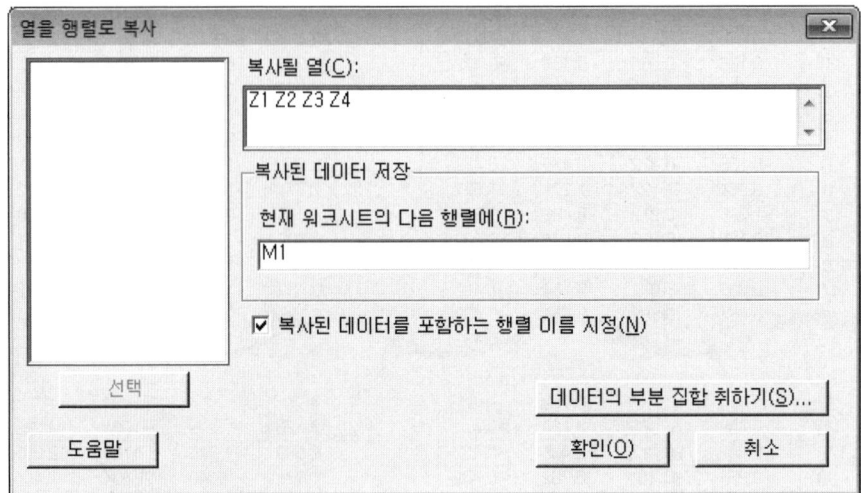

- 비정상그룹 행렬(M10) 지정

▶ 데이터>복사>열을 행렬로
   - 복사될 열: AZ1 AZ2 AZ3 AZ4
   - 복사된 데이터 저장: M10
▶ 확인

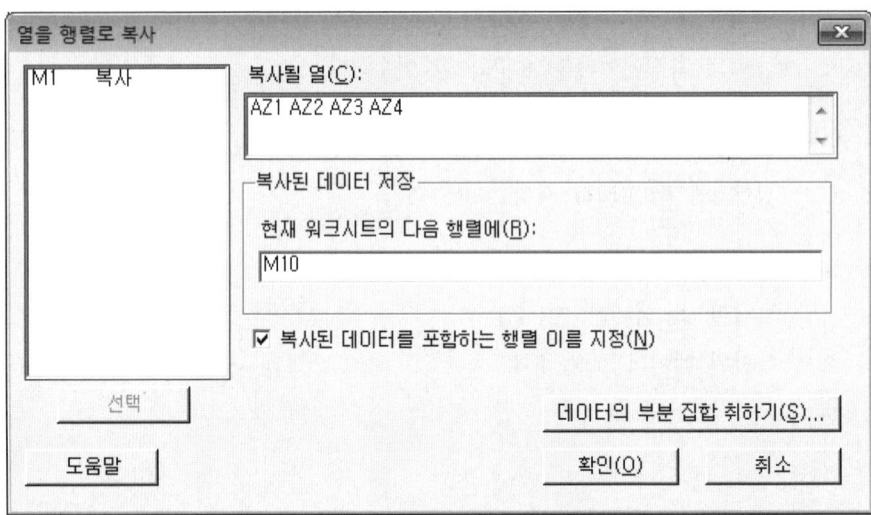

Step 4. 세션창에서 매크로파일 실행 준비를 한다.

▶ 창(W)>세션
▶ 편집기>명령사용

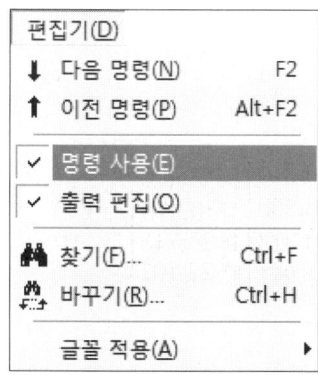

Step 5. 세션창에서 정상그룹 시료 개수(K1)와 측정항목수(K2)를 입력하고 MTS.MAC 파일을 실행시킨다.

▶ MTB> LET K1=34
▶ MTB> LET K2=4
▶ MTB> %MTS

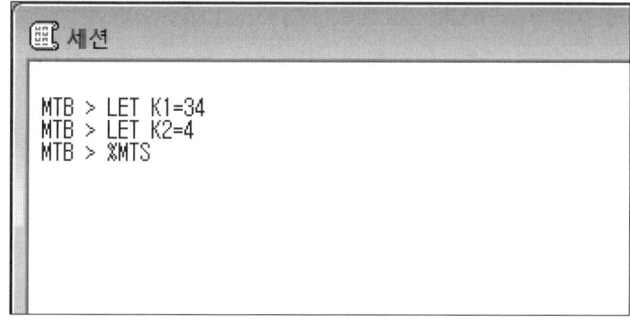

Step 6. 세션창에 출력된 정상그룹과 비정상그룹의 마하라노비스 거리(MD)를 확인한다.

■ 세션창에 출력된 행렬 보기

M_4 =상관행렬(R), M_5 =역행렬(R^{-1}), M_{40} =정상그룹(*setosa*)의 마하라노비스 거리(MD), M_{80} =비정상그룹(*versicolor*)의 마하라노비스 거리(MD)

9.2 virginica의 마하라노비스 거리

또 하나의 비정상그룹 virginica의 마하라노비스 거리를 구한다.

virginica 1번 시료의 마하라노비스 거리(MD)는

$$MD_1 = D_1^2$$
$$= \frac{1}{4}[3.406 \ -0.479 \ 25.715 \ 22.101]$$
$$\times \begin{bmatrix} 2.716 & -1.992 & -0.574 & -0.210 \\ -1.991 & 2.618 & 0.564 & -0.290 \\ -0.574 & 0.564 & 1.223 & -0.313 \\ -0.210 & -0.290 & -0.313 & 1.271 \end{bmatrix} \begin{bmatrix} 3.406 \\ -0.479 \\ 25.715 \\ 22.101 \end{bmatrix}$$
$$= 243.16$$

이다.

계산된 마하라노비스 거리 243.16 은 정상그룹(setosa)의 마하라노비스 거리 평균 0.971 보다 훨씬 큰 값이다.

같은 방법으로 나머지 33개 시료의 MD 값을 구하면 <표 6.8>과 같다.

<표 6.8> 비정상그룹(virginica)의 마하라노비스 거리

번호	1	2	3	4	5	6	7	8	9	10
D^2	243.16	148.24	199.57	165.47	203.28	245.83	115.51	208.29	178.59	240.62
번호	11	12	13	14	15	16	17	18	19	20
D^2	149.27	155.49	177.25	152.39	190.50	184.03	158.28	255.74	285.59	121.79
번호	21	22	23	24	25	26	27	28	29	30
D^2	202.61	147.34	249.10	129.70	187.49	186.36	124.74	128.76	185.39	165.66
번호	31	32	33	34						
D^2	201.33	221.28	193.30	243.16						

virginica 시료 34개의 마하라노비스 거리 중 최소값은 114.1, 최대값은 286.7이며, 평균은 182.44이다. virginica의 마하라노비스 거리는 평균적으로 setosa, versicolor 보다 크다.

비정상그룹 virginica의 마하라노비스 거리 계산은 MTS. MAC 파일을 사용하여 정상그룹(setosa)의 정규화 변수 Z1, Z2, Z3, Z4와 비정상그룹 virginica의 표준화 변수 AZ1, AZ2, AZ3, AZ4로 쉽게 구할 수 있다.

10 측정항목의 예측능력 평가

4개 측정항목으로 세 종류의 붓꽃 setosa, versicolor, virginica를 얼마나 잘 구분할 수 있는지 검증해보자. 마하라노비스 거리는 이론적으로 카이제곱 분포를 따르는 것으로 알려져 있기 때문에 카이제곱 통계량을 이용하여 통계검증을 할 수 있으나, 다구찌 박사는 품질공학의 손실함수 개념을 적용하여 손실이 최소가 되는 문턱값(threshold value)을 사용할 것을 권하고 있다.

서로 다른 3종의 붓꽃 MD 값을 비교하여 4개의 측정항목으로 예측 했을 때 얼마나 정확히 예측되는지 검토해보자.

<그림 6.5>는 서로 다른 세 종의 붓꽃에 대한 마하라노비스 거리를 비교한 것이다. setosa는 versicolor, virginica와 오류없이 구분됨을 알 수 있다. 하지만 versicolor와 virginica는 마하라노비스 거리 범위가 일부 중복되고 있어서 판정의 오류(1종 오류와 2종 오류)를 피할 수 없다.

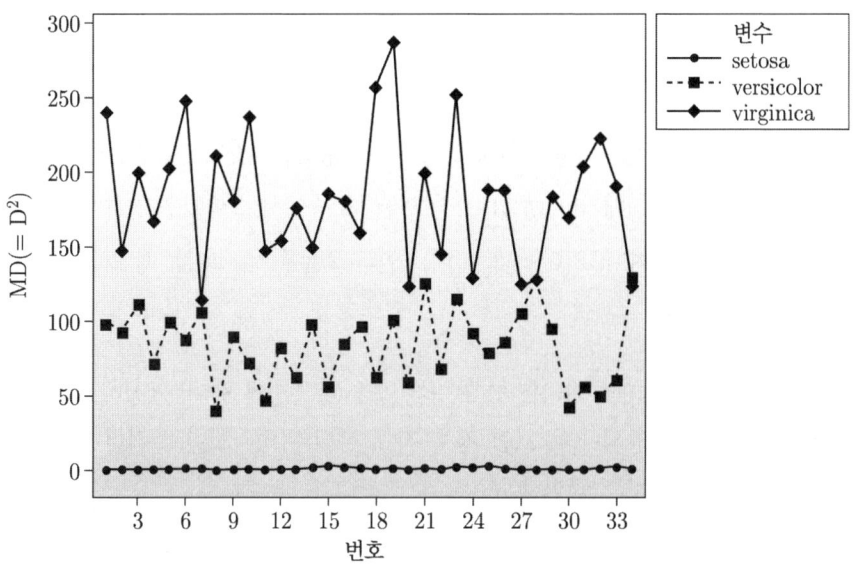

<그림 6.5> Setosa, Versicolr, Virginica의 마하라노비스 거리 비교

setosa의 마하라노비스 거리 범위는 0.1~2.5이고, versicolor는 38.8~128.8, virginica는 114.1~286.7이다. 3종의 붓꽃을 분류하는데 오류율이 최소가 되도록 문턱값(threshold)을 정하기로 하고 setosa의 마하라노비스 거리는 5이하, versicolor는 5 이상 140 미만, virginica는 140 이상으로 하였다. 이러한 기준으로 3종의 붓꽃을 분류할 경우 virginica를 vesicolor로 판정할 오류는 17.6% (6/34)이고, 반대로 versicolor를 virginica로 판정할 오류는 11.7% (4/34) 발생한다.

11 중요 측정항목 선정 실험

4개의 측정항목 중 3종의 붓꽃을 구분하는데 영향력이 큰 변수와 그렇지 않은 변수를 구분할 수 있다면 붓꽃의 패턴을 보다 효율적으로 예측할 수 있을 것이다. 예측에 중요한 측정항목과 중요하지 않은 측정항목은 직교배열표를 이용한 간단한 실험을 통해 정할 수 있다. 직교배열표를 이용한 실험으로 마하라노비스 거리를 구하고 측정항목의 SN비 이득을 계산하면 마하라노비스 거리 정확성에 중요한 항목과 중요하지 않은항목을 선정할 수 있다. 품질공학에서 SN비는 강건성(robustness)의 측도로 사용되지만 MTS에서는 측정항목의 예측능력을 평가하는 측도로 사용된다. MTS에서 망대특성의 SN비 계산식이 많이 사용되지만 붓꽃 패턴인식과 같이 비정상그룹이 2개 이상인 경우에는 동특성의 SN비 계산식을 사용한다.

11.1 신호인자 수준 결정

서로 다른 3종의 붓꽃을 구분하기위해 선정된 측정항목은 4개이므로 2수준계의 직교배열표 중 4개의 실험인자를 배치할 수 있는 직교배열표 중에서 실험횟수가 가장 작은 $L_{12}(2^{11})$ 직교배열표를 선택하여 <표 6.9>와 같이 1열과 2열에 x_1, x_2를 배치하고 5열과 6열에 x_3, x_4를 배치하였다.

각 그룹의 마하라노비스 거리를 알고 있는 경우 동특성의 SN비 계산에 사용하는 신호인자(M)수준으로 정하면 되나, 모르는 경우 각 그룹의 마하라노비스 거리 평균의 제곱근을 신호인자 수준(M_i)으로 사용한다.

3종의 붓꽃 setosa, versicolr, virginica의 MD 평균의 제곱근을 구하면 다음과 같다.

$$M_1(setosa) = \sqrt{\overline{MD_1}} = \sqrt{0.97} = 0.99,$$
$$M_2(versicolor) = \sqrt{\overline{MD_2}} = \sqrt{83.28} = 9.13$$
$$M_3(virginica) = \sqrt{\overline{MD_3}} = \sqrt{182.44} = 13.51$$

이다.

직교배열표의 내측배열에 측정항목을 배치하고 신호인자를 외측배열에 배치하면, <표 6.9>와 같다.

<표 6.9> $L_{12}(2^{11})$ 직교배열에 측정변수와 신호인자 배치

번호	x_1	x_2		x_3	x_4							M1:0.99	M2:9.13	M3:13.51
1	1	1	1	1	1	1	1	1	1	1	1	34개 MD	34개 MD	34개 MD
2	1	1	1	1	1	2	2	2	2	2	2	34개 MD	34개 MD	34개 MD
3	1	1	2	2	2	1	1	1	2	2	2	34개 MD	34개 MD	34개 MD
4	1	2	1	2	2	1	2	2	1	1	2	34개 MD	34개 MD	34개 MD
5	1	2	2	1	2	2	1	2	1	2	1	34개 MD	34개 MD	34개 MD
6	1	2	2	2	1	2	2	1	2	1	1	34개 MD	34개 MD	34개 MD
7	2	1	2	2	1	1	2	2	1	2	1	34개 MD	34개 MD	34개 MD
8	2	1	2	1	2	2	1	1	1	2	2	34개 MD	34개 MD	34개 MD
9	2	1	1	2	2	2	1	2	2	1	1	34개 MD	34개 MD	34개 MD
10	2	2	2	1	1	1	1	2	2	1	2	34개 MD	34개 MD	34개 MD
11	2	2	1	2	1	2	1	1	1	2	2	34개 MD	34개 MD	34개 MD
12	2	2	1	1	2	1	2	1	2	2	1	34개 MD	34개 MD	34개 MD

1: 사용함, 2: 사용하지 않음

직교배열표의 내측배열 수준 열에서 수준 1은 "사용함", 수준 2는 "사용하지 않음"이다. 1번 실험에서 마하라노비스 거리 계산에 사용되는 측정항목은 x_1, x_2, x_3, x_4 4개 이고, 상관행렬은 4×4 행렬이다. 2번 실험에서 마하라노비스 거리 계산에 사용되는 측정항목은 x_1, x_2, x_3 3개이고 상관행렬은 3×3 행렬이다. 이와 같이 실험번호별 마하라노비스 거리 계산에 사용되는 측정항목과 상관행렬이 다르다.

setosa, versicolor, virginica는 각각 34개의 시료가 측정 되었으므로 각 실험조건에서 계산되는 마하라노비스 거리는 <표 6.9>와 같이 모두 $34 \times 3 = 102$개이며, 102개의 마하라노비스 거리와 신호인자를 사용하여 동특성의 SN비가 계산된다.

11.2 직교실험의 마하라노비스 거리 계산

실험번호 1에서 마하라노비스 거리 계산에 사용되는 측정항목은 x_1, x_2, x_3, x_4이고, 계산되는 마하라노비스 거리 개수는 setosa 34개, versicolor 34개, virginica 34개 이다. 실험번호 2의 경우 3개의 측정항목 x_1, x_2, x_3로 마하라노비스 거리가 계산된다. 이와 같이 측정항목의 예측능력 평가를 위한 실험에서 각 실험번호별로 마하라노비스 거리계산에 사용되는 측정항목 수가 다르기 때문에 상관행렬(R) 역시 다르다.

MTS.MAC을 사용하여 실험번호 2의 setosa와 versicolor의 마하라노비스 거리를 구해보자.

Step 1. 측정항목을 선정한다.

2번 실험의 마하라노비스 거리 계산에 사용되는 측정항목은 x_1, x_2, x_3이다.

Step 2. 정상그룹의 측정값을 정규화 하고, 비정상그룹의 측정항목을 표준화한다.

	C1 Z1	C2 Z2	C3 Z3	C4 AZ1	C5 AZ2	C6 AZ3	C7 AAZ1	C8 AAZ2	C9 AAZ3	C10
1	0.136	0.055	-0.435	5.313	-0.745	18.326	3.406	-0.338	26.126	
2	-0.409	-1.279	-0.435	3.678	-0.745	17.189	2.044	-1.920	20.944	
3	-0.954	-0.746	-1.003	5.041	-1.012	19.463	5.586	-1.129	25.550	
4	-1.226	-1.012	0.134	1.226	-3.147	14.346	3.406	-1.393	23.823	
5	-0.136	0.322	-0.435	3.951	-1.813	17.757	3.951	-1.129	24.974	
6	0.954	1.122	1.271	1.771	-1.813	17.189	6.948	-1.129	29.580	
7	-1.226	-0.212	-0.435	3.406	-0.479	18.326	-0.409	-2.448	17.490	
8	-0.136	-0.212	0.134	-0.409	-2.880	10.367	6.131	-1.393	27.853	
9	-1.771	-1.546	-0.435	4.223	-1.546	17.757	4.496	-2.448	24.974	
10	-0.409	-1.012	0.134	0.409	-2.080	13.778	5.858	0.454	26.701	
11	0.954	0.589	0.134	-0.136	-3.947	11.504	3.951	-0.601	20.944	
12	-0.681	-0.212	0.702	2.316	-1.279	15.483	3.678	-1.920	22.096	
13	-0.681	-1.279	-0.435	2.589	-3.414	14.346	4.768	-1.129	23.247	
14	-2.044	-1.279	-2.140	2.861	-1.546	18.326	1.771	-2.448	20.368	
15	2.044	1.389	-1.572	1.499	-1.546	12.072	2.044	-1.657	20.944	
16	1.771	2.456	0.134	4.496	-1.012	16.620	3.678	-0.601	22.096	
17	0.954	1.122	-1.003	1.499	-1.279	17.189	3.951	-1.129	23.247	
18	0.136	0.055	-0.435	2.044	-2.080	14.915	7.221	0.981	30.155	
19	1.771	0.855	1.271	3.134	-3.414	17.189	7.221	-2.184	31.307	
20	0.136	0.855	0.134	1.499	-2.613	13.778	2.589	-3.239	20.368	
21	0.954	-0.212	1.271	2.316	-0.745	18.894	5.041	-0.601	24.398	
22	0.136	0.589	0.134	2.861	-1.813	14.346	1.499	-1.657	19.793	
23	-1.226	0.322	-2.709	3.406	-2.613	19.463	7.221	-1.657	30.155	
24	0.136	-0.479	1.271	2.861	-1.813	18.326	3.406	-1.920	19.793	
25	-0.681	-0.212	2.408	3.678	-1.546	16.052	4.496	-0.338	24.398	
26	-0.136	-1.279	0.702	4.223	-1.279	16.620	5.858	-0.601	26.126	
27	-0.136	-0.212	0.702	4.768	-1.813	18.894	3.134	-1.657	19.217	
28	0.409	0.055	0.134	4.496	-1.279	20.031	2.861	-1.129	19.793	
29	0.409	-0.212	-0.435	2.589	-1.546	17.189	3.678	-1.657	23.823	
30	-0.954	-0.746	0.702	1.771	-2.346	11.504	5.858	-1.129	24.974	
31	-0.681	-1.012	0.702	1.226	-2.880	13.209	6.403	-1.657	26.701	
32	0.954	-0.212	0.134	1.226	-2.880	12.641	7.766	0.981	28.428	
33	0.409	1.656	0.134	2.044	-2.080	13.778	3.678	-1.657	23.823	
34	1.226	1.923	-0.435	2.589	-2.080	20.600	3.406	-1.657	20.944	
35										
36										

Minitab 워크시트에서 Z1, Z2, Z3는 setosa의 측정항목 x_1, x_2, x_3의 측정값을 정규화 한 것이고, AZ1, AZ2,AZ3는 versicolor 의 측정항목 x_1, x_2, x_3의 측정값을 표준화 한 것이며, AAZ1, AAZ2, AAZ3, AAZ4는 virginica 의 측정항목 x_1, x_2, x_3 측정값을 표준화한 변수이다.

Step 3. 정상그룹 행렬(M1)과 비정상그룹 행렬(M10)을 지정한다.

- 정상그룹 행렬(M1) 지정

▶ 데이터>복사>열을 행렬로
  - 복사될 열: Z1 Z2 Z3
  - 복사된 데이터 저장: M1

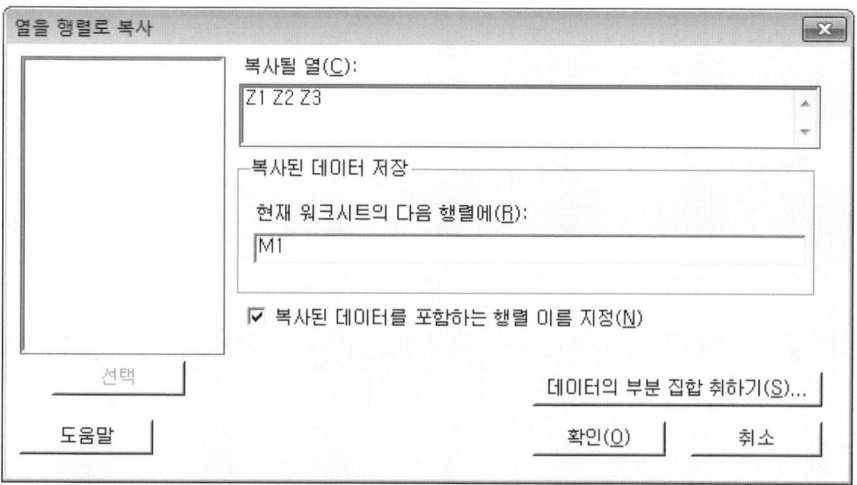

- 비정상그룹 행렬(M10) 지정

▶ 데이터>복사>열을 행렬로

  - 복사될 열: AZ1 AZ2 AZ3
  - 복사된 데이터 저장: M10

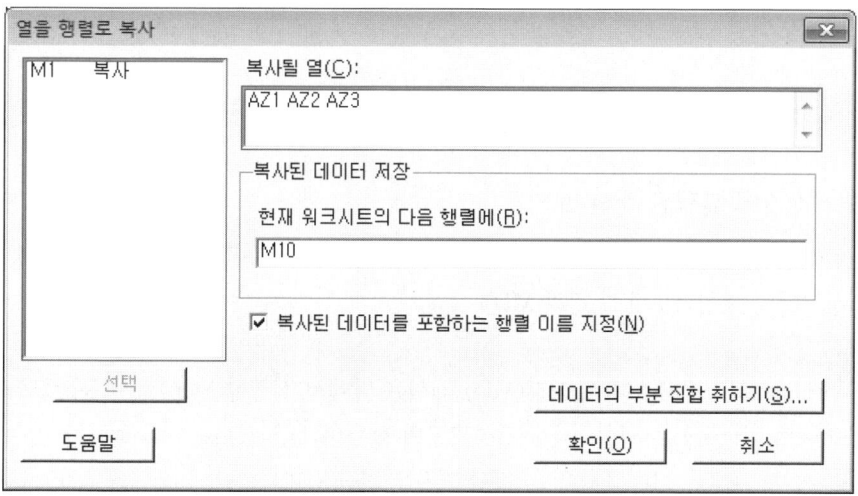

Step 4. 세션창에서 매크로파일 실행 준비를 한다.
▶ 창(W)>세션
▶ 편집기>명령사용

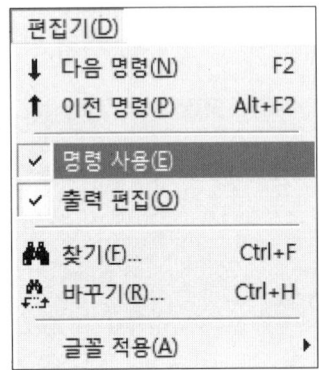

Step 5. 세션창에서 정상그룹 시료 개수(K1)와 측정항목수(K2)를 입력하고 MTS.MAC 파일을 실행시킨다.

▶ MTB> LET K1=34
▶ MTB> LET K2=3
▶ MTB> %MTS

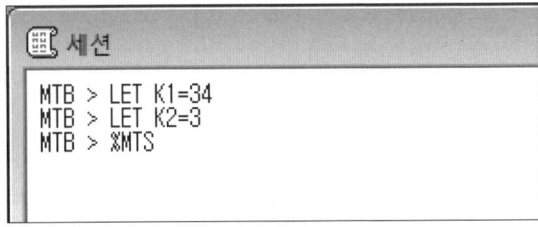

Step 6. 세션창에 출력된 정상그룹과 비정상그룹의 마하라노비스 거리를 확인한다.

■ 세션창에 출력된 행렬 보기

M4=상관 행렬(R), M5=역행렬(R^{-1}), M40=정상그룹의 마하라노비스 거리(MD), M80=비정상그룹의 마하라노비스 거리(MD)

 virginica의 마하라노비스 거리(MD) 계산은 앞에서 설명한 Step1에서 Step5까지의 순서를 반복하여 구할 수 있다. 이때 정상그룹의 행렬(M1)은 setosa를 표준화한 변수 Z1, Z2, Z3, Z4를 그대로 사용하지만, 비정상그룹의 행렬(M10)은 virginica 표준화 변수 AAZ1,

AAZ2, AAZ3를 사용하여야 한다.

나머지 실험번호에 대해서도 MTS.MAC 을 사용하여 비정상그룹의 MD 값을 구하면 <표 6.10>과 같다.

한 가지 유의해야할 사항은 SN비 계산에 사용되는 마하라노비스 거리는 $MD(D^2)$가 아닌 제곱근을 취한값 $D(=\sqrt{D^2})$를 사용한다는 점이다. 이와 같이 하는 이유는 SN비 계산식에 마하라노비스 거리를 제곱하여 더하는 과정이 있기 때문에 $MD(D^2)$를 사용하면 제곱을 두 번 하게 되기 때문이다.

<표 6.10> L12 직교배열표 실험의 SN비 계산을 위한 마하라노비스 거리(D)

실험번호	신호(M)	1	2	3	.	.	.	33	34
1	0.99	0.34	0.87	0.65	.	.	.	1.53	1.13
1	9.13	9.88	9.61	10.54	.	.	.	7.76	11.35
1	13.51	15.48	12.11	14.11	.	.	.	13.82	11.11
2	0.99	0.31	1.01	0.74	.	.	.	1.27	1.14
2	9.13	10.69	9.93	11.31	.	.	.	8.04	11.95
2	13.51	15.22	12.18	14.78	.	.	.	13.78	12.12
.	.	.	.	.	.	.	.	.	.
.	.	.	.	.	.	.	.	.	.
.	.	.	.	.	.	.	.	.	.
.	.	.	.	.	.	.	.	.	.
12	0.99	0.43	0.43	0.43	.	.	.	1.41	0.43
12	9.13	11.32	12.3	12.3	.	.	.	9.36	13.28
12	13.51	21.34	15.66	17.56	.	.	.	18.5	11.88

11.3 동특성의 SN비 분석

동특성의 SN비 계산식을 이용하여 1번 실험의 SN비를 구해보자.

외측배열의 신호인자 수준 3개와 setosa의 마하라노비스 거리(D) 34개, versicolor 마하라노비스 거리(D) 34개, virginica 마하라노비스 거리(D) 34개를 사용하여 동특성의 SN비를 계산한다. 1번 실험의 SN비를 구하기 위한 신호인자와 마하라노비스 거리(D)를 따로 정리하면 <표 6.11>과 같다.

〈표 6.11〉 신호인자의 수준과 1번 실험의 마하라노비스 거리

신호인자	$M_1 = 0.99$	$M_2 = 9.13$	$M_3 = 13.51$
D	0.34,0.87,..,1.13	9.88,9.61,..,11.33	15.48,15.11,..,11.11
합계	31.1	306.7	456.0

실험번호 1의 외측배열은 신호인자와 setosa의 MD 34개, versicolor의 MD 34개, virginica의 MD 34개이며 다음 식을 사용하여 SN비를 구한다.

$$SN = 10\log\frac{\beta^2}{\sigma^2} \quad (V_e = \sigma^2 = MSE, \ \beta=\text{입력신호와 반응의 기울기})$$

이므로,

① 제곱합 (S_T)

$$S_T = 0.34^2 + 0.87^2 + \cdots\cdots + 11.11^2 = 9067.54$$

② 선형식 (L)

$$L = 0.99 \times 0.34 + 0.99 \times 0.87 + \cdots\cdots + 13.51 \times 11.11 = 8991.96$$

③ 유효제수 (r)

$$r = 34 \times (0.99^2 + 9.13^2 + 13.51^2) = 9073.14$$

④ 비례항의 변동 (S_β)

$$S_\beta = \frac{8991.96^2}{9073.14} = 8911.5$$

⑤ 오차변동 (S_e)

$$S_e = 9067.54 - 8911.96 = 155.58$$

⑥ 오차분산 (V_e)

$$V_e = \frac{155.58}{(102-1)} = 1.54$$

⑦ 기울기 (β)

$$\beta = \frac{1}{9073.14}\{0.99(0.3+....+1.1)+9.13(9.9+....+11.4)$$
$$+3.51(15.5+....+11.1)\} = \frac{8991.96}{9073.14} = 0.982$$

⑧ SN비

$$SN_1 = 10\log\frac{0.982^2}{1.54} = -2.0 \ (\text{db})\text{이다}.$$

같은 방법으로 나머지 실험번호에 대해서 SN비를 모두 구하면 <표 6.12>와 같다.

〈표 6.12〉 L12 직교배열표 실험 조건별 SN비

실험 번호	x_1	x_2			x_3	x_4					SN
1	1	1	1	1	1	1	1	1	1	1	-2.0
2	1	1	1	1	1	2	2	2	2	2	-3.1
3	1	1	2	2	2	1	1	1	2	2	-2.1
4	1	2	1	2	2	1	2	2	1	1	-3.9
5	1	2	2	1	2	2	1	2	1	2	-13.0
6	1	2	2	2	1	2	2	1	2	1	-3.2
7	2	1	2	2	1	1	2	2	1	2	-3.8
8	2	1	2	1	2	2	2	1	1	1	-16.5
9	2	1	1	2	2	2	1	2	2	1	-16.5
10	2	2	2	1	1	1	2	2	1	2	-2.7
11	2	2	1	2	1	2	1	1	2	2	-3.5
12	2	2	1	1	2	1	2	1	2	1	-4.0

11.4 측정항목의 예측능력 평가

직교 배열표를 사용한 실험에서 어떤 측정항목의 수준1 SN비 평균에서 수준 2 SN비 평균을 뺀 값을 SN비 이득이라 한다. SN비 이득이 "+" 값이면 해당 측정항목은 예측능력이 있는 항목이고 예측 정확성을 높이는데 중요한 측정항목이다.

측정항목 x_1(꽃받침 길이)의 SN비 이득을 계산하면 다음과 같다.

① 수준 1의 SN비 평균 $= \dfrac{(-2.0-3.1-2.1-3.9-13.0-3.2)}{6} = -4.6$

② 수준 2의 SN비 평균＝ $\dfrac{(-3.8-16.5-16.5-2.7-3.5-4.0)}{6}$ ＝－7.8

SN비 이득(gain)＝①－②＝{－4.6db－(－7.8db)}＝3.2db

이다.

측정항목 꽃받침길이(x_1)를 사용하면 사용하지 않을 때 보다 3.2 데시벨의 SN비 이득이 발생한다. SN비 이득이 "＋"이므로 꽃받침길이는 예측능력이 있는 항목이며, 3종의 붓꽃을 구분하는데 중요한 측정항목임을 알 수 있다.

꽃받침폭(x_2), 꽃잎길이(x_3), 꽃잎폭(x_4)도 같은 방법으로 SN비 이득을 계산하면 <표 6.13>과 같다.

〈표 6.13〉 측정항목별 SN비 이득

수준	x_1	x_2	x_3	x_4
1(사용함)	-4.6	-7.3	-3.1	-3.1
2(사용안함)	-7.8	-5.1	-9.3	-9.3
이득(Gain)	3.2	-2.1	6.2	6.2

<표 6.13>에서 SN비 이득이 가장 큰 x_3와 x_4가 3종의 붓꽃을 예측하는데 가장 크게 기여한다. SN비 이득이 "－"인 x_2는 예측능력이 없는 측정항목이므로 제외할 수 있다. x_2를 제외한 x_1, x_3, x_4만 사용할 경우 데이터 측정 횟수가 작아지므로 효율이 크게 개선될 수 있다.

x_2를 뺀 3개의 측정항목 만으로 붓꽃을 예측 하는 방법과 4개의 측정항목으로 예측하는 방법의 정확성은 어떤 차이가 있을까? 3개의 측정항목으로 예측할 때의 오류율과 4개의 측정항목으로 예측할 때의 오류율을 비교해보자.

<표 6.14>는 예측능력이 있는 것으로 분석된 x_1, x_3, x_4을 사용하여 구한 MD값과 x_1, x_2, x_3, x_4 모두 사용하여 구한 MD값을 비교한 표이다.

〈표 6.14〉 측정항목 3개인 경우와 4개인 경우의 MD값 비교

시료번호	x_1, x_3, x_4			x_1, x_2, x_3, x_4		
	setosa	versicolor	virginica	setosa	versicolor	virginica
1	0.145	126.246	319.312	0.115	97.553	239.496
2	0.114	121.999	194.967	0.759	92.447	146.706
3	0.528	144.514	261.644	0.419	111.047	199.087
4	0.559	90.237	220.747	0.419	70.660	165.866
5	0.100	127.328	267.727	0.169	99.127	201.480
6	1.061	116.044	325.463	0.960	87.270	247.556
7	0.976	141.152	152.146	0.942	106.094	114.110
8	0.086	50.630	277.843	0.065	38.847	210.929
9	1.077	116.660	234.464	0.847	90.323	179.473
10	0.768	94.787	316.109	0.750	71.390	237.604
11	0.564	57.460	195.336	0.425	46.220	147.373
12	0.456	109.222	202.849	0.510	82.663	154.508
13	0.671	74.079	230.889	0.822	61.897	175.623
14	2.422	130.532	198.081	1.817	98.591	149.839
15	3.106	71.541	245.849	2.466	54.647	185.205
16	1.392	109.215	239.493	1.657	84.814	180.280
17	1.627	128.797	210.540	1.220	96.602	158.527
18	0.225	80.276	342.697	0.196	61.214	257.120
19	1.361	123.342	372.092	1.071	100.327	286.670
20	0.102	74.744	158.227	0.416	57.980	122.167
21	1.127	166.707	264.489	1.094	125.041	200.016
22	0.882	85.793	192.776	0.739	67.080	144.755
23	2.705	147.832	328.931	2.367	114.561	251.878
24	2.549	121.406	167.526	2.137	91.815	128.474
25	2.639	99.863	248.070	2.479	77.598	186.357
26	0.309	109.587	249.401	0.855	85.259	188.222
27	1.042	133.217	161.820	0.792	104.418	123.309
28	0.206	164.615	169.469	0.175	125.984	127.581
29	0.250	124.923	243.093	0.399	94.595	183.748
30	0.619	52.536	221.062	0.486	42.113	168.168
31	0.456	70.694	263.716	0.399	55.372	202.938
32	0.869	62.188	297.173	1.412	49.027	223.507
33	1.089	77.829	252.351	2.349	60.270	190.902
34	0.921	170.651	163.253	1.274	128.754	123.466

12 문턱값과 오류율

예측능력이 있는 3개 측정항목으로 예측할 경우 versicolor를 virginica로 예측하는 오류율은 8.8% (적중률 = 91.2%)로 약간 증가한 반면, virginica를 versicolor로 예측하는 오류는 5.8% (적중률 = 94.2%)로 감소하였다. 판정기준이 되는 문턱값(*thresholds*)은 전체 오류율을 줄이는 방향으로 정할 수 있다. 만일 특정오류가 치명적인 손실을 준다면, 전체손실이 최소가 되는 방향으로 정해주면 될 것이다.

〈표 6.15〉 측정항목 3개일 때와 4개일 때의 오류율 비교

붓꽃종류	예측에 사용한 변수			
	x_1, x_2, x_3, x_4		x_1, x_3, x_4	
	문턱값	오류율	문턱값	오류율
Setosa	5 미만	0%	5 미만	0%
Versicolor	5 이상 120 미만	2.90% (1/34)	5 이상 160미만	8.80% (3/34)
Virginica	120 이상	8.80% (3/34)	160 이상	5.80% (2/34)

13 중요 측정항목의 예측능력 검증

중요 측정항목의 예측능력 검정을 위해 새로운 시료 16개를 준비하여 예측능력이 있는 측정항목으로 선정된 x_1(꽃받침길이), x_3(꽃잎길이), x_4(꽃잎폭)를 측정하여 setosa, versicolor, virginica 의 MD 값을 구한결과 〈표 6.16〉과 같다.

정상그룹(*setosa*)의 문턱값을 5로 할 경우 마하라노비스 거리가 5미만인 시료는 모두 setosa로 분류되는데, 오류없이 setosa를 예측할 수 있다. 또한, versicolor의 문턱값을 5이상 160미만으로 정하면 16개의 versicolor를 오류 없이 정확히 예측할 수 있다.

그리고 마하라노비스 거리가 160 이상인 시료를 virginica로 예측할 경우, 16개의 virginica 중 1개가 versicolor로 판정되어 오류율은 6.25% ($\frac{1}{16}$)로 예상된다. 3개 측정항목으로 3종의 붓꽃을 예측하더라도 정확도가 높음을 알 수 있다.

⟨표 6.16⟩ 3개 측정항목 x_1, x_3, x_4로 구한 마하라노비스 거리(MD)

시료번호	setosa	versicolor	virginica
1	0.24	117.62	208.33
2	0.85	114.98	262.25
3	1.95	124.74	226.01
4	0.64	102.48	196.21
5	0.95	86.43	141.08
6	0.27	81.07	193.46
7	0.61	107.21	223.90
8	0.82	118.25	181.06
9	0.95	78.19	168.55
10	3.16	44.99	245.08
11	2.57	92.79	237.63
12	0.15	91.43	188.03
13	0.67	92.09	157.24
14	0.44	96.14	175.06
15	0.63	34.13	205.22
16	0.10	85.79	165.04

14 결론

3종의 붓꽃을 구분하는데 4개 측정항목을 사용하여 예측할 경우 전체 오류율은 11.7% ($\frac{2}{34}+\frac{3}{34}=11.7\%$)이며, 예측능력이 가장 높은 측정항목은 x_3(꽃잎길이), x_4(꽃잎폭)이다. x_2(꽃받침 폭)는 예측능력이 없는 것으로 분석되었다. x_2를 제외한 3개의 측정항목 x_1(꽃받침길이), x_3(꽃잎길이), x_4(꽃잎폭)으로 3종의 붓꽃을 예측할 경우, 전체 오류율은 14.7%(2/34+3/34=14.7%)이다. 분류오류에 따르는 전체손실의 크기를 고려하여 문턱값을 조정할 수 있다.

CHAPTER 07
유방암 진단 시스템 개발

🎯 학습목표 :

1. 의료, 보건분야의 MTS 활용방법을 학습한다.
2. 암진단의 정확성 향상을 위한 MTS 활용방법을 학습한다.
3. 마하라노비스 거리를 활용하여 환자의 회복 상태를 해석할 수 있다.
4. 의료분야에 MTS를 적용할 때 참여자들(의사, 진단 장비전문가, 환자 등)의 역할에 대해 토의해 본다.

1 암 진단과 MTS

이번 장에서 사용되는 유방암 검진 데이터는 미국 캘리포니아 대학(*University of California at Irvin*)의 Machine Learning Repository에 공개된 데이터로서 위스콘신 대학교의 W.H Wolberg 박사가 제공한 데이터를 사용하여 한국 교통대학교의 홍정의 교수 등이 분석한 데이터이다. 논문 저자들의 허락을 받아 저자가 재구성하였다.

유방암 조기진단 방법으로 유방암 조직을 주사로 흡입하여 종양세포를 검사하는 FNA(*Fine Needle Aspirates*)법이 많이 활용되고 있다. 의사는 FNA법으로 추출한 종양세포를 디지털 현미경으로 관찰하여 카메라(*CCD*)로 촬영한 다음 컴퓨터의 이미지 프로세싱 처리를 통해 추출된 다양한 정보를 검토하여 조사대상이 악성종양(*malignant cell*)인지 아니면 양성종양(*benign cell*)인지 판정한다. 의사의 판정데이터는 새로운 검진자들로부터 추출한 종양세포가 양성종양과 악성종양 중 어느 것에 해당하는지 예측하는데 활용할 수 있다.

FNA 방법으로 추출된 종양세포를 640×400 크기의 이미지로 촬영하고 컴퓨터 프로그램으로 정해진 절차에 따라 이미지 변환 처리를 하여 종양세포의 윤곽을 결정한 다음 30개 종양세포 각각에 대하여 9개 항목을 측정하였다. 의사의 판정 자료를 이용하여 MTS 방법으로 양성종양과 악성종양을 예측하는 시스템을 개발하고자 한다.

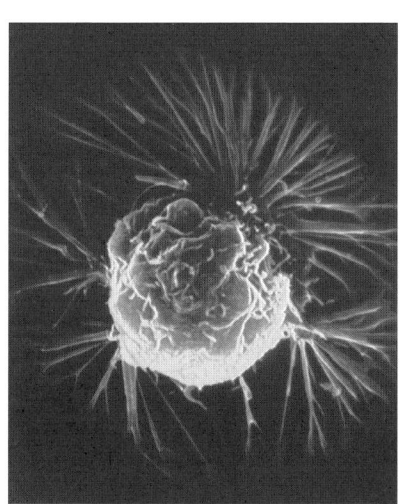

〈그림 7.1〉 유방암 세포 조직

이미지 사진으로 부터 측정된 9개 항목은 다음과 같다.
① 덩어리 두께(*Clump Thickness*): x_1
② 세포크기 균일성(*Uniformity of Cell Size*): x_2

③ 세포모양의 균일성(*Uniformity of Cell Shape*): x_3

④ 부분적 유착정도(*Marginal Adhesion*): x_4

⑤ 단일상피세포의 크기(*Single Epithelial Cell Size*): x_5

⑥ 노출된 핵(*Bare Nuclei*): x_6

⑦ 크로마틴(*Bland Chromatin*): x_7

⑧ 일반적인 소핵(*Normal Nucleoli*): x_8

⑨ 유사분열(*Mitoses*): x_9

2 양성종양 측정항목과 측정데이터

위스콘신 대학교의 유방암 센터에서 조사된 유방암 환자는 699명이며 정밀검사결과 양성종양으로 밝혀진 환자는 458명이고 악성종양으로 판정된 환자는 241명 이었다.

분석의 효율을 고려하여 난수(*random number*)를 만들어 699명의 유방암 환자들중 무작위로 선정된 30명을 분석의 대상으로 하였으며, 30명중 양성종양 환자는 19명, 악성종양 환자는 11명이었다. 양성종양(*benign*) 환자 19명을 정상그룹(*normal group*)으로하고 악성종양(*malignant*)환자를 비정상그룹(abnormal group)으로 하였다. 정상그룹의 측정데이터는 <표 8.1>과 같다. 검진자 1 명당 9개 항목을 측정하였으므로 정상그룹의 패턴분석에 사용된 데이터는 모두 171개 $(9 \times 19 = 171)$이다.

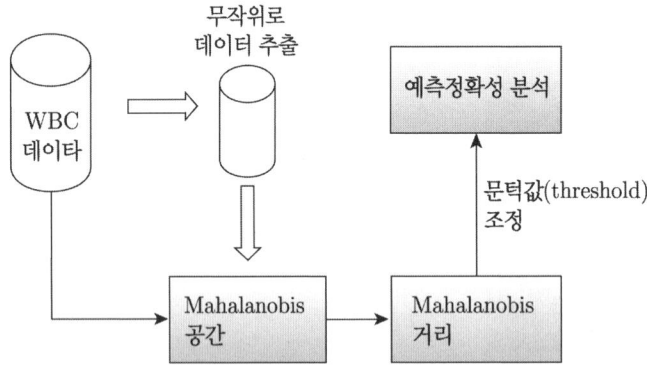

〈그림 7.2〉 유방암 세포 MTS 진행 절차

<표 7.1> 정상그룹(양성종양) 측정 데이타

시료번호	x_1	x_2	x_3	x_4	x_5	x_6	x_7	x_8	x_9
1	5	1	1	3	4	1	3	2	1
2	5	1	2	10	4	5	2	1	1
3	1	1	1	1	2	1	2	1	1
4	1	1	1	1	2	5	1	1	1
5	5	1	1	6	3	1	1	1	1
6	5	1	1	1	2	1	2	2	1
7	3	1	1	1	2	1	3	1	1
8	4	1	2	1	2	1	3	1	1
9	5	1	1	1	2	1	1	1	1
10	5	1	1	1	2	2	2	1	1
11	4	1	3	3	2	1	1	1	1
12	5	2	2	2	2	1	1	1	2
13	3	1	1	3	2	1	1	1	1
14	5	1	3	1	2	1	2	1	1
15	5	1	1	1	2	1	2	2	1
16	1	1	1	2	2	1	3	1	1
17	1	3	1	1	2	1	2	2	1
18	4	2	1	1	2	2	3	1	1
19	5	1	1	1	2	1	1	1	1
평균	3.79	1.21	1.37	2.16	2.26	1.53	1.89	1.21	1.05
표준편차	1.6186	0.5353	0.6840	2.2916	0.6534	1.2635	0.8093	0.4189	0.2294

2.1 평균과 표준편차

측정항목중 덩어리두께(x_1) 측정 데이터의 평균과 표준편차를 구하면,

$$평균(m_1) = \frac{(5+5+1+\ldots+5)}{19} = 3.79$$

$$표준편차(s_1) = \sqrt{\frac{(5-3.79)^2 + (5-3.79)^2 + \ldots + (5-3.79)^2}{19}}$$

$$= 1.6186$$

같은 방법으로 나머지 측정항목의 평균과 표준편차를 모두 구하면 <표 7.1>과 같다.

2.2 양성종양 데이터 정규화

종양전문의가 양성종양(정상그룹)으로 판정한 환자 19명의 측정 데이터를 측정항목의 평균과 표준편차로 정규화(normalize)한다.

양성종양으로 확인된 그룹(정상그룹)의 1번 검진자의 종양세포 반지름(x_1) 크기 5는 다음과 같이 정규화된다.

$$Z_{11} = \frac{y_{11} - m_1}{s_1} = \frac{5 - 3.79}{1.6186} = 0.7479 \text{ 이다.}$$

나머지 변수에 대해서도 같은 방법으로 측정값을 정규화하면 <표 7.2>와 같다.

〈표 7.2〉 정상그룹(양성종양) 측정데이터 정규화

시료번호	Z1	Z2	Z3	Z4	Z5	Z6	Z7	Z8	Z9
1	0.7479	-0.3933	-0.5386	0.3675	2.6583	-0.4165	1.3657	1.8848	-0.2294
2	0.7479	-0.3933	0.9234	3.4221	2.6583	2.7492	0.1301	-0.5026	-0.2294
3	-1.7234	-0.3933	-0.5386	-0.5053	-0.4028	-0.4165	0.1301	-0.5026	-0.2294
4	-1.7234	-0.3933	-0.5386	-0.5053	-0.4028	2.7492	-1.1056	-0.5026	-0.2294
5	0.7479	-0.3933	-0.5386	1.6766	1.1277	-0.4165	-1.1056	-0.5026	-0.2294
6	0.7479	-0.3933	-0.5386	-0.5053	-0.4028	-0.4165	0.1301	1.8848	-0.2294
7	-0.4877	-0.3933	-0.5386	-0.5053	-0.4028	-0.4165	1.3657	-0.5026	-0.2294
8	0.1301	-0.3933	0.9234	-0.5053	-0.4028	-0.4165	1.3657	-0.5026	-0.2294
9	0.7479	-0.3933	-0.5386	-0.5053	-0.4028	-0.4165	-1.1056	-0.5026	-0.2294
10	0.7479	-0.3933	-0.5386	-0.5053	-0.4028	0.3749	0.1301	-0.5026	-0.2294
11	0.1301	-0.3933	2.3854	0.3675	-0.4028	-0.4165	-1.1056	-0.5026	-0.2294
12	0.7479	1.4748	0.9234	-0.0689	-0.4028	-0.4165	-1.1056	-0.5026	4.1295
13	-0.4877	-0.3933	-0.5386	0.3675	-0.4028	-0.4165	-1.1056	-0.5026	-0.2294
14	0.7479	-0.3933	2.3854	-0.5053	-0.4028	-0.4165	0.1301	-0.5026	-0.2294
15	0.7479	-0.3933	-0.5386	-0.5053	-0.4028	-0.4165	0.1301	1.8848	-0.2294
16	-1.7234	-0.3933	-0.5386	-0.0689	-0.4028	-0.4165	1.3657	-0.5026	-0.2294
17	-1.7234	3.3429	-0.5386	-0.5053	-0.4028	-0.4165	0.1301	1.8848	-0.2294
18	0.1301	1.4748	-0.5386	-0.5053	-0.4028	0.3749	1.3657	-0.5026	-0.2294
19	0.7479	-0.3933	-0.5386	-0.5053	-0.4028	-0.4165	-1.1056	-0.5026	-0.2294

3. 악성종양 측정데이터와 표준화

종양전문의에 의해 악성종양(비정상그룹)으로 확인된 환자 11명의 측정데이터는<표 7.3>과 같다.

<표 7.3> 비정상그룹(악성종양) 측정데이터

시료번호	x_1	x_2	x_3	x_4	x_5	x_6	x_7	x_8	x_9
1	10	10	8	10	6	5	10	3	1
2	10	10	10	7	9	10	7	10	10
3	7	9	4	10	10	3	5	3	3
4	5	10	10	8	5	5	7	10	1
5	5	5	5	2	5	10	4	3	1
6	8	6	5	4	3	10	6	1	1
7	8	4	4	1	2	9	3	3	1
8	4	2	3	5	3	8	7	6	1
9	6	1	3	1	4	5	5	10	1
10	10	4	7	2	2	8	6	1	1
11	9	5	8	1	2	3	2	1	5

정상그룹의 측정항목의 평균(m_i)과 표준편차(s_i)를 사용하여 악성종양 그룹(비정상그룹)의 측정데이터를 표준화한다. 비정상그룹의 첫번째 측정항목 종양반지름(x_1)을 표준화하는 식은 다음과 같다.

$$Z_{1j} = \frac{y_{1j} - m_1}{s_1} = \frac{y_{1j} - 3.794}{1.6186} \quad j = 1, 2, ..., 11$$

을 사용하여 1번 검진자의 덩어리 두께(x_1) 측정값 10은 다음과 같이 3.8370으로 표준화된다.

$$Z_{11} = \frac{y_{11} - m_1}{s_1} = \frac{10 - 3.794}{1.6186} = 3.8370$$

같은 방법으로 나머지 측정값을 표준화 하면 <표 7.4>와 같다.

⟨표 7.4⟩ 비정상그룹(악성종양) 측정데이터 표준화

Z1	Z2	Z3	Z4	Z5	Z6	Z7	Z8	Z9
3.8370	16.4196	9.6955	3.4221	5.7193	2.7492	10.0151	4.2723	-0.2294
3.8370	16.4196	12.6195	2.1130	10.3108	6.7064	6.3082	20.9846	39.0007
1.9835	14.5515	3.8474	3.4221	11.8413	1.1663	3.8370	4.2723	8.4884
0.7479	16.4196	12.6195	2.5493	4.1888	2.7492	6.3082	20.9846	-0.2294
0.7479	7.0791	5.3094	-0.0689	4.1888	6.7064	2.6013	4.2723	-0.2294
2.6013	8.9472	5.3094	0.8038	1.1277	6.7064	5.0726	-0.5026	-0.2294
2.6013	5.2110	3.8474	-0.5053	-0.4028	5.9150	1.3657	4.2723	-0.2294
0.1301	1.4748	2.3854	1.2402	1.1277	5.1235	6.3082	11.4347	-0.2294
1.3657	-0.3933	2.3854	-0.5053	2.6583	2.7492	3.8370	20.9846	-0.2294
3.8370	5.2110	8.2335	-0.0689	-0.4028	5.1235	5.0726	-0.5026	-0.2294
3.2191	7.0791	9.6955	-0.5053	-0.4028	1.1663	0.1301	-0.5026	17.2062

4 상관행렬과 역행렬

정상그룹의 상관행렬은 정규화 변수 Z_i (i=1,2,...,k) 상호간 상관계수(r_{ij})를 계산하여 구한다. 측정항목수(k)가 9개 이므로 상관행렬은 9×9 행렬이다.

$$R = \begin{bmatrix} 1 & r_{12} & \cdots & r_{19} \\ r_{21} & 1 & \cdots & r_{29} \\ \cdot & \cdot & & \cdot \\ \cdot & \cdot & & \cdot \\ r_{91} & r_{92} & \cdots & 1 \end{bmatrix}$$

상관계수 r_{12} 는 측정항목 x_1과 x_2의 정규화변수 Z_{1p}, Z_{2p} (p=1,2,...,19)로부터 구해진다.

상관계수를 구하는 식은 $r_{ij} = r_{ji} = \dfrac{1}{n-1} \sum\limits_{p=1}^{n} Z_{ip} Z_{jp}$, $(i,j=1,2,\ldots,k \ \ p=1,2,\ldots,n)$ 이므로,

$$r_{12} = r_{21} = \frac{1}{19-1} \sum_{p=1}^{19} Z_{1p} Z_{2p}, \ (i,j=1,2,\ldots,9 \ \ p=1,2,\ldots,19)$$

$$= \frac{1}{18}(Z_{11} \times Z_{21} + Z_{12} \times Z_{22} + \cdots + Z_{119} \times Z_{219})$$

$$= \frac{1}{18} \times \{0.7979 \times (-0.3933) + 0.7479 \times (-0.3933) + \cdots + 0.7479 \times (-0.3933)\}$$

$$= -0.2666$$

이다.

나머지 변수들에 대해서도 같은 방법으로 상관계수를 구하면 상관행렬(R)은 9×9 행렬이 된다.

$$R = \begin{bmatrix} 1 & r_{12} & \cdots & r_{19} \\ r_{21} & 1 & \cdots & r_{29} \\ . & . & \cdots & . \\ . & . & \cdots & . \\ r_{91} & r_{92} & \cdots & 1 \end{bmatrix} = \begin{pmatrix} 1.0000 & -0.2666 & \cdots & 0.1811 \\ -0.2666 & 1.00 & \cdots & 0.3571 \\ 0.2747 & -0.0719 & \cdots & 0.2236 \\ 0.2491 & -0.1645 & \cdots & -0.0167 \\ . & . & \cdots & . \\ . & . & \cdots & . \\ 0.1811 & 0.3571 & \cdots & 1.00 \end{pmatrix}$$

역행렬(R^{-1})을 구하면 아래와 같이 9×9 행렬이다.

$$R^{-1} = \begin{pmatrix} 1.6150 & 0.5353 & \cdots & -0.3792 \\ 0.5353 & 1.6765 & \cdots & -0.7988 \\ -0.3719 & -0.0074 & \cdots & -0.1907 \\ 0.1034 & -0.4586 & \cdots & 0.3443 \\ . & . & \cdots & . \\ . & . & \cdots & . \\ -0.3792 & -0.7988 & \cdots & 1.5416 \end{pmatrix}$$

5 양성종양의 마하라노비스 거리

양성종양그룹(정상그룹)의 마하라노비스 거리(D^2)를 계산해보자.

1번 검진자의 종양세포 마하라노비스 거리를 구하면 다음과 같다.

$$MD_1 = D_1^2 = \frac{1}{9}(Z_{11} \ Z_{21} \cdots Z_{91}) R^{-1} (Z_{11} \ Z_{21} \cdots Z_{91})^T$$

$$= \frac{1}{9}(0.7479 \ -0.3933 \cdots -0.2294) R^{-1} (0.7479 \ -0.3933 \cdots -0.2294)^T$$

$$= 1.754$$

나머지 시료에 대해서도 같은 방법으로 마하라노비스 거리를 계산하면 <표 7.5>와 같다.

⟨표 7.5⟩ 양성종양(정상그룹)의 마하라노비스 거리(D^2)

시료번호	정상그룹 마하라노비스 거리(D^2)									
	1	2	3	4	5	6	7	8	9	10
1~10	1.754	1.608	0.572	1.635	0.846	0.844	0.395	0.444	0.470	0.383
11~19	0.941	1.895	0.436	0.888	0.844	0.855	1.681	1.039	0.470	

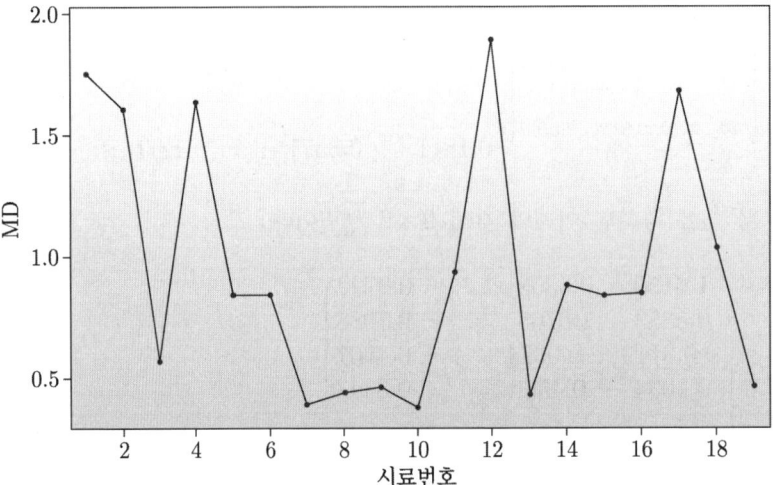

⟨그림 7.3⟩ 정상그룹의 마하라노비스 거리(D^2)

정상그룹의 마하라노비스 거리 평균은 0.947로 1에 가까운 값을 갖으며 최소값은 0.383 최대값은 1.895이다.

6 악성종양의 마하라노비스 거리

비정상그룹 (악성종양그룹)의 검진자 20명에 대한 마하라노비스 거리를 계산한다.
1번 검진자의 마하라노비스 거리를 구하는 식은 다음과 같다.

$$MD_1 = D_1^2 = \frac{1}{9}(Z_{11}\ Z_{21}....Z_{91})R^{-1}(Z_{11}\ Z_{21}....Z_{91})^T$$

$$= \frac{1}{9}(3.8370\ 16.4196\ ....\ -0.2294\ )R^{-1}(3.8370\ 16.4196\ ....\ -0.2294)^T$$

$$= 75.80$$

같은 방법으로 나머지 시료의 마하라노비스 거리를 모두 계산하면 <표 7.6>과 같다.

〈표 7.6〉 비정상그룹(악성종양)의 마하라노비스 거리

시료번호	비정상그룹 마하라노비스 거리(D^2)									
	1	2	3	4	5	6	7	8	9	10
1~10	75.803	332.963	71.82	119.514	28.758	33.758	19.762	43.026	86	28.148
11	43.339									

정상그룹과 비정상그룹의 마하라노비스 거리 계산은 Minitab 매크로파일 MTS.MAC을 사용하면 간단히 구할 수 있다.

MTS.MAC 을 사용하여 마하라노비스 거리를 구해 보자.

Step 1. 9개의 측정항목을 선정한다.

Step 2. 정상그룹의 측정값을 정규화 하고, 비정상그룹의 측정항목을 표준화한다.

	C1 Z1	C2 Z2	C3 Z3	C4 Z4	C5 Z5	C6 Z6	C7 Z7	C8 Z8	C9 Z9	C10	C11 AZ1	C12 AZ2	C13 AZ3	C14 AZ4	C15 AZ5	C16 AZ6	C17 AZ7	C18 AZ8	C19 AZ9	C20
1	0.7479	-0.3933	-0.5386	0.3675	2.6583	-0.4165	1.3657	1.8848	-0.2294		3.8370	16.4196	9.6955	3.4221	5.7193	2.7492	10.0151	4.2723	-0.2294	
2	0.7479	-0.3933	0.9234	3.4221	2.6583	2.7492	0.1301	-0.5026	-0.2294		3.8370	16.4196	12.6195	2.1130	10.3108	6.7064	6.3082	20.9846	39.0007	
3	-1.7234	-0.3933	-0.5386	-0.5053	-0.4028	-0.4165	0.1301	-0.5026	-0.2294		1.9835	14.5515	3.8474	3.4221	11.8413	1.1663	3.8370	4.2723	8.4884	
4	-1.7234	-0.3933	-0.5386	-0.5053	-0.4028	2.7492	-1.1056	-0.5026	-0.2294		0.7479	16.4196	12.6195	2.5493	4.1888	2.7492	6.3082	20.9846	-0.2294	
5	0.7479	-0.3933	-0.5386	1.6766	1.1277	-0.4165	-1.1056	-0.5026	-0.2294		0.7479	7.0791	5.3094	-0.0689	4.1888	6.7064	2.6013	4.2723	-0.2294	
6	0.7479	-0.3933	-0.5386	-0.5053	-0.4028	-0.4165	0.1301	1.8848	-0.2294		2.6013	8.9472	5.3094	0.8038	1.1277	6.7064	5.0726	-0.5026	-0.2294	
7	-0.4877	-0.3933	-0.5386	-0.5053	-0.4028	-0.4165	1.3657	-0.5026	-0.2294		2.6013	5.2110	3.8474	-0.5053	-0.4028	5.9150	1.3657	4.2723	-0.2294	
8	0.1301	-0.3933	0.9234	-0.5053	-0.4028	-0.4165	1.3657	-0.5026	-0.2294		0.1301	1.4748	2.3854	1.2402	1.1277	5.1235	6.3082	11.4347	-0.2294	
9	0.7479	-0.3933	-0.5386	-0.5053	-0.4028	-0.4165	-1.1056	-0.5026	-0.2294		1.3657	-0.3933	2.3854	-0.5053	2.6583	2.7492	3.8370	20.9846	-0.2294	
10	0.7479	-0.3933	-0.5386	-0.5053	0.3749	-0.4165	0.1301	-0.5026	-0.2294		3.8370	5.2110	8.2335	-0.0689	-0.4028	5.1235	5.0726	-0.5026	-0.2294	
11	0.1301	-0.3933	2.3854	0.3675	-0.4028	-0.4165	-1.1056	-0.5026	-0.2294		3.2191	7.0791	9.6955	-0.5053	-0.4028	1.1663	0.1301	-0.5026	17.2062	
12	0.7479	1.4748	0.9234	-0.0689	-0.4028	-0.4165	-1.1056	-0.5026	4.1295											
13	-0.4877	-0.3933	-0.5386	0.3675	-0.4028	-0.4165	-1.1056	-0.5026	-0.2294											
14	0.7479	-0.3933	2.3854	-0.5053	-0.4028	-0.4165	0.1301	-0.5026	-0.2294											
15	0.7479	-0.3933	-0.5386	-0.5053	-0.4028	-0.4165	0.1301	1.8848	-0.2294											
16	-1.7234	-0.3933	-0.5386	-0.0689	-0.4028	-0.4165	1.3657	-0.5026	-0.2294											
17	-1.7234	3.3429	-0.5386	-0.5053	-0.4028	-0.4165	0.1301	1.8848	-0.2294											
18	0.1301	1.4748	-0.5386	-0.5053	-0.4028	0.3749	1.3657	-0.5026	-0.2294											
19	0.7479	-0.3933	-0.5386	-0.5053	-0.4028	-0.4165	-1.1056	-0.5026	-0.2294											

Step 3. 정상그룹 행렬(M1)과 비정상그룹 행렬(M10)을 지정한다.

- 정상그룹 행렬(M1) 지정

▶ 데이터>복사>열을 행렬로
  - 복사될 열: Z1-Z9
  - 복사된 데이터 저장: M1

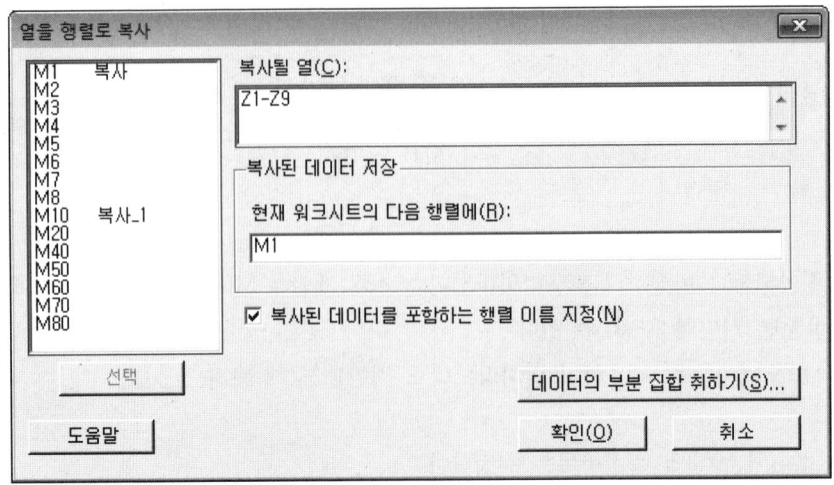

- 비정상그룹 행렬(M10) 지정

▶ 데이터>복사>열을 행렬로
  - 복사될 열: AZ1-AZ9
  - 복사된 데이터 저장: M10

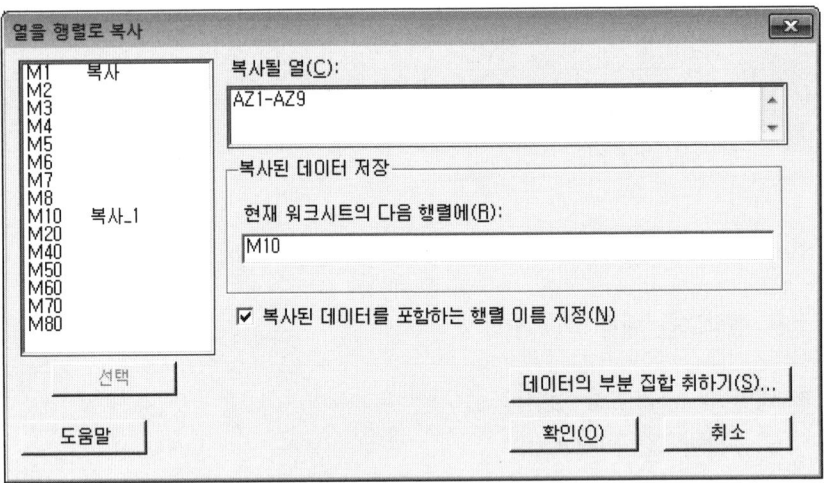

Step 4. 세션창에서 매크로파일 실행 준비를 한다.

▶ 창(W)>세션

▶ 편집기>명령사용

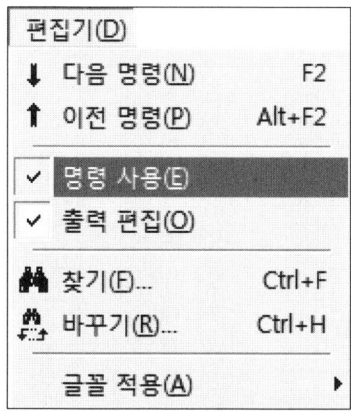

Step 5. 세션창에서 정상그룹 시료개수(K1)와 측정항목수(K2)를 입력하고 MTS.MAC 파일을 실행시킨다.

▶ MTB> LET K1=19

▶ MTB> LET K2=9

▶ MTB> %MTS

Step 6. 세션창에 출력된 정상그룹과 비정상그룹의 마하라노비스 거리를 확인한다.

■ MTS.MAC 실행결과

데이터 표시

행렬 복사

```
 0.7479  -0.3933  -0.5386   0.3675   2.6583  -0.4165   1.3657   1.8848  -0.2294
 0.7479  -0.3933   0.9234   3.4221   2.6583   2.7492   0.1301  -0.5026  -0.2294
-1.7234  -0.3933  -0.5386  -0.5053  -0.4028  -0.4165   0.1301  -0.5026  -0.2294
-1.7234  -0.3933  -0.5053  -0.4028   2.7492  -1.1056  -0.5026  -0.2294
 0.7479  -0.3933  -0.5386   1.6766   1.1277  -0.4165  -1.1056  -0.5026  -0.2294
 0.7479  -0.3933  -0.5386  -0.5053  -0.4028  -0.4165   0.1301   1.8848  -0.2294
-0.4877  -0.3933  -0.5386  -0.5053  -0.4028  -0.4165   1.3657  -0.5026  -0.2294
 0.1301  -0.3933   0.9234  -0.5053  -0.4028  -0.4165   1.3657  -0.5026  -0.2294
 0.7479  -0.3933  -0.5386  -0.5053  -0.4028  -0.4165  -1.1056  -0.5026  -0.2294
 0.7479  -0.3933  -0.5386  -0.5053  -0.4028   0.3749   0.1301  -0.5026  -0.2294
 0.1301  -0.3933   2.3854   0.3675  -0.4028  -0.4165  -1.1056  -0.5026  -0.2294
 0.7479   1.4748   0.9234  -0.0689  -0.4028  -0.4165  -1.1056  -0.5026   4.1295
-0.4877  -0.3933  -0.5386   0.3675  -0.4028  -0.4165  -1.1056  -0.5026  -0.2294
 0.7479  -0.3933   2.3854  -0.5053  -0.4028  -0.4165   0.1301  -0.5026  -0.2294
 0.7479  -0.3933  -0.5386  -0.5053  -0.4028  -0.4165   0.1301   1.8848  -0.2294
-1.7234  -0.3933  -0.5386  -0.0689  -0.4028  -0.4165   1.3657  -0.5026  -0.2294
-1.7234   3.3429  -0.5386  -0.5053  -0.4028  -0.4165   0.1301   1.8848  -0.2294
 0.1301   1.4748  -0.5386  -0.5053  -0.4028   0.3749   1.3657  -0.5026  -0.2294
 0.7479  -0.3933  -0.5386  -0.5053  -0.4028  -0.4165  -1.1056  -0.5026  -0.2294
```

데이터 표시

행렬 M4

```
 1.00003  -0.26661   0.274676   0.24911   0.31796  -0.132968  -0.14509   0.069001   0.18111
-0.26661   1.00000  -0.071873  -0.16447  -0.16720  -0.090784   0.05400   0.286894   0.35714
 0.27468  -0.07187   0.999974   0.20893   0.01963   0.020301  -0.12677  -0.285762   0.22360
 0.24911  -0.16447   0.208934   1.00002   0.78703   0.468556  -0.14032  -0.152311  -0.01668
 0.31796  -0.16720   0.019630   0.78703   1.00004   0.361272   0.16037   0.192319  -0.09754
-0.13297  -0.09078   0.020301   0.46856   0.36127   0.999966  -0.10580  -0.220987  -0.10087
-0.14509   0.05400  -0.126772  -0.14032   0.16037  -0.105798   1.00003   0.232904  -0.26773
 0.06900   0.28689  -0.285762  -0.15231   0.19232  -0.220987   0.23290   0.999944  -0.12171
 0.18111   0.35714   0.223604  -0.01668  -0.09754  -0.100869  -0.26773  -0.121713   1.00000
```

데이터 표시

행렬 M5

```
 1.61502   0.53528  -0.37192   0.10336  -0.67856   0.40442   0.28042  -0.24715  -0.37917
 0.53528   1.67654  -0.00744  -0.45855   0.59079  -0.04651  -0.21441  -0.76112  -0.79881
-0.37192  -0.00744   1.30107  -0.55987   0.48001   0.03052  -0.14789   0.23999  -0.19074
 0.10336  -0.45855  -0.55987   4.64426  -3.98290  -0.35247   1.04420   1.15867   0.34428
-0.67856   0.59079   0.48001  -3.98290   5.05655  -0.48558  -1.24649  -1.42117  -0.32437
 0.40442  -0.04651   0.03052  -0.35247  -0.48558   1.49835   0.20972   0.33210   0.13100
 0.28042  -0.21441  -0.14789   1.04420  -1.24649   0.20972   1.47109   0.14962   0.38793
-0.24715  -0.76112   0.23999   1.15867  -1.42117   0.33210   0.14962   1.84622   0.44191
-0.37917  -0.79881  -0.19074   0.34428  -0.32437   0.13100   0.38793   0.44191   1.54157
```

행렬 M40

```
1.75429
1.60772
0.57228
1.63469
0.84642
0.84435
0.39515
0.44383
0.46951
0.38293
0.94120
1.89475
0.43638
0.88830
0.84435
0.85476
1.68075
1.03886
0.46951
```

```
데이터 표시

행렬 M80

  75.803
 332.963
  71.820
 119.514
  28.758
  33.497
  19.762
  43.026
  85.883
  28.148
  43.339
```

■ 세션창에 출력된 행렬 보기

M40=정상그룹(양성종양)의 마하라노비스 거리 (MD)
M80=비정상그룹(악성종양)의 마하라노비스 거리 (MD)

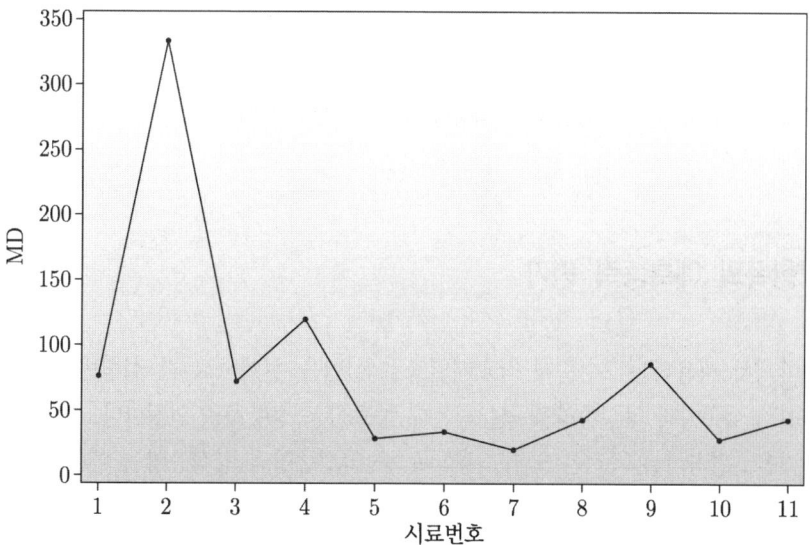

〈그림 7.4〉 비정상그룹(악성종양)의 마하라노비스 거리(D^2)

비정상그룹(악성 종양)의 마하라노비스 거리 평균은 80.2이며 최소값은 19.8, 최대값은 333이다. 비정상그룹의 거리평균은 정상그룹의 마하라노비스 거리 평균 0.947 보다 크다.
<그림 7.5>에서 정상그룹의 마하라노비스 거리와 비정상그룹의 마하라노비스 거리 범위가 중복되지 않는다. 9개 측정항목은 양성종양과 악성종양을 예측하는데 중요한 측정항목임이며 예측능력이 우수함을 알 수 있다.

문턱값(*threshold*)을 3으로 하면, 마하라노비스 거리가 3미만인 환자의 종양은 양성종양으로 분류하고, 마하라노비스 거리가 3이상인 종양은 악성종양으로 분류된다. 이러한 기준을 적용하면 양성종양을 악성종양으로 예측하는 오류(1종 오류)와 악성종양을 양성종양으로

예측하는 오류(2종오류)는 발생하지 않는다.

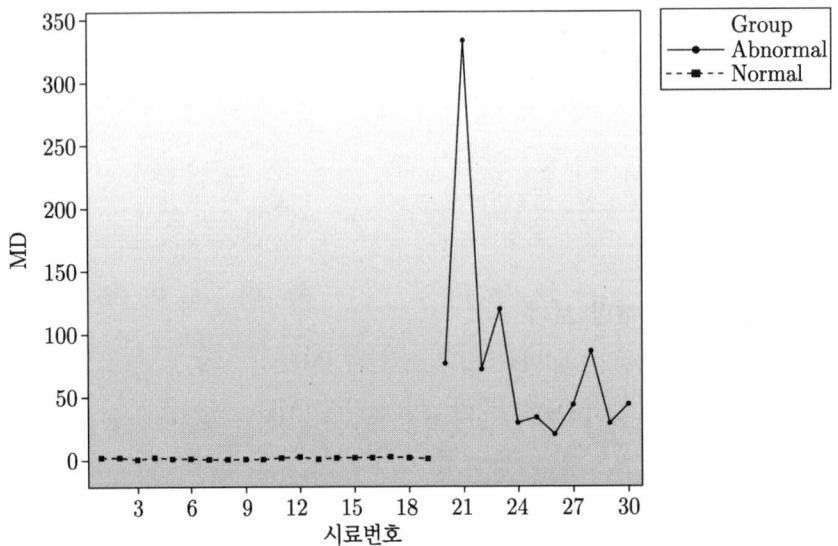

〈그림 7.5〉 9개 항목 모두 사용할 때의 마하라노비스 거리(D^2) 비교

7 측정항목의 예측능력 평가

품질공학에서 사용하는 2수준계 직교배열표로 실험을 설계하고 각 실험번호에서 SN비를 계산하여 양성종양과 악성종양을 구분하는데 중요한 측정항목을 선정한다. 측정항목에 대한 예측능력을 평가하는 목적은 9개 측정항목 중 악성종양과 양성종양을 예측하는데 중요한 항목과 중요하지 않은 항목을 찾아내어 측정시스템의 효율을 향상시키는데 있다.

7.1 직교배열표 선택

개별 측정항목의 예측능력 평가에 2수준계 직교배열표를 사용하여 실험을 설계하고, 직교배열표의 실험조건에서 비정상그룹의 마하라노비스 거리를 계산한 다음 SN비 분석을 한다. 각 실험 조건에서 구해지는 마하라노비스 거리 개수는 비정상그룹의 시료수 만큼 계산되는데, 이렇게 계산된 마하라노비스 거리로 SN비를 계산한다.

유방암 세포 측정항목은 모두 9개이므로 9개 이상의 열을 갖는 2수준계 직교배열표 중 실험횟수가 가장 작은 $L_{12}(2^{11})$ 직교배열표를 선택한다. $L_{12}(2^{11})$ 직교배열표는 2수준의 실험인자 11개 까지 배치할 수 있으며, 실험조건 수는 12개이다. 직교배열표의 외측배열에는 비정상그룹의 마하라노비스 거리(D)가 입력된다.

〈표 7.7〉 L12 직교배열표의 내측배열과 외측배열

번호	실험인자 (측정항목)									비정상그룹의 마하라노비스 거리(D)										
	x_1	x_2	x_3	x_4	x_5	x_6	x_7	x_8	x_9	1	2	3	4	5	6	7	8	9	10	11
1	1	1	1	1	1	1	1	1	1	D1	D2	D3	D4	D5	D6	D7	D8	D9	D10	D11
2	1	1	1	1	1	2	2	2	2	D1	D2	D3	D4	D5	D6	D7	D8	D9	D10	D11
3	1	1	2	2	2	1	1	1	2	D1	D2	D3	D4	D5	D6	D7	D8	D9	D10	D11
4	1	2	1	2	2	1	2	2	1	D1	D2	D3	D4	D5	D6	D7	D8	D9	D10	D11
5	1	2	2	1	2	2	1	2	1	D1	D2	D3	D4	D5	D6	D7	D8	D9	D10	D11
6	1	2	2	2	1	2	2	1	1	D1	D2	D3	D4	D5	D6	D7	D8	D9	D10	D11
7	2	1	2	2	1	1	2	2	1	D1	D2	D3	D4	D5	D6	D7	D8	D9	D10	D11
8	2	1	2	1	2	2	1	1	2	D1	D2	D3	D4	D5	D6	D7	D8	D9	D10	D11
9	2	1	1	2	2	1	2	1	1	D1	D2	D3	D4	D5	D6	D7	D8	D9	D10	D11
10	2	2	2	1	1	1	2	1	2	D1	D2	D3	D4	D5	D6	D7	D8	D9	D10	D11
11	2	2	1	2	1	2	1	1	2	D1	D2	D3	D4	D5	D6	D7	D8	D9	D10	D11
12	2	2	1	1	2	1	2	2	1	D1	D2	D3	D4	D5	D6	D7	D8	D9	D10	D11

직교배열표의 내측배열에서 수준 1은 해당열에 배치한 측정항목을 마하라노비스 거리 계산에 "사용함"을 의미하며, 수준 2는 "사용하지 않음"이다.

1번 실험의 경우 수준이 모두 1이므로 비정상그룹의 마하라노비스 거리 계산에 9개 측정항목이 모두 사용된다. 측정항목이 9개 이므로 거리계산에 사용되는 상관행렬(R)은 9×9 행렬이다. 2번 실험에서 x_1, x_2, x_3, x_4, x_5 5개 측정항목으로 비정상그룹의 마하라노비스 거리가 계산되므로 거리계산에 사용되는 상관행렬(R)은 5×5 행렬이다. 이와 같이 각 실험조건은 서로 다른 마하라노비스 공간을 가지므로 마하라노비스 거리 계산시 유의해야한다.

12개 실험조건에서 마하라노비스 거리(D)를 모두 구하면 <표 7.8>과 같다.

〈표 7.8〉 L_{12}직교배열표를 이용한 마하라노비스 거리(D)

실험 번호	비정상그룹의 마하라노비스 거리(D)										
	1	2	3	4	5	6	7	8	9	10	11
1	8.71	18.25	8.47	10.93	5.36	5.79	4.45	6.56	9.27	5.31	6.58
2	10.13	12.82	10.57	10.32	5.77	5.17	3.35	1.46	2.83	4.81	5.85
3	10.13	12.44	7.51	11.34	5.31	6.91	4.74	6.52	10.41	5.55	4.42
4	5.22	20.35	4.47	6.68	4.25	4.40	3.73	2.81	1.92	5.04	9.22
5	6.07	21.57	5.77	3.71	1.43	3.09	1.66	3.43	2.18	3.45	8.95
6	3.98	12.67	7.02	12.12	3.19	1.57	3.05	6.63	12.14	2.44	2.07
7	9.78	21.11	10.54	9.49	5.46	6.06	4.34	2.76	1.64	4.02	8.75
8	9.44	23.87	8.06	12.42	3.99	5.38	3.10	6.05	11.40	3.16	8.64
9	12.91	13.07	9.12	13.07	5.57	6.94	3.99	4.16	2.79	6.75	7.21
10	5.64	7.84	7.71	3.76	5.17	4.64	3.60	4.56	3.18	4.28	0.84
11	7.17	22.49	7.30	12.88	3.91	3.51	3.18	6.13	10.21	4.69	8.56
12	6.45	15.76	3.80	14.94	6.25	4.85	5.52	7.67	12.13	5.59	5.34

7.2 망대특성의 SN비 분석

<표 7.8>의 L12 직교배열표의 각 실험조건에서 비정상그룹 11명의 마하라노비스 거리(D)를 구하여 SN비를 계산한다. 비정상그룹(악성종양 그룹)의 마하라노비스 거리를 크게 하는데 기여하는 측정항목이 예측능력이 있는 항목이므로 망대특성(larger is better)의 SN비를 계산한다.

망대특성의 SN비를 구하는 식은, $SN = -10Log_{10}\left[\dfrac{1}{n}\sum_{i=1}^{n}\dfrac{1}{D_i^2}\right]$ 이다.

1번 실험의 SN비를 구하면,

$$SN_1 = -10Log_{10}\left[\dfrac{1}{11}\sum_{i=1}^{11}\dfrac{1}{D_i^2}\right]$$
$$= -10Log_{10}\left[\dfrac{1}{11}\times(\dfrac{1}{8.71^2}+\dfrac{1}{18.25^2}+\dfrac{1}{8.47^2}+\cdots\cdots+\dfrac{1}{6.85^2})\right] = 16.49$$

2번 실험의 SN비는,

$$SN_2 = -10Log_{10}\left[\dfrac{1}{11}\sum_{i=1}^{11}\dfrac{1}{D_i^2}\right]$$
$$= -10Log_{10}\left[\dfrac{1}{11}\times(\dfrac{1}{10.13^2}+\dfrac{1}{12.82^2}+\dfrac{1}{10.47^2}+\cdots\cdots+\dfrac{1}{10.32^2})\right] = 11.08$$

나머지 실험에 대해서도 같은 방법으로 SN비를 계산하여 정리하면 <표 7.9>와 같다.

<표 7.9> L12 직교배열 실험과 망대특성의 SN비

번호	비정상그룹의 마하라노비스 거리(D)											SN비
	1	2	3	4	5	6	7	8	9	10	11	
1	8.71	18.25	8.47	10.93	5.36	5.79	4.45	6.56	9.27	5.31	6.58	16.49
2	10.13	12.82	10.57	10.32	5.77	5.17	3.35	1.46	2.83	4.81	5.85	11.08
3	10.13	12.44	7.51	11.34	5.31	6.91	4.74	6.52	10.41	5.55	4.42	16.28
4	5.22	20.35	4.47	6.68	4.25	4.40	3.73	2.81	1.92	5.04	9.22	11.72
5	6.07	21.57	5.77	3.71	1.43	3.09	1.66	3.43	2.18	3.45	8.95	8.71
6	3.98	12.67	7.02	12.12	3.19	1.57	3.05	6.63	12.14	2.44	2.07	9.85
7	9.78	21.11	10.54	9.49	5.46	6.06	4.34	2.76	1.64	4.02	8.75	11.81
8	9.44	23.87	8.06	12.42	3.99	5.38	3.10	6.05	11.40	3.16	8.64	14.56
9	12.91	13.07	9.12	13.07	5.57	6.94	3.99	4.16	2.79	6.75	7.21	14.7
10	5.64	7.84	7.71	3.76	5.17	4.64	3.60	4.56	3.18	4.28	0.84	7.59
11	7.17	22.49	7.30	12.88	3.91	3.51	3.18	6.13	10.21	4.69	8.56	14.54
12	6.45	15.76	3.80	14.94	6.25	4.85	5.52	7.67	12.13	5.59	5.34	15.74

9개 측정항목 각각의 SN비 이득을 계산하여 예측능력이 있는 측정항목을 정한다. 측정항목 x_1의 SN비 이득(gain)을 계산하여 마하라노비스 거리 정확성에 어느 정도 영향을 주는지 알아보자.

SN비 이득(gain)= $\overline{SN_1} - \overline{SN_2}$ 이다.

① 수준 1의 SN비 평균
$$\overline{SN_1} = \frac{(16.49 + 11.08 + 16.28 + 11.72 + 8.71 + 9.85)}{6}$$
$$= 12.36$$

② 수준 2의 SN비 평균
$$\overline{SN_2} = \frac{(11.81 + 14.56 + 14.70 + 7.59 + 14.54 + 15.74)}{6}$$
$$= 13.16$$

③ 이득(gain)= $\overline{SN_1} - \overline{SN_2}$
$$= 12.36 - 13.16$$
$$= -0.80$$

이다.

이득이 "-" 값이므로 측정항목 x_1은 종양세포가 양성종양과 악성종양중 어느것인지 예측하는데 기여하지 못한다. 측정항목에서 제외할 수 있다.

같은 방법으로 나머지 측정항목의 SN비 이득(gain)을 구하면 <표 7.10>과 같다.

〈표 7.10〉 9개 측정항목의 SN비 이득

수준	x_1	x_2	x_3	x_4	x_5	x_6	x_7	x_8	x_9
1	12.36	14.15	14.04	12.36	11.89	13.27	13.05	14.58	12.97
2	13.16	11.36	11.47	13.15	13.62	12.24	12.46	10.94	12.54
이득	-0.8	2.79	2.57	-0.79	-1.73	1.03	0.59	3.64	0.43
순위	8	2	3	7	9	4	5	1	6

<표 7.10>에서 SN비 이득(gain)이 "+"인 측정항목은 $x_2, x_3, x_6, x_7, x_8, x_9$이며 SN비 이득이 큰 순서로 나열하면 $x_8 > x_2 > x_3 > x_6 > x_7 > x_9$이다. 또한, 양성종양과 악성종양을 구분하는데 가장 크게 기여하는 측정항목은 x_8(오목형상 개수)이다.

예측능력이 없는 것으로 분석된 x_1, x_4, x_5를 제외한 6개 측정항목으로 악성종양과 양성종양을 정확히 예측할 수 있다면 굳이 9개 항목을 측정하지 않아도 되므로 계측효율이 크게 향상 될 것이다.

7.3 Minitab을 활용한 SN비 분석

Minitab으로 직교배열 실험을 계획하고 각 실험조건에서 마하라노비스 거리를 계산하고 마하라노비스 거리(D)를 사용하여 SN비를 구한다.

① $L_{12}(2^{11})$ 직교배열 실험 설계
▶ 통계분석>실험계획법>다구찌 설계>다구찌 설계 생성
  - 2수준계 설계
  - 인자수: 11

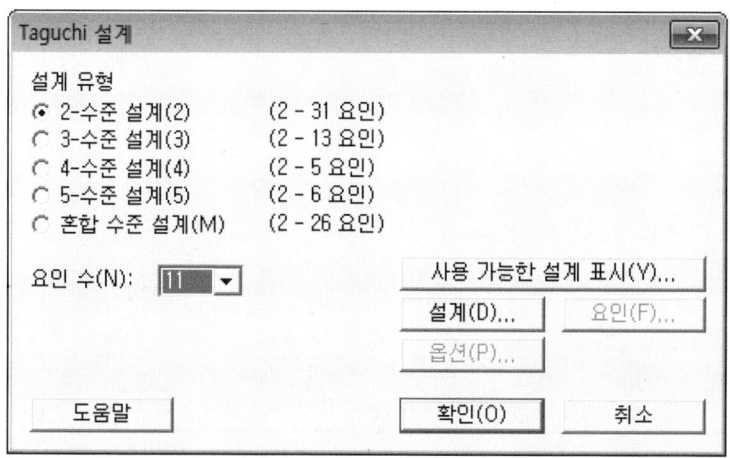

▶ 설계
- L12
- 확인

▶ 요인
- A: X1 B: X2 C: X3 D: X4 E: X5 F: X6 G: X7 H: X8 J: X9

▶ 확인

L12 직교배열표를 만든 후 Minitab 워크시트의 내측배열에 9개의 실험인자(측정항목)를 배치하고 외측배열에는 비정상그룹의 마하라노비스 거리(D) 11개를 계산하여 입력한다.

	C1	C2	C3	C4	C5	C6	C7	C8	C9	C10	C11	C12	C13	C14	C15	C16
	X1	X2	X3	X4	X5	X6	X7	X8	X9			D1	D2	D3	D4	D5
1	1	1	1	1	1	1	1	1	1	1	1	8.71	18.25	8.47	10.93	5.36
2	1	1	1	1	1	2	2	2	2	2	2	10.13	12.82	10.57	10.32	5.77
3	1	1	2	2	2	1	1	1	2	2	2	10.13	12.44	7.51	11.34	5.31
4	1	2	1	2	2	1	2	2	1	1	2	5.22	20.35	4.47	6.68	4.25
5	1	2	2	1	2	2	1	2	1	2	1	6.07	21.57	5.77	3.71	1.43
6	1	2	2	2	1	2	2	1	2	1	1	3.98	12.67	7.02	12.12	3.19
7	2	1	2	2	1	1	2	2	1	2	1	9.78	21.11	10.54	9.49	5.46
8	2	1	2	1	2	2	2	1	1	1	2	9.44	23.87	8.06	12.42	3.99
9	2	1	1	2	2	1	2	1	2	1	1	12.91	13.07	9.12	13.07	5.57
10	2	2	2	1	1	1	1	2	2	1	2	5.64	7.84	7.71	3.76	5.17
11	2	2	1	2	1	2	1	1	1	2	2	7.17	22.49	7.30	12.88	3.91
12	2	2	1	1	2	1	2	1	2	2	1	6.45	15.76	3.80	14.94	6.25

② $L_{12}(2^{11})$ 직교배열 실험분석: 망대특성 SN비 계산

▶ 통계분석>실험계획법>다구찌 설계>다구찌 설계 분석
- 반응 데이터열: D1-D11

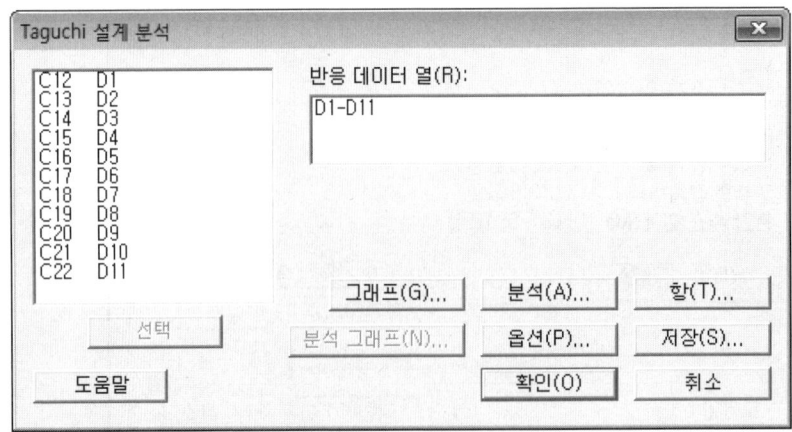

▶ 옵션
 - 신호 대 잡음비: 망대특성

▶ 저장
 - 다음 항 저장: 신호대 잡음비

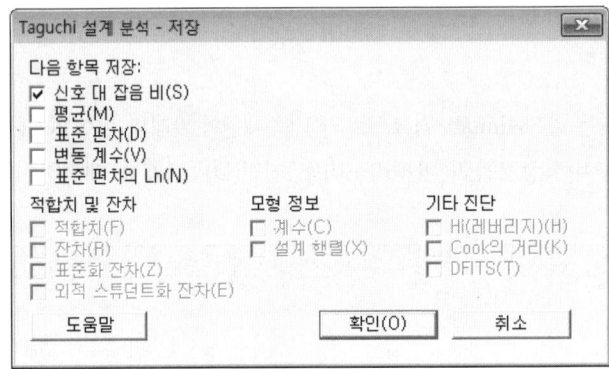

▶ 확인

③ Minitab 분석결과

<그림 7.6>의 SN비 주효과도에서 수준1의 SN비 평균이 수준2 SN비 평균 보다 큰 측정 항목은 x_2, x_3, x_6, x_7, x_8, x_9이다. <표 7.10>에서 SN비 이득(gain)이 양(+)의 값인 측정 항목은 x_2, x_3, x_6, x_7, x_8, x_9이다. 그 중에서도 예측능력이 가장 높은 측정항목은 x_8이고, 다음으로 x_2 순으로 예측능력이 높다. SN비 이득이 음(-)의 값을 갖는 측정항목은 예측능력이 없으므로 측정항목에서 제외할 수 있다.

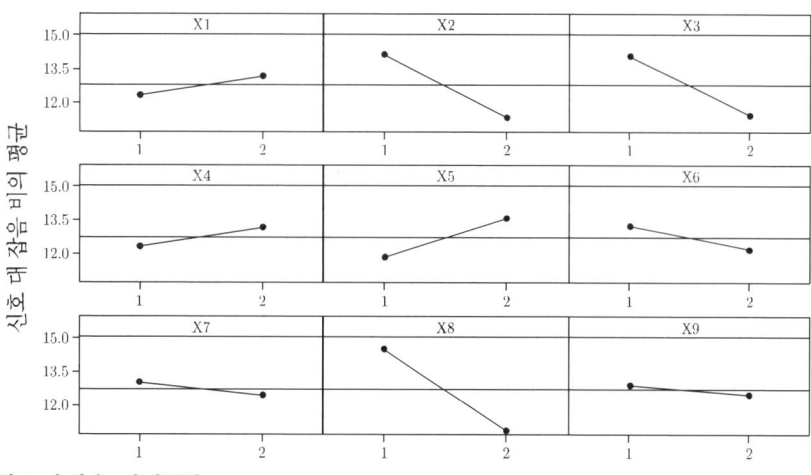

〈그림 7.6〉 9개 측정항목의 SN비 주효과도

8 중요 측정항목의 예측능력 검증

예측능력이 있는 것으로 선정된 6개 측정항목 x_2, x_3, x_6, x_7 x_8, x_9를 사용하여 정상그룹 19개 종양세포와 비정상그룹 11개의 종양세포의 마하라노비스 거리를 구하고 9개 측정항목 모두 사용했을 때의 예측결과와 비교해보자.

<표 7.11>은 예측능력이 있는 것으로 확인된 6개 측정항목만 사용할 때의 정상그룹의 마하라노비스 거리이다. 마하라노비스 거리 평균은 0.947이며 최소값은 0.366 최대값은 2.842이다.

〈표 7.11〉 측정항목 x_2, x_3, x_6, x_7 x_8, x_9를 사용한 정상그룹의 MD

번호	정상그룹 마하라노비스 거리(D^2)									
	1	2	3	4	5	6	7	8	9	10
1~10	0.86	1.60	0.62	1.79	0.56	0.68	0.54	0.60	0.56	0.37
11~19	1.40	2.84	0.46	1.11	0.68	0.87	1.31	0.60	0.56	

<표 7.12>는 예측능력이 있는 6개 측정항목으로 비정상그룹(악성종양)의 마하라노비스 거리를 계산한 결과이다. 정상그룹과 대조적으로 거리 평균은 90.6 이고 최소값은 17.3, 최

대값은 477.0로서 정상그룹대비 평균값이 훨씬 크고 균질하지 못하다.

또한, 정상그룹의 마하라노비스 거리 범위와 비정상그룹의 마하라노비스 거리 범위가 중복되지 않으므로 6개 측정항목으로 예측 하더라도 오류없이 정확하게 예측할 수 있음을 알 수 있다.

〈표 7.12〉 x_2, x_3, x_6, x_7, x_8, x_9로 구한 비정상그룹의 MD

시료번호	비정상그룹 마하라노비스 거리(D^2)									
	1	2	3	4	5	6	7	8	9	10
1~10	46.47	477.02	26.39	155.48	23.11	20.83	17.30	43.26	98.07	25.04
11	63.84									

6개 측정항목의 예측 정확성이 높은 것으로 확인 되었으므로 문턱값을 정하여 악성종양과 양성종양 판정의 기준으로 한다. 악성종양을 양성종양으로 예측할 경우 조기 치료시기를 놓쳐서 치명적인 손실이 발생할 수 있으므로 2종오류 크기를 최소화하는 방향으로 문턱값을 정하기로하고 마하라노비스 거리 10을 문턱값(*threshold*)으로 하였다.

앞으로 유방암 환자의 종양세포를 추출하여 6개 측정항목 x_2, x_3, x_6, x_7, x_8, x_9 를 측정한 다음 마하라노비스 거리를 계산하여 그 값이 10 보다 작으면 정상그룹(양성종양)으로 분류하고 10 이상이면 비정상그룹(악성종양)으로 판정하기로 한다.

CHAPTER 08
복사기 화상품질 파라메타설계

학습목표 :

1. MTS 방법으로 화상품질 평가시스템을 개발할 수 있다.
2. 영상품질, 화상품질 평가를 위한 특징량을 정할 수 있다.
3. MTS에서 망대특성, 망소특성, 망목특성, 동특성의 SN비가 적용되는 상황을 이해한다.
4. 마하라노비스 거리 기반의 파라메타 설계와 품질공학의 파라메타 설계 차이를 설명할 수 있다.
5. MTS의 SN비와 품질공학의 SN비 차이를 설명할 수 있다.

1 화상품질 측정개요

어느 복사기 제조회사에서 품질개선 활동에 고객의 요구를 반영하는 방법을 개발하기 위해 고객에게 다양한 화질의 복사물을 제시하고 품질이 양호한 복사물과 양호하지 않은 복사물로 구분하도록 하였다. 고객이 양호한 화질로 선정한 샘플 15개와 양호하지 않은 화질로 선정한 샘플 10개에 대하여 색도계로 색차를 측정하고 5가지 측정값 L, a, b, c, h를 기록하였다.

복사기 개발팀은 고객이 양호한 품질로 선택한 샘플 15개와 동등한 화상품질을 갖는 복사기를 설계하고자 한다. 이를 위해 엔지니어들은 화상품질이 양호한 15개 샘플을 정상그룹으로 하고 화상품질과 관련이 있는 제어인자 5개 A, B, C, D, E를 선정하여 직교배열표를 이용한 실험을 계획하였다.

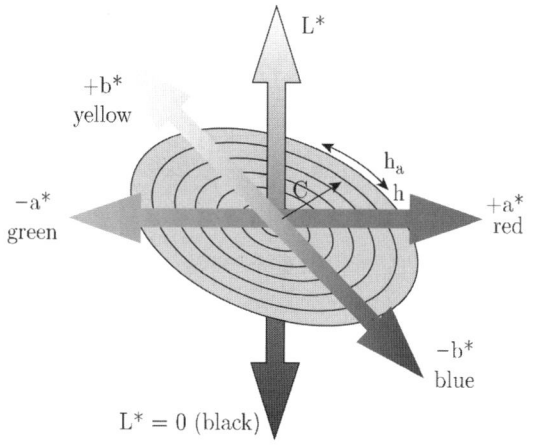

〈그림 8.1〉 색차 측정 개념도

고객이 양호한 화상품질로 선정한 15개의 샘플을 3색 색도계로 측정하는 원리는 〈그림 8.1〉과 같다. 그림은 색도계의 기본색인 빨강·녹색·파랑의 3색광을 증감 혼합해서 얻은 색과 측정하고자 하는 빛의 색을 비교하는 방법을 설명하고 있다. 색을 L* a* b* 3가지 값으로 표시하는 이유는 빛의 3원색 명도, 채도, 색상을 표시하기 위해서이다. 여기서 L값은 명도를 나타내며 0~100까지 값을 갖는다. 0에 가까울수록 어두운 색이며 0보다 커질수록 밝은 색이다. 그리고 a, b값은 일반적으로 x, y좌표계와 같은 평면 좌표계로써 가로축이 a값, 세로축이 b값이다. +a 쪽은 빨강색(*red*), +a 쪽은 초록색(*green*) +b 쪽은 노랑색(*yellow*), +b 쪽은 푸른색(*blue*)이다. 각도 h는 색상각이라고도 하는데 각도 h가 같은 색은 색상이 같다. 원점으로부터의 거리 c는 채도의 크기를 나타낸다.

2 복사기 화상품질 데이터베이스

고객이 양호한 화상품질로 선정한 15개의 시료를 정상그룹으로 정한 다음 색차계로 각 시료의 색차를 측정하기 위한 데이터 테이블은 <표 8.1>과 같고 하나의 화상 시료에서 5개의 데이터가 측정되므로 데이터수는 모두 $5 \times 15 = 75$개이다.

〈표 8.1〉 색차 측정 데이터 테이블

번호	측정항목				
	L	a	b	c	h
1	y_{11}	y_{21}	y_{31}	y_{41}	y_{51}
2	y_{12}	y_{22}	y_{32}	y_{42}	y_{52}
.	.	.	.	.	.
.	.	.	.	.	.
15	y_{115}	y_{215}	y_{315}	y_{415}	y_{515}
평균	m_1	m_2	m_3	m_4	m_5
표준 편차	s_1	s_2	s_3	s_4	s_5

3 정상그룹과 비정상그룹의 화상품질 데이타

정상그룹과 비정상그룹의 샘플 10개를 색도계로 측정한 결과는 <표 8.2>와 <표 8.3>과 같다.

〈표 8.2〉 정상그룹의 복사기 화상품질 측정 데이터

번호	L	a	b	c	h
1	56.22	43.00	34.33	54.56	28.83
2	56.32	41.09	31.61	49.96	27.87
3	58.72	40.62	30.89	51.94	29.75
4	56.99	40.90	30.56	51.77	28.48
5	56.09	35.43	31.32	57.54	24.35
6	55.20	41.71	37.38	53.67	26.33
7	53.30	37.27	30.79	49.92	31.73
8	55.75	37.69	30.54	53.95	31.28
9	56.45	42.75	30.97	57.71	30.99
10	54.62	35.91	33.67	54.24	29.99
11	55.93	40.84	30.72	58.00	27.41
12	56.67	40.87	34.50	54.99	28.72
13	55.40	39.97	31.85	55.86	33.53
14	54.03	37.50	35.19	53.58	35.56
15	53.69	37.66	30.82	58.55	28.79
평균	55.692	39.547	32.343	54.416	29.574
표준 편차	1.395	2.426	2.129	2.773	2.800

〈표 8.3〉 비정상그룹의 복사기 화상품질 측정 데이터

시료번호	L	a	b	c	h
1	57.43	32.17	28.09	50.15	34.77
2	60.78	40.87	27.82	61.87	34.30
3	64.12	35.90	32.19	50.38	36.04
4	58.86	42.18	27.01	56.41	32.19
5	62.28	35.73	33.40	61.24	31.11
6	58.87	37.60	32.51	58.60	31.04
7	62.40	39.40	28.13	49.97	35.44
8	59.30	34.40	27.04	56.40	36.20
9	58.46	38.15	28.22	67.85	33.86
10	53.13	39.66	33.81	70.51	29.88

MTS의 파라메타 설계가 품질공학의 파라메타 설계와 다른 점은 여러 항목으로 측정된 화상품질을 단일 측도인 마하라노비스 거리로 평가하고 이것을 반응값으로 하여 SN비 분석을 한다는 점이다. 이러한 방법이 타당하려면 고객이 양호하다고 판정한 샘플(정상그룹)과 양호하지 않다고 판정한 샘플(비정상그룹)을 5개의 제어인자로 충분히 예측할 수 있는지를 먼저 검토해야 한다. 정상그룹과 비정상그룹의 마하라노비스 거리를 계산하고 5개 측정항목의 예측능력을 평가 해보자.

3.1 정상그룹 측정항목의 평균과 표준편차

정상그룹(복사품질이 양호한 그룹)의 측정항목별 평균과 표준편차를 계산하면 아래와 같다.

L값의 평균(m_1)을 구하면,

$$m_1 = \frac{(56.22 + 56.32 + \ldots + 53.69)}{15} = 55.692$$

표준편차(s_1)는,

$$s_1 = \sqrt{\frac{(56.22-55.692)^2 + (56.32-55.692)^2 + \ldots + (53.69-55.692)^2}{14}}$$

$$= 1.395$$

이다. 나머지 측정항목들도 같은 방법으로 평균과 표준편차를 구한다.

3.2 정상그룹 정규화

고객이 양호한 품질로 평가한 15개 화상샘플을 정상그룹으로 하고 화상품질 측정항목 L, a, b, c, h 의 예측능력을 평가하고자 한다. 만일 5개 측정항목의 예측능력이 확인 된다면 직교배열표에 5개 제어인자 A, B, C, D, E를 배치한 다음 실험을 하여 마하라노비스 거리가 최소가 되는 제어인자들의 조건을 정하여 고객이 양호한 품질로 판정한 화상품질과 동등한 화상품질의 복사기를 개발할 수 있다.

우선 정상그룹의 L, a, b, c, h 측정값을 정규화 한다.
1번 시료의 L 값 56.22은 다음과 같이 정규화 된다.

$$Z_{11} = \frac{(56.22 - 55.692)}{1.395} = 0.378$$

같은 방법으로 나머지 측정항목들을 정규화 하면 <표 8.4>와 같다.

<표 8.4> 정상그룹의 복사기 화상품질 측정값 정규화

시료번호	Z1	Z2	Z3	Z4	Z5
1	0.378	1.423	0.933	0.052	-0.266
2	0.450	0.636	-0.344	-1.607	-0.609
3	2.171	0.442	-0.682	-0.893	0.063
4	0.930	0.558	-0.837	-0.954	-0.391
5	0.285	-1.697	-0.480	1.126	-1.866
6	-0.353	0.892	2.366	-0.269	-1.159
7	-1.715	-0.939	-0.729	-1.621	0.770
8	0.042	-0.766	-0.847	-0.168	0.609
9	0.543	1.320	-0.645	1.188	0.506
10	-0.768	-1.499	0.623	-0.063	0.149
11	0.171	0.533	-0.762	1.292	-0.773
12	0.701	0.545	1.013	0.207	-0.305
13	-0.209	0.174	-0.231	0.521	1.413
14	-1.191	-0.844	1.337	-0.301	2.138
15	-1.435	-0.780	-0.715	1.491	-0.280

3.3 비정상그룹 표준화

비정상그룹의 측정 데이터는 정상그룹의 평균과 표준편차로 표준화 한다.

비정상그룹 1번 시료의 측정항목 L 값 57.43은 아래와 같이 1.246으로 표준화 된다.

$$Z_{11} = \frac{(57.43 - 55.692)}{1.395} = 1.246$$

같은 방법으로 나머지 측정 데이터를 표준화 하면 <표 8.5>와 같다.

<표 8.5> 비정상그룹 복사기 화상품질 측정데이타 표준화

시료번호	Z1	Z2	Z3	Z4	Z5
1	1.246	-3.041	-1.997	-1.538	1.856
2	3.647	0.545	-2.124	2.688	1.688
3	6.042	-1.504	-0.072	-1.455	2.309
4	2.271	1.085	-2.505	0.719	0.934
5	4.723	-1.574	0.497	2.461	0.549
6	2.278	-0.803	0.079	1.509	0.524
7	4.809	-0.061	-1.979	-1.603	2.095
8	2.586	-2.122	-2.491	0.715	2.367
9	1.984	-0.576	-1.936	4.844	1.531
10	-1.837	0.046	0.689	5.803	0.109

3.4 상관행렬과 역행렬

정상그룹의 측정항목을 정규화한 변수 Z를 사용하여 상관계수 r_{ij}를 계산하여 상관행렬(R)을 구한다.

$$상관계수\ r_{ij} = r_{ji} = \frac{1}{15-1} \sum_{p=1}^{15} Z_{ip} Z_{jp}, \ (i,j=1,2,3,4,5)$$

상관행렬은 아래와 같이 5×5 행렬이다.

$$R = \begin{bmatrix} 1 & r_{12} & \cdots & r_{15} \\ r_{21} & 1 & \cdots & r_{25} \\ . & . & \cdots & . \\ . & . & \cdots & . \\ r_{51} & r_{52} & \cdots & 1 \end{bmatrix} = \begin{pmatrix} 1.000 & 0.537 & -0.185 & -0.084 & -0.331 \\ 0.537 & 1.000 & 0.168 & -0.053 & -0.105 \\ -0.185 & 0.168 & 1.000 & -0.072 & 0.007 \\ -0.084 & -0.053 & -0.072 & 1.000 & -0.190 \\ -0.331 & -0.105 & 0.007 & -0.190 & 1.000 \end{pmatrix}$$

역행렬(R^{-1})은 아래와 같이 5×5 행렬이다.

$$R^{-1} = \begin{bmatrix} 1 & r_{12} & \dots\dots\dots & r_{15} \\ r_{21} & 1 & \dots\dots\dots & r_{25} \\ . & . & \dots\dots\dots & . \\ . & . & \dots\dots\dots & . \\ r_{51} & r_{52} & \dots\dots\dots & 1 \end{bmatrix}^{-1} = \begin{pmatrix} 1.837 & -1.003 & -0.522 & -0.243 & 0.546 \\ -1.003 & 1.593 & -0.457 & -0.067 & -0.175 \\ -0.522 & -0.457 & 1.182 & 0.132 & 0.142 \\ 0.243 & -0.067 & 0.132 & 1.079 & 0.278 \\ 0.546 & -0.175 & 0.142 & 0.278 & 1.412 \end{pmatrix}$$

4 마하라노비스 거리

4.1 정상그룹의 마하라노비스 거리(D^2)

마하라노비스 거리(MD_1) 계산식으로 1번 시료의 마하라노비스 거리를 계산하면,

$$MD_1 = D_1^2 = \frac{1}{15}(Z_{11}\ Z_{12}\ \dots Z_{15})R^{-1}(Z_{11}\ Z_{12}\ \dots Z_{15})^T$$

$$MD_1 = \frac{1}{15}(0.378\ 1.423\ \dots -0.266\,)R^{-1}(0.378\ 1.423\ \dots -0.266)^T$$

$$= 0.53$$

이다.

같은 방법으로 정상그룹의 나머지 시료의 마하라노비스 거리(D^2)를 계산하면 <표 8.6>과 같다.

<표 8.6> 정상그룹과 비정상그룹의 마하라노비스 거리(MD) 비교

시료번호	정상그룹 MD	비정상그룹 MD
1	0.53	5.92
2	0.84	8.28
3	1.31	21.38
4	0.50	2.77
5	1.67	16.08
6	1.56	4.20
7	1.57	10.14
8	0.34	8.37
9	0.96	9.40
10	0.63	7.58
11	0.63	
12	0.41	
13	0.58	
14	1.44	
15	1.04	

4.2 비정상그룹의 마하라노비스 거리

비정상그룹의 첫번 시료의 마하라노비스 거리를 구하면,

$$MD_1 = \frac{1}{15}(1.246 \quad -3.041 \ldots 1.856)R^{-1}(1.246 \quad -3.041 \ldots 1.856)^T$$
$$= 5.92$$

이다.

정상그룹과 비정상그룹의 마하라노비스 거리 계산은 MTS.MAC 파일을 사용하면 쉽게 구할 수 있다. MTS.MAC 파일을 사용하여 양호한 화상 시료(정상그룹)15개와 양호하지 않은 시료(비정상그룹)10개의 마하라노비스 거리를 계산해보자.

Step 1. 측정항목 5개 L, a, b, c, h을 선정한다.

Step 2. 정상그룹과 비정상그룹의 측정항목을 표준화하여 Minitab 워크시트에 입력한다.

	C1 Z1	C2 Z2	C3 Z3	C4 Z4	C5 Z5	C6	C7 AZ1	C8 AZ2	C9 AZ3	C10 AZ4	C11 AZ5	C12
1	0.378	1.423	0.933	0.052	-0.266		1.248	-3.041	-1.996	-1.538	1.856	
2	0.450	0.636	-0.344	-1.607	-0.609		3.648	0.544	-2.125	2.686	1.687	
3	2.171	0.442	-0.682	-0.893	0.063		6.041	-1.504	-0.072	-1.456	2.309	
4	0.930	0.558	-0.837	-0.954	-0.391		2.268	1.083	-2.506	0.719	0.935	
5	0.285	-1.697	-0.480	1.126	-1.866		4.720	-1.574	0.496	2.460	0.549	
6	-0.353	0.892	2.366	-0.269	-1.159		2.278	-0.803	0.079	1.508	0.525	
7	-1.715	-0.939	-0.729	-1.621	0.770		4.805	-0.059	-1.979	-1.602	2.096	
8	0.042	-0.766	-0.847	-0.168	0.609		2.586	-2.122	-2.492	0.717	2.366	
9	0.543	1.320	-0.645	1.188	0.506		1.985	-0.578	-1.937	4.843	1.530	
10	-0.768	-1.499	0.623	-0.063	0.149		-1.840	0.047	0.688	5.801	0.110	
11	0.171	0.533	-0.762	1.292	-0.773							
12	0.701	0.545	1.013	0.207	-0.305							
13	-0.209	0.174	-0.231	0.521	1.413							
14	-1.191	-0.844	1.337	-0.301	2.138							
15	-1.435	-0.780	-0.715	1.491	-0.280							

Step 3. 정상그룹 행렬(M1)과 비정상그룹 행렬(M10)을 지정한다.

A: 정상그룹 행렬(M1) 지정
▶ 데이터>복사>열을 행렬로
　- 복사될 열: Z1-Z5
　- 복사된 데이터 저장: M1

B: 비정상그룹 행렬(M10) 지정

▶ 데이터>복사>열을 행렬로
  - 복사될 열: AZ1-AZ5
  - 복사된 데이터 저장: M10

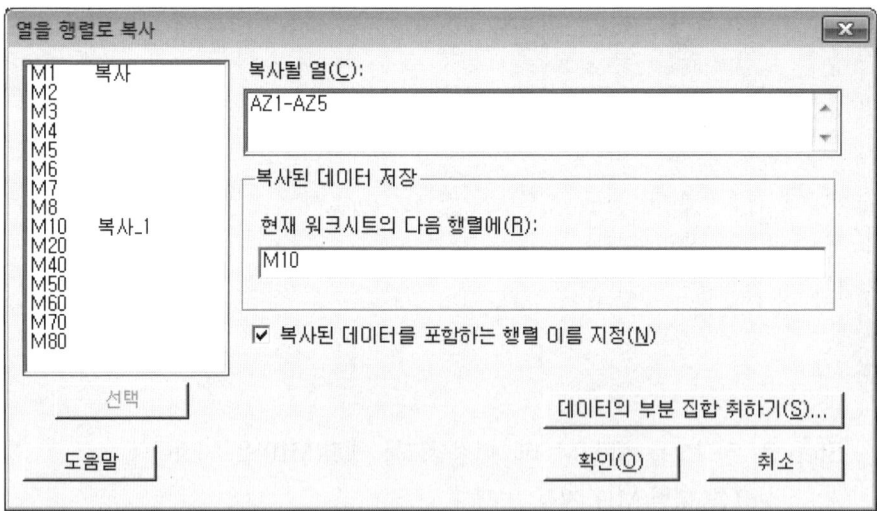

Step 4. 세션창에서 매크로파일 실행 준비를 한다.

▶ 창(W)>세션
▶ 편집기>명령사용

Step 5. 세션창에서 정상그룹 시료 개수(K1)와 측정항목수(K2)를 입력하고 MTS.MAC 파일을 실행시킨다.

▶ MTB> LET K1=15
▶ MTB> LET K2=5
▶ MTB> %MTS

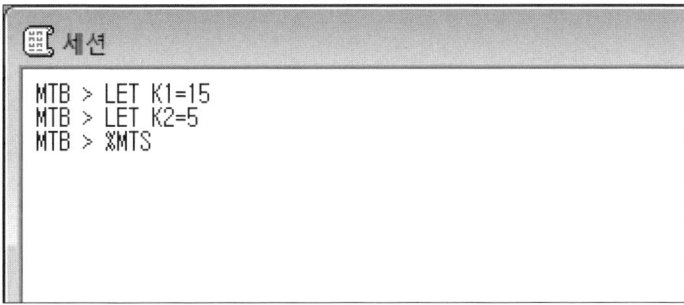

Step 6. 세션창에 출력된 정상그룹과 비정상그룹의 마하라노비스 거리를 확인한다.

■ MTS.MAC 실행결과

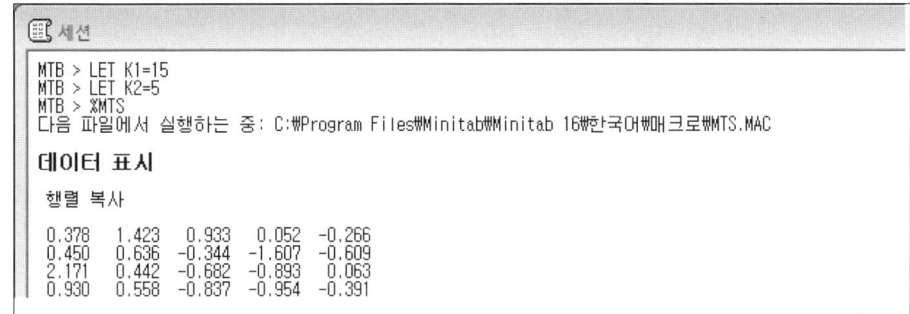

```
  0.285  -1.697  -0.480   1.126  -1.866
 -0.353   0.892   2.366  -0.269  -1.159
 -1.715  -0.939  -0.729  -1.621   0.770
  0.042  -0.766  -0.847  -0.168   0.609
  0.543   1.320  -0.645   1.188   0.506
 -0.768  -1.499   0.623  -0.063   0.149
  0.171   0.533  -0.762   1.292  -0.773
  0.701   0.545   1.013   0.207  -0.305
 -0.209   0.174  -0.231   0.521   1.413
 -1.191  -0.844   1.337  -0.301   2.138
 -1.435  -0.780  -0.715   1.491  -0.280
```

데이터 표시

행렬 M4

```
 0.999932   0.53654   -0.184675  -0.08365   -0.33176
 0.536545   1.00012    0.167749  -0.05209   -0.10620
-0.184675   0.16775    0.999632  -0.07238    0.00720
-0.083648  -0.05209   -0.072375   1.00010   -0.18951
-0.331761  -0.10620    0.007198  -0.18951    1.00016
```

데이터 표시

행렬 M5

```
 1.83397  -1.00078   0.52036   0.24204   0.54419
-1.00078   1.59143  -0.45552  -0.06642  -0.17229
 0.52036  -0.45552   1.18148   0.13197   0.14074
 0.24204  -0.06642   0.13197   1.07867   0.27667
 0.54419  -0.17229   0.14074   0.27667   1.21346
```

데이터 표시

행렬 M40

```
0.52773
0.84465
1.31063
0.49665
1.67334
1.55342
1.57038
0.34105
0.96522
0.63398
0.62726
0.40601
0.57587
1.43658
1.03721
```

데이터 표시

행렬 M80

```
 5.9179
 8.2769
21.3750
 2.7723
16.0804
 4.1993
10.1432
 8.3742
 9.4064
 7.5828
```

■ 세션창에 출력된 행렬 보기

M4=상관행렬, M5=역행렬, M40=정상그룹의 마하라노비스 거리(MD), M80=비정상그룹의 마하라노비스 거리(MD)

5 화상품질 측정항목의 예측능력 검증

<표 8.6>에서 화상품질이 양호한 그룹(정상그룹)의 MD는 모두 2 이하인 것을 알 수 있다. 화상품질이 나쁜 비정상그룹의 MD는 2.77부터 21.38까지 매우 다양하다. 두 그룹의 MD 값 범위가 서로 중복되지 않으므로 5개 측정항목으로 양호한 화상과 양호하지 않은 화상을 정확히 예측할 수 있음을 알 수 있다. 마하라노비스 거리기준의 화상품질 예측 시스템은 고객이 판정한 결과와 일치한다.

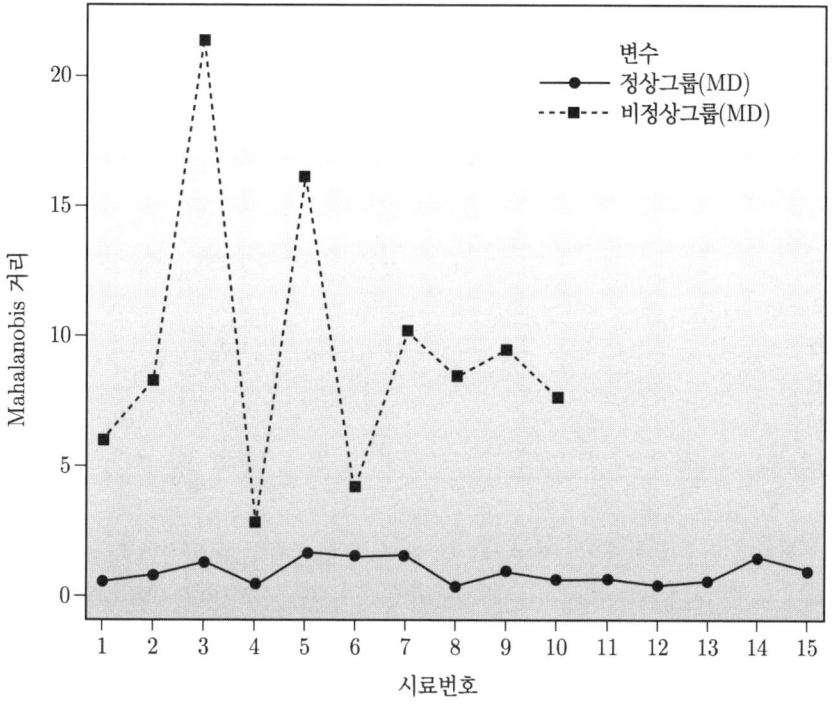

〈그림 8.2〉 정상그룹과 비정상그룹의 MD비교

6 복사기 화상품질 파라메타 설계

5개 화상품질 측정항목 L, a, b, c, h의 예측능력이 확인 되었으므로, 복사기 화상품질 개선을 위한 파라메타설계에 적용해보자. 5개 측정항목으로 측정된 화상품질을 하나의 종합적 품질 지표인 마하라노비스 거리(MD)를 계산하고 품질공학에서와 같이 복사기 화상품질 개선을 위한 파라메타 설계를 할 수 있다.

6.1 제어인자와 L8 직교실험

복사기 개발팀은 브레인스토밍을 통해 이미 알려진 5개의 화상품질 제어인자 A, B, C, D, E를 실험인자로 선택하고 5개의 제어인자를 배치할 수 있는 2수준계 직교배열표 중 실험횟수가 가장 작은 $L_8(2^7)$ 직교배열표를 선택하고 내측배열의 1, 2, 4, 6, 7 열에 제어인자를 배치한 다음 8개 실험 조합에서 제어인자의 수준을 바꾸어 가면서 실험을 하였다. 반응(화상품질) 측정은 각 실험 조건에서 표준시료(master sample)를 3장 복사한 다음 예측능력이 있는 것으로 확인된 색차 L, a, b, c, h 값을 측정하여 마하라노비스 거리(D^2)를 계산하였다.

⟨표 8.7⟩ $L_8(2^7)$ 직교배열표와 마하라노비스 거리(D^2)

실험번호	A	B	C	D	E			MD1	MD2	MD3
1	1	1	1	1	1	1	1	4.3	3.9	4.8
2	1	1	1	2	2	2	2	8.3	7.6	9.3
3	1	2	2	1	1	2	2	7.3	6.7	7.9
4	1	2	2	2	2	1	1	2.4	4.3	3.9
5	2	1	2	1	2	1	2	1.3	3.5	2.8
6	2	1	2	2	1	2	1	2.7	3.2	5.3
7	2	2	1	1	2	2	1	7.6	9.8	8.5
8	2	2	1	2	1	1	2	5.3	6.8	4.9

1번 실험의 경우 5개 제어인자 A, B, C, D, E 모두 수준1 로 고정한 다음 화상샘플 3장을 만들어 L, a, b, c, h를 측정하여 마하라노비스 거리를 계산하였다. 2번 실험의 경우 제어인자 A, B는 수준 1, B, C, D는 수준 2로 하여 화상샘플 3장을 만들고 5개 측정항목 L, a, b, c, h 를 측정하여 마하라노비스 거리를 계산하였다. 각 실험조건에서 3장의 샘플을 만들어 측정 하였으므로 실험번호별로 3개의 마하라노비스 거리가 계산된다.

6.2 망소특성의 SN비 분석

다차원 공간에서 고객이 양호하다고 판정한 화상품질(정상그룹)과 가까운 거리에 있는(마하라노비스 거리가 작은)샘플이 좋은 복사 품질이므로, SN비 분석에 망소특성의 SN비를 사용한다.

1번 실험의 SN비를 구해보자.

$$SN_1 = -10 Log \frac{1}{3}(4.3+3.9+4.8) = -10 Log(4.33) = -6.37 \text{(db)}$$

2번 실험의 SN비는

$$SN_2 = -10Log\frac{1}{3}(8.3+7.6+9.3) = -10Log8.40 = -9.24(\text{db})$$

이다.

나머지 실험번호에 대해서도 같은 방법으로 SN비를 구하면 <표 8.8>과 같다.

<표 8.8> 복사기 화상품질 개선을 위한 $L_8(2^7)$ 직교배열표 실험과 SN비

실험번호	A	B	C	D	E			MD1	MD2	MD3	SN비
1	1	1	1	1	1	1	1	4.3	3.9	4.8	-6.37
2	1	1	1	2	2	2	2	8.3	7.6	9.3	-9.24
3	1	2	2	1	1	2	2	7.3	6.7	7.9	-8.63
4	1	2	2	2	2	1	1	2.4	4.3	3.9	-5.48
5	2	1	2	1	2	1	2	1.3	3.5	2.8	-4.04
6	2	1	2	2	1	2	1	2.7	3.2	5.3	-5.72
7	2	2	1	1	2	2	1	7.6	9.8	8.5	-9.36
8	2	2	1	2	1	1	2	5.3	6.8	4.9	-7.53

제어인자 A의 SN비 차이(Δ)

① A_1의 SN비 평균 $= \dfrac{(-6.37-9.24-8.63-5.48)}{4} = -7.43(\text{db})$

② A_2의 SN비 평균 $= \dfrac{(-4.04-5.72-9.36-7.53)}{4} = -6.66(\text{db})$

SN비 차이(Δ) $= |① - ②|$
$= |-7.43-(-6.66)| = 0.77(\text{db})$

이다.

모든 제어인자 수준별 SN비 평균을 구하여 반응표를 작성하면 <표 8.9>와 같다.

<표 8.9> 제어인자의 SN비 반응표

수준	A	B	C	D	E
1	-7.43	-6.34	-7.10	-5.89	-6.73
2	-6.66	-7.75	-7.00	-8.24	-7.36
델타(Δ)	0.77	1.41	0.10	2.35	0.63
순위	3	2	5	1	4

화상품질에 가장 크게 영향을 주는 제어인자는 델타 값이 가장 큰 D이고, 영향력이 가장 작은 인자는 델타값이 작은 C 이다. 제어인자의 최적 수준조합은 A2B1C2D1E1이다.

6.3 Minitab을 활용한 SN비 분석

▶ 통계분석>실험계획법>Taguchi 설계>Taguchi 설계 생성
  - 2수준계 설계
  - 인자수: 7

▶ 설계

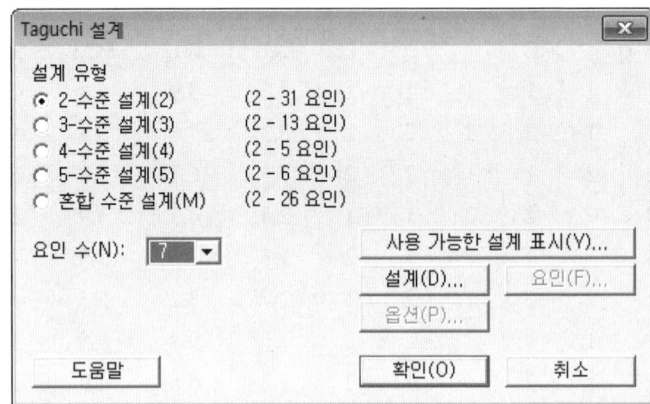

  - L8
  - 확인

▶ 요인
  - A B C:e1 D:b E:e2 F:c G:h

▶ 확인

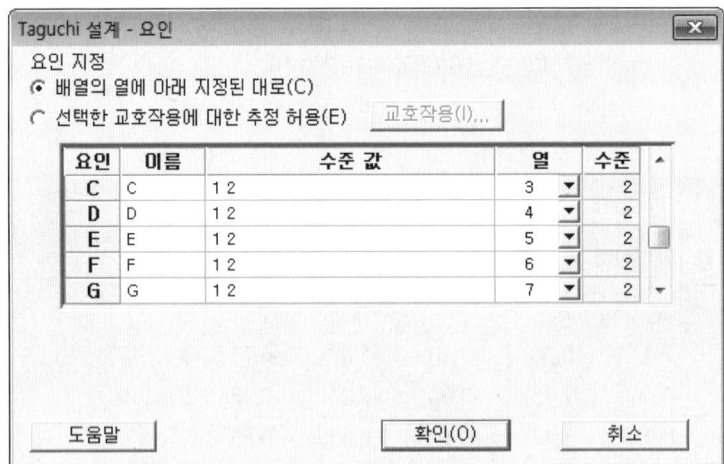

$L_8(2^7)$ 직교배열표에는 모두 7개의 열이 있고 제어인자 7개까지 배치 가능하지만, 실험에 선정된 제어인자는 5개 이므로 1열과 2열에 A, B를 배치하고 4열에 C, 6열과 7열에 각각 D, E를 배치한 다음 나머지 빈 열은 오차항(e_1, e_2)으로 하였다.

⟨Minitab 분석⟩ 직L8 교배열표에 5개 제어인자 배치

	C1 A	C2 B	C3 e1	C4 C	C5 e2	C6 D	C7 E	C8
1	1	1	1	1	1	1	1	
2	1	1	1	2	2	2	2	
3	1	2	2	1	1	2	2	
4	1	2	2	2	2	1	1	
5	2	1	2	1	2	1	2	
6	2	1	2	2	1	2	1	
7	2	2	1	1	2	2	1	
8	2	2	1	2	1	1	2	

직교배열표의 8개 실험조건에서 각각 3장의 화상을 복사한 다음 L, a, b, c, h 값을 측정하고 실험번호별 마하라노비스 거리 $D=\sqrt{MD}$를 SN비 계산을 위한 반응값 으로 한다. 8개 실험조건에서 마하라노비스 거리를 모두 구한 다음 각 실험번호에서 망소특성의 SN비를 계산한다. 망소특성의 SN비를 사용하는 이유는 정상그룹(양호한 그룹)과 거리가 가까울수록 좋은 품질이기 때문이다.

	C1 A	C2 B	C3	C4 C	C5	C6 D	C7 E	C8 D1	C9 D2	C10 D3	C11
1	1	1	1	1	1	1	1	2.1	2.0	2.2	
2	1	1	1	2	2	2	2	2.9	2.8	3.0	
3	1	2	2	1	1	2	2	2.7	2.6	2.8	
4	1	2	2	2	2	1	1	1.5	2.1	2.0	
5	2	1	2	1	2	1	2	1.1	1.9	1.7	
6	2	1	2	2	1	2	1	1.6	1.8	2.3	
7	2	2	1	1	2	2	1	2.8	3.1	2.9	
8	2	2	1	2	1	1	2	2.3	2.6	2.2	

▶ 통계분석>실험계획법>다구찌 설계>다구찌 설계 분석
 - 반응 데이터열: D1 D2 D3

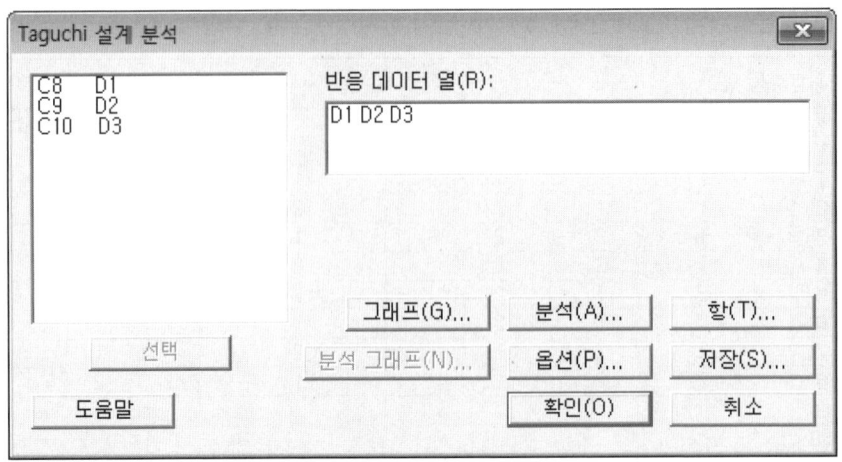

▶ 옵션
  - 신호 대 잡음비: 망소특성

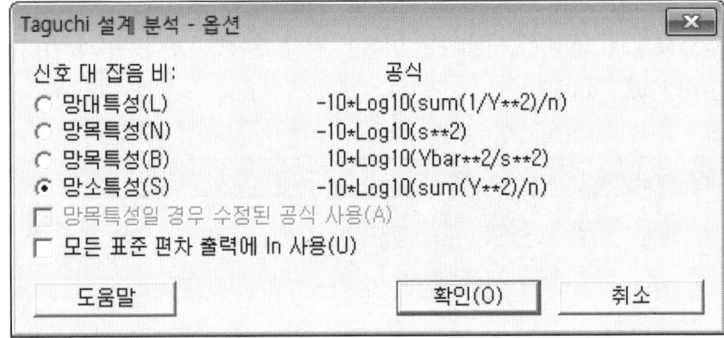

▶ 확인
▶ 저장
  - 다음 항목 저장: 신호 대 잡음 비

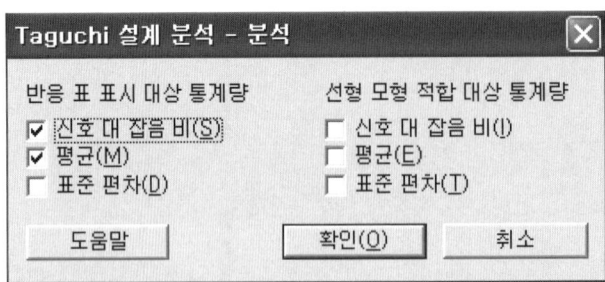

▶ 확인

■ Minitab 분석결과

세션창에 SN비 계산결과가 제시되고 워크시트에 실험번호별 SN비가 저장된다.

〈Minitab 분석결과〉 제어인자 수준별 SN비와 평균

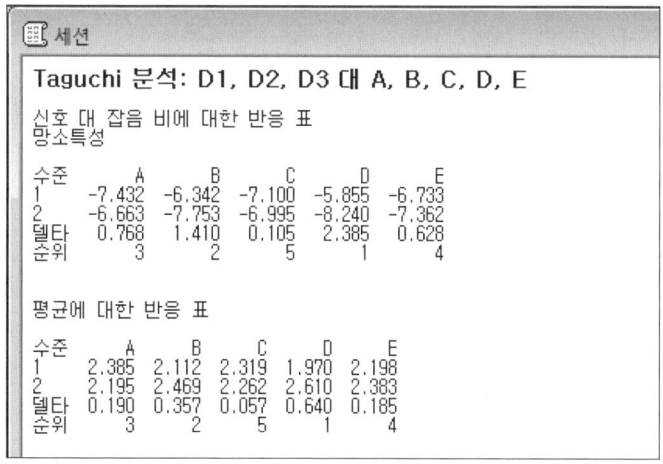

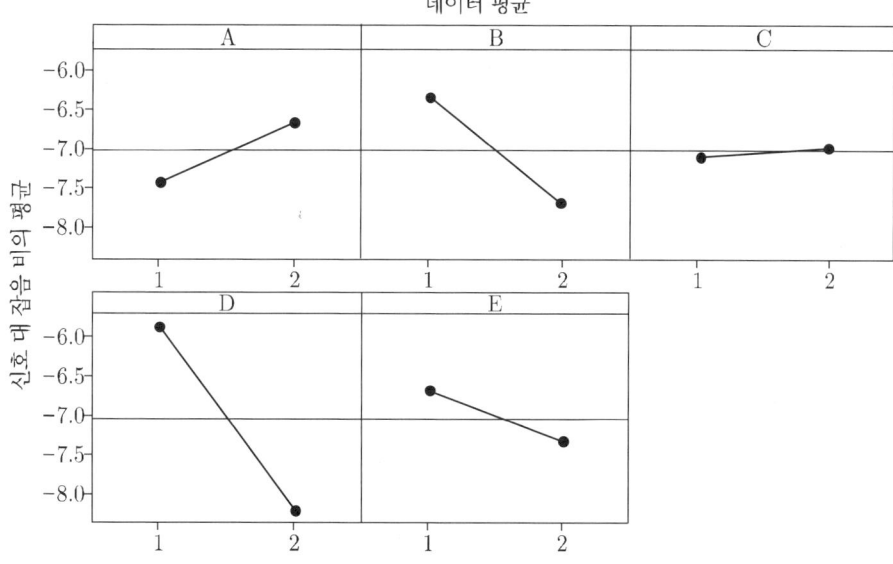

신호 대 잡음 : 망소특성

〈그림 8.3〉 제어인자의 SN비 주효과도

제어인자의 최적수준 조합 A2B1C2D1E1에서 예측되는 SN비와 마하라노비스 거리는 각각 +4.40(db), 1.58이다.

- 최적조건의 SN비와 마하라노비스 거리 평균 예측

▶ 통계분석>실험계획법>다구찌 설계>다구찌 결과 예측
  - 예측: 평균, 신호 대 잡음비

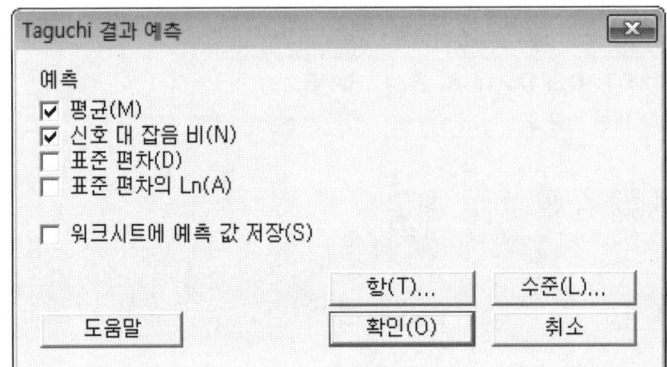

▶ 항
  - 선택항: A B C D E
▶ 수준
  - 새요인 수준 지정방법
  - 리스트에서 수준 선택
  - A: 2 B:1 C:2 D:1 E:1

▶ 확인

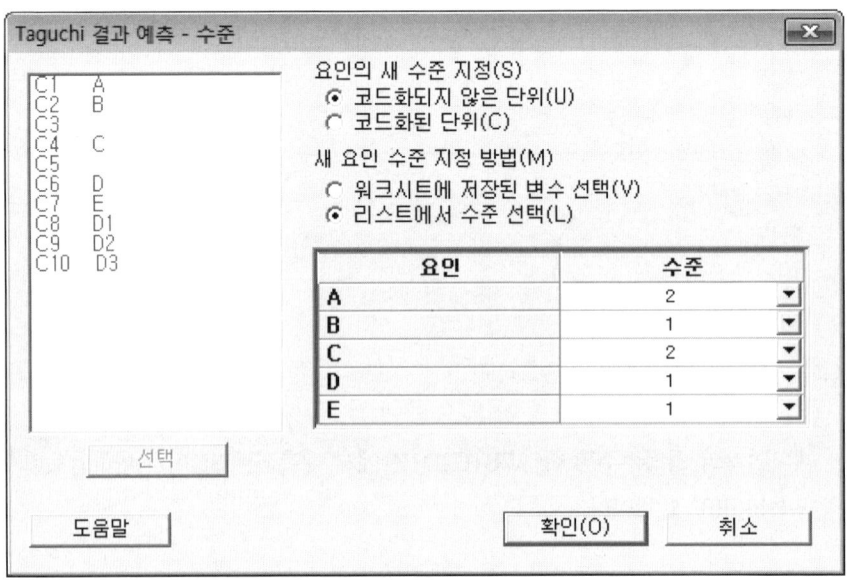

6.4 화상품질 최적화

제어인자 최적수준조합 $A_2B_1C_2D_1E_1$에서 예측되는 S/N비는 -4.39894(db)이고, 마하라노비스 거리 평균은 1.57594로 추정된다. 정상그룹(양호한 화상품질 그룹)의 마하라노비스 거리 최대값 1.67 보다 작은 값이므로 정상그룹에 포함되는 품질이라고 할 수 있다.

〈Minitab 분석결과〉 SN비와 마하라노비스 거리(D^2) 평균예측

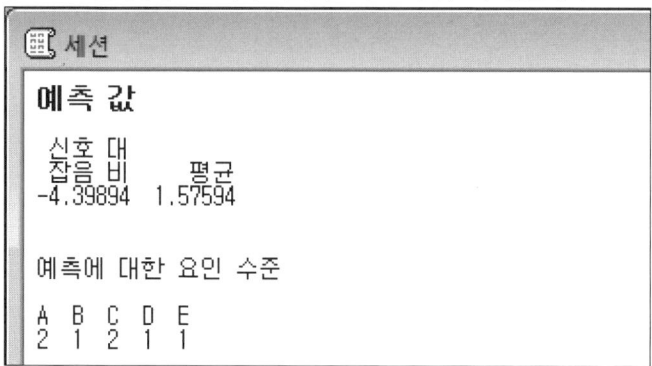

제어인자 최적수준 조합 $A_2B_1C_2D_1E_1$의 복사기 화상품질은 고객이 양호한 품질로 판정한 시료들과 동일한 그룹에 속하는 우수한 품질이다.

CHAPTER 09

회전기 설비이상 진단 시스템개발

🎯 학습목표 :

1. MTS 방법을 활용하여 기계 및 설비운전 상태를 진단 할 수 있다.
2. 설비이상 예측에 적합한 특징량에 대해 토론해 본다.
3. 설비진단 예측시스템 개발에 참여하는 전문가의 범위와 역할에 대해 토론한다.
4. 설비관리 데이터를 사용하여 마하라노비스 거리를 구할 수 있다.
5. MTS 방법으로 설비이상 예측에 중요한 측정항목을 선정할 수 있다.

1 회전기 진동음 측정

생산 공장의 설비는 제품품질 뿐 아니라 작업자 안전에도 큰 영향을 주기 때문에 설비예방보전(preventive maintenance)활동이 매우 중요하다. 8장 에서는 MTS를 활용한 설비운전 상태 진단과 예측시스템 개발방법을 학습한다.

생산설비 엔지니어는 숙련된 설비전문가의 도움을 받아 설비가 정상적으로 운전 중일 때의 진동음을 녹음하여 모두 15개 샘플을 만들고, 설비 이상 작동시의 진동음 10개를 녹음하였다. 진동음 녹음 시간은 8초 동안 이루어 졌으며, 녹음된 진동음은 컴퓨터 프로그램으로 필요한 사전 처리과정을 마친 다음 <그림 9.1>과 같은 진동파를 생성하여 진동파 평균(x_1), 진동파 표준편차(x_2), 변동계수(x_3), 3 사분위수(x_4), 최대값(x_5), 왜도(x_6), 첨도(x_7), RMS(x_8)을 측정하였다.

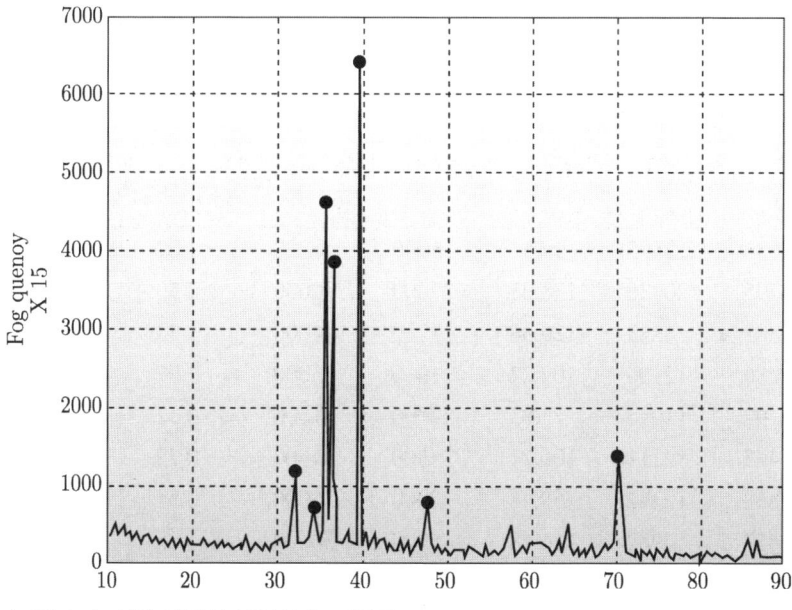

〈그림 9.1〉 설비 비정상 작동시의 진동파

2 정상작동시의 데이타 평균과 표준편차

설비가 정상적으로 작동할 때의 진동파 15개를 정상그룹으로 정하여 각 시료별로 8개 항목을 측정한 결과는 <표 9.1>와 같다. 항목별 측정값의 평균(m_i)과 표준편차(s_i)를 구하여 정상그룹과 비정상그룹의 데이터를 표준화 한다.

측정항목 x_1(진동파 평균)의 평균(m_1)과 표준편차(s_1)를 계산하면 다음과 같다.

$$m_1 = \frac{(12656 + 14795 + \cdots + 14528)}{15} = 12975.87$$

$$s_1 = \sqrt{\frac{\sum_{i=1}^{15}(y_{1j}-m_1)^2}{(15-1)}}$$

$$= \sqrt{\frac{(12656-12975.87)^2 + (14795-12975.87)^2 + \cdots + (14528-12975.87)^2}{14}}$$

$$= 3820.43$$

이다.

나머지 8개 측정항목도 같은 방법으로 평균과 표준편차를 계산하면 <표 9.1>과 같다.

〈표 9.1〉 정상작동시의 진동파 측정 데이타

시료번호	평균 (x_1)	표준편차 (x_2)	변동계수 (x_3)	3사분위수 (x_4)	최대값 (x_5)	왜도 (x_6)	첨도 (x_7)	RMS (x_8)
1	12656	12595	99.51	15000	40000	1.09	0.2	17575.3
2	14795	20426	138.05	27000	90000	2.59	8.39	24842.5
3	6882	8285	120.38	11250	24000	1.43	0.38	10581.6
4	11286	12100	107.22	21000	35000	1.07	-0.31	16227.2
5	15192	11095	73.03	27000	31000	0.12	-1.27	18559.2
6	11443	12211	106.71	25500	34000	0.72	-1.26	16520.8
7	20818	12382	59.48	32000	35000	-0.51	-1.09	23932.7
8	9429	10982	116.48	18000	30000	1.05	-0.45	14173.7
9	14750	14494	98.26	30000	31000	0.15	-2.55	20034.3
10	11423	12790	111.96	29000	30000	0.75	-1.49	16777.4
11	7141	6785	95.02	10500	30000	1.9	3.54	9790.4
12	10481	8632	82.36	18000	26000	0.23	-1.58	13471.8
13	17382	14161	81.47	30000	45000	0.28	-1.09	22156.2
14	16432	11340	69.01	30000	32000	0.32	-1.68	19818.2
15	14528	11798	81.21	27750	32000	0.26	-1.63	5852.5
평균	12975.87	12005.07	96.01	23466.67	36333.33	0.76	-0.13	16687.59
표준편차	3820.43	3136.63	21.55	7240.06	15701.08	0.79	2.74	5300.64

⟨표 9.2⟩ 비정상 작동시의 진동파 측정 데이터

시료번호	평균 (x_1)	표준편차 (x_2)	변동계수 (x_3)	3사분위수 (x_4)	최대값 (x_5)	왜도 (x_6)	첨도 (x_7)	RMS (x_8)
1	8375	12053	143.92	17250	31000	1.44	0.27	14258.8
2	6089	8208	134.79	4500	33000	2.55	5.67	10101.7
3	10125	10250	101.24	9000	32000	1.31	0.27	14293.2
4	3678	3255	88.5	4050	12000	1.79	2.37	10626.2
5	11024	15934	144.54	8000	64000	2.15	3.84	13893.3
6	24500	17407	71.05	45000	45000	-0.17	-1.69	29716.2
7	8357	12853	153.81	5000	53000	2.8	7.51	14351.2
8	31826	30897	97.08	51000	90000	0.8	-0.9	43886.2
9	19124	25410	132.87	25500	89000	1.83	2.29	13893.3
10	21791	21687	99.52	36750	65000	0.7	-0.77	20888.5

3 측정데이터 정규화

8개 측정항목의 평균과 표준편차로 정상가동시의 진동파 샘플 15개 측정값 모두 정규화한다. 시료 1번의 첫번 측정항목 x_1(진동파 평균)을 평균과 표준편차로 정규화 하면 +0.084가 된다.

$$Z_{11} = \frac{(12656 - 12975.8)}{3820.3} = -0.084 이다.$$

같은 방법으로 나머지 측정항목 모두 정규화 하면 <표 9.3>과 같다.

⟨표 9.3⟩ 정상그룹의 측정값 정규화

시료번호	Z1	Z2	Z3	Z4	Z5	Z6	Z7	Z8
1	-0.084	0.188	0.162	-1.169	0.234	0.414	0.119	0.167
2	0.476	2.685	1.951	0.488	3.418	2.312	3.103	1.538
3	-1.595	-1.186	1.131	-1.687	-0.786	0.844	0.184	-1.152
4	-0.442	0.030	0.520	-0.341	-0.085	0.388	-0.067	-0.087
5	0.580	-0.290	-1.066	0.488	-0.340	-0.814	-0.417	0.353
6	-0.401	0.066	0.497	0.281	-0.149	-0.055	-0.413	-0.031
7	2.053	0.120	-1.695	1.179	-0.085	-1.612	-0.351	1.367
8	-0.928	-0.326	0.950	-0.755	-0.403	0.363	-0.118	-0.474
9	0.464	0.794	0.104	0.902	-0.340	-0.776	-0.883	0.631
10	-0.406	0.250	0.740	0.764	-0.403	-0.017	-0.497	0.017
11	-1.527	-1.664	-0.046	-1.791	-0.403	1.439	1.336	-1.301
12	-0.653	-1.075	-0.633	-0.755	-0.658	-0.675	-0.530	-0.607
13	1.153	0.687	-0.675	0.902	0.552	-0.612	-0.351	1.032
14	0.905	-0.212	-1.253	0.902	-0.276	-0.561	-0.566	0.591
15	0.406	-0.066	-0.687	0.592	-0.276	-0.637	-0.548	-2.044

4 비정상 작동시의 측정데이터 표준화

비정상적으로 작동되는 설비의 진동파 10개는 정상그룹의 평균(m_i)과 표준편차(s_i)로 표준화 한다. 비정상그룹의 첫 번 시료의 측정항목 x_1(평균)을 정상그룹의 진동파 평균과 표준편차로 표준화 하면 다음과 같다.

$$Z_{11} = \frac{(8375 - 12975.8)}{3820.3} = -1.204$$

나머지 측정값에 대해서도 같은 방법으로 표준화 하면 <표 9.4>와 같다.

<표 9.4> 비정상그룹의 측정값 표준화

번호	Z1	Z2	Z3	Z4	Z5	Z6	Z7	Z8
1	-1.204	0.015	2.223	-0.859	-0.340	0.857	0.144	-0.458
2	-1.803	-1.211	1.800	-2.620	-0.212	2.262	2.112	-1.242
3	-0.746	-0.560	0.243	-1.998	-0.276	0.692	0.144	-0.452
4	-2.434	-2.790	-0.349	-2.682	-1.550	1.300	0.909	-1.144
5	-0.511	1.253	2.252	-2.136	1.762	1.755	1.445	-0.527
6	3.016	1.722	-1.158	2.974	0.552	-1.181	-0.570	2.458
7	-1.209	0.270	2.682	-2.551	1.062	2.578	2.782	-0.441
8	4.934	6.023	0.050	3.803	3.418	0.046	-0.282	5.131
9	1.609	4.274	1.710	0.281	3.354	1.350	0.880	-0.527
10	2.307	3.087	0.163	1.835	1.826	-0.080	-0.235	0.793

5 상관행렬과 역행렬

정상그룹의 8개 측정항목을 정규화한 변수 $Z_1, Z_2, Z_3, Z_4, Z_5, Z_6, Z_7, Z_8$를 이용하여 두 변수 간 상관계수($r_{ij}$)를 계산하고 상관행렬(R)을 구한다.

Z_1과 Z_2의 상관계수 r_{12}를 계산하면,

$$r_{12} = r_{21} = \frac{1}{15-1} \sum_{p=1}^{15} Z_{1p} Z_{2p}$$

$$= \frac{1}{14}(Z_{11} \times Z_{21} + Z_{12} \times Z_{22} + \cdots + Z_{115} \times Z_{215})$$

$$= \frac{1}{14}[(-0.084) \times (0.188) + \cdots + 0.406 \times (-0.066)]$$

$$= 0.5415$$

나머지 변수들의 상관계수를 모두 구하면 아래와 같은 8×8 상관행렬(R)을 얻는다.

$$R = \begin{bmatrix} 1 & r_{12} & \cdots & r_{18} \\ r_{21} & 1 & \cdots & r_{28} \\ . & . & \cdots & . \\ . & . & \cdots & . \\ r_{81} & r_{82} & \cdots & 1 \end{bmatrix} = \begin{pmatrix} 1.000 & 0.542 & \cdots & 0.687 \\ 0.542 & 1.000 & \cdots & 0.699 \\ . & . & \cdots & . \\ . & . & \cdots & . \\ 0.687 & -0.105 & \cdots & 1.000 \end{pmatrix}$$

역행렬(R^{-1}) 역시 아래와 같이 8×8 행렬이다.

$$R^{-1} = \begin{pmatrix} 1.000 & 0.542 & \cdots & 0.687 \\ 0.542 & 1.000 & \cdots & 0.699 \\ . & . & \cdots & . \\ . & . & \cdots & . \\ 0.687 & -0.105 & \cdots & 1.000 \end{pmatrix}^{-1} = \begin{pmatrix} 36.580 & -29.387 & \cdots & -0.355 \\ -29.387 & 59.668 & \cdots & 0.402 \\ . & . & \cdots & . \\ . & . & \cdots & . \\ -0.355 & -0.105 & \cdots & 1.000 \end{pmatrix}$$

6 정상작동시의 마하라노비스 거리

역행렬(R^{-1})을 사용하여 정상그룹(정상작동시의 진동파)의 마하라노비스 거리를 구한다. j번째 표본의 마하라노비스 거리(D^2)를 구하는 식은,

$$MD_j = D_j^2 = \frac{1}{k} Z_{ij} R^{-1} Z_{ij}^T \quad (i=1,2,\ldots,k \ \ j=1,2,\ldots,n)$$

이므로,

1번 시료의 마하라노비스 거리(MD)를 구하면,

$$MD_1 = D_1^2 = \frac{1}{8} \times [0.084 \ 0.188 \ \cdots \ -0.458] \times R^{-1} \times \begin{bmatrix} 0.084 \\ 0.188 \\ . \\ . \\ . \\ -0.458 \end{bmatrix} = 1.22 \text{ 이다.}$$

같은 방법으로 나머지 시료에 대하여 마하라노비스 거리를 구하면 <표 9.5>와 같다.

⟨표 9.5⟩ 설비 정상운전시의 마하라노비스 거리

번호	1	2	3	4	5	6	7	8	9	10	11	12	13	14	15
정상그룹의 마하라노비스 거리															
D^2	1.22	1.57	0.97	0.15	0.28	0.38	1.44	0.32	1.1	0.68	1.36	1.32	0.59	0.98	1.63

7 비정상 작동시의 마하라노비스 거리

비정상그룹의 마하라노비스 거리 역시 역행렬(R^{-1})을 사용하여 계산한다.

설비가 비정상적으로 작동 될 때 녹음된 첫 번째 시료의 마하라노비스 거리(D^2)는,

$$MD_1 = D_1^2 = \frac{1}{8} \times [-1.204 \quad 0.0155 \ldots\ldots -0.458] \times R^{-1} \times \begin{bmatrix} -1.204 \\ 0.0155 \\ \cdot \\ \cdot \\ \cdot \\ -0.458 \end{bmatrix} = 2.38 \text{이다.}$$

같은 방법으로 나머지 시료에 대하여 마하라노비스 거리(D^2)를 모두 구하면 <표 9.6>과 같다.

⟨표 9.6⟩ 비정상그룹의 마하라노비스 거리

번호	1	2	3	4	5	6	7	8	9	10
비정상그룹의 마하라노비스 거리										
D^2	2.38	4.26	1.58	4.02	5.04	3.16	5.87	17.1	11.77	4.45

정상그룹의 마하라노비스 거리와 비교해 볼 때 비정상그룹의 마하라노비스 거리 평균값이 5.96으로 크고 산포 역시 크다. 정상그룹의 마하라노비스 거리와 비교해 볼 때 평균값과 산포가 크다.

일반적으로 정상그룹의 마하라노비스 거리는 산포가 작아 균질하고 평균은 1에 가까운 반면 비정상그룹의 마하라노비스 거리 평균과 산포는 정상그룹보다 큰 값을 갖는데 그 이유는 정상상태에서 작동되는 설비의 진동음은 거의 일정한 반면 비정상 상태의 진동음은 매우 다양하고 시료간 차이도 크기 때문이다.

정상그룹과 비정상그룹의 마하라노비스 거리 계산은 Minitab 매크로 파일 MTS.MAC을 사용하면 간단히 구할 수 있다. MTS.MAC 파일을 사용하여 마하라노비스 거리를 계산하는 절차는 다음과 같다.

Step 1. 8개의 측정항목을 선정한다.

Step 2. 정상그룹 측정항목의 평균고 표준편차로 정상그룹 측정데이터를 정규화 하고, 비정상그룹의 측정항목을 표준화한다.

	C1 Z1	C2 Z2	C3 Z3	C4 Z4	C5 Z5	C6 Z6	C7 Z7	C8 Z8	C9	C10 AZ1	C11 AZ2	C12 AZ3	C13 AZ4	C14 AZ5	C15 AZ6	C16 AZ7	C17 AZ8	C18
1	−0.084	0.188	0.162	−1.169	0.234	0.414	0.119	0.167		−1.204	0.015	2.223	−0.859	−0.340	0.857	0.144	−0.458	
2	0.476	2.685	1.951	0.488	3.418	2.312	3.103	1.538		−1.803	−1.211	1.800	−2.620	−0.212	2.262	2.112	−1.242	
3	−1.595	−1.186	1.131	−1.687	−0.786	0.844	0.184	−1.152		−0.746	−0.560	0.243	−1.998	−0.276	0.692	0.144	−0.452	
4	−0.442	0.030	0.520	−0.341	−0.085	0.388	−0.067	−0.087		−2.434	−2.790	−0.349	−2.682	−1.550	1.300	0.909	−1.144	
5	0.580	−0.290	−1.066	0.488	−0.340	−0.417	0.353			−0.511	1.253	2.252	−2.136	1.762	1.755	1.445	−0.527	
6	−0.401	0.066	0.497	0.281	−0.149	−0.055	−0.413	−0.031		3.016	1.722	−1.158	2.974	0.552	−1.181	−0.570	2.458	
7	2.053	0.120	−1.695	1.179	−0.085	−1.612	−0.351	1.367		−1.209	0.270	2.682	−2.551	1.062	2.578	2.782	−0.441	
8	−0.928	−0.326	0.950	−0.755	−0.403	0.363	−0.118	−0.474		4.934	6.023	0.050	3.803	3.418	0.046	−0.282	5.131	
9	0.464	0.794	0.104	0.902	−0.340	−0.776	−0.883	0.631		1.609	4.274	1.710	0.281	3.354	1.350	0.880	−0.527	
10	−0.406	0.250	0.740	0.764	−0.403	−0.017	−0.497	0.017		2.307	3.087	0.163	1.835	1.826	−0.080	−0.235	0.793	
11	−1.527	−1.664	−0.046	−1.791	−0.403	1.439	1.336	−1.301										
12	−0.653	−1.075	−0.633	−0.755	−0.658	−0.675	−0.530	−0.607										
13	1.153	0.687	−0.675	0.902	0.552	−0.612	−0.351	1.032										
14	0.905	−0.212	−1.253	0.902	−0.276	−0.561	−0.566	0.591										
15	0.406	−0.066	−0.687	0.592	−0.276	−0.637	−0.548	−2.044										
16																		

Step 3. 정상그룹 행렬(M1)과 비정상그룹 행렬(M10)을 지정한다.

▶ 데이터>복사>열을 행렬로
- 복사될 열: Z1-Z8
- 복사된 데이터 저장: M1

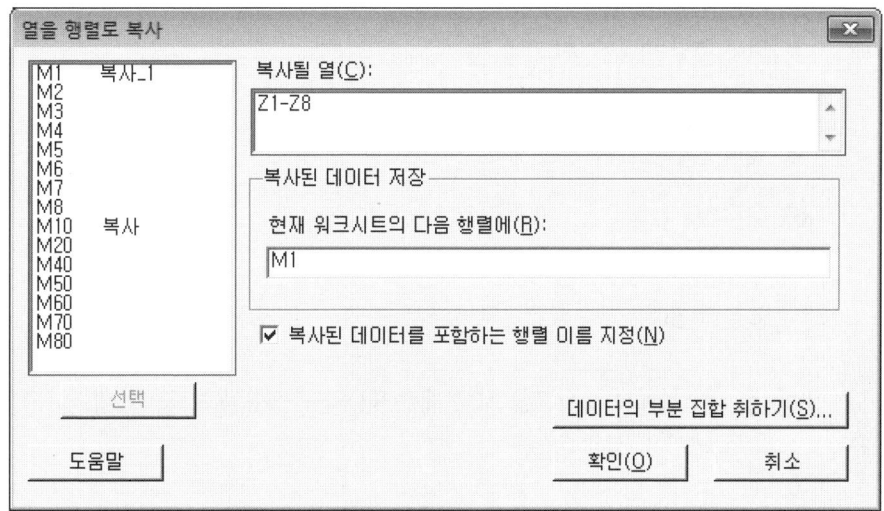

▶ 데이터>복사>열을 행렬로
- 복사될 열: AZ1-AZ8
- 복사된 데이터 저장: M10

Step 4. 세션창에서 매크로파일 실행 준비를 한다.

▶ 창(W)>세션
▶ 편집기>명령사용

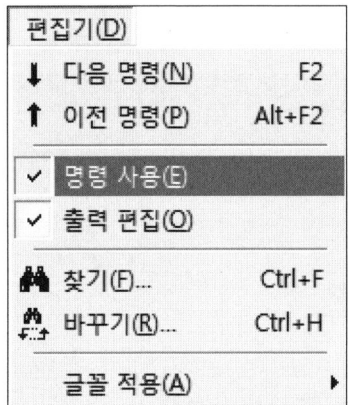

Step 5. 세션창에서 정상그룹 시료 개수(K1)와 측정항목수(K2)를 입력하고 MTS.MAC 파일을 실행시킨다.

▶ MTB> LET K1=15
▶ MTB> LET K2=8
▶ MTB> %MTS

Step 6. 세션창에 출력된 정상그룹과 비정상그룹의 마하라노비스 거리를 확인한다.

■ MTS.MAC 실행결과

```
MTB > LET K1=15
MTB > LET K2=8
MTB > %MTS
다음 파일에서 실행하는 중: C:₩Program Files₩Minitab₩Minitab 16₩한국어₩매크로₩MTS.MAC
```

데이터 표시

행렬 복사_1

-0.084	0.188	0.162	-1.169	0.234	0.414	0.119	0.167
0.476	2.685	1.951	0.488	3.418	2.312	3.103	1.538
-1.595	-1.186	1.131	-1.687	-0.786	0.844	0.184	-1.152
-0.442	0.030	0.520	-0.341	-0.085	0.388	-0.067	-0.087
0.580	-0.290	-1.066	0.488	-0.340	-0.814	-0.417	0.353
-0.401	0.066	0.497	0.281	-0.149	-0.055	-0.413	-0.031
2.053	0.120	-1.695	1.179	-0.085	-1.612	-0.351	1.367
-0.928	-0.326	0.950	-0.755	-0.403	0.363	-0.118	-0.474
0.464	0.794	0.104	0.902	-0.340	-0.776	-0.883	0.631
-0.406	0.250	0.740	0.764	-0.403	-0.017	-0.497	0.017
-1.527	-1.664	-0.046	-1.791	-0.403	1.439	1.336	-1.301
-0.653	-1.075	-0.633	-0.755	-0.658	-0.675	-0.530	-0.607
1.153	0.687	-0.675	0.902	0.552	-0.612	-0.351	1.032
0.905	-0.212	-1.253	0.902	-0.276	-0.561	-0.566	0.591
0.406	-0.066	-0.687	0.592	-0.276	-0.637	-0.548	-2.044

데이터 표시

행렬 M4

0.999840	0.54130	-0.58982	0.849739	0.30615	-0.580715	-0.180394	0.687230
0.541298	0.99999	0.33170	0.602436	0.84458	0.190580	0.404288	0.698570
-0.589820	0.33170	0.99999	-0.381793	0.43480	0.819509	0.578973	-0.070725
0.849739	0.60244	-0.38179	0.999772	0.24537	-0.551061	-0.276932	0.591854
0.306151	0.84458	0.43480	0.245373	1.00003	0.550454	0.800017	0.560090
-0.580715	0.19058	0.81951	-0.551061	0.55045	0.999957	0.863797	-0.118273
-0.180394	0.40429	0.57897	-0.276932	0.80002	0.863797	0.999932	0.176371
0.687230	0.69857	-0.07072	0.591854	0.56009	-0.118273	0.176371	0.999906

데이터 표시

행렬 M5

36.5356	-29.2781	24.2114	-1.12300	8.9318	12.1679	-12.9300	-3.56188
-29.2781	59.4927	-31.7295	-8.41748	-43.9521	-6.1653	27.1244	0.40285
24.2114	-31.7295	25.7544	2.10319	16.2700	-2.0705	-8.0376	-1.83685
-1.1230	-8.4175	2.1032	6.78746	5.1400	1.9126	-1.9867	0.48129
8.9318	-43.9521	16.2700	5.14003	50.5216	1.0863	-29.9366	-0.21426
12.1679	-6.1653	-2.0705	1.91257	1.0863	26.2060	-17.1222	0.17721
-12.9300	27.1244	-8.0376	-1.98672	-29.9366	-17.1222	30.5650	-0.10375
-3.5619	0.4028	-1.8369	0.48129	-0.2143	0.1772	-0.1037	2.91119

데이터 표시

행렬 M40

1.22258
1.56876
0.97179
0.15370
0.28107
0.37885
1.44196
0.32233
1.10008
0.67948
1.36292
1.31541
0.59125
0.97710
1.63273

데이터 표시

행렬 M80

2.3743
4.2574
1.5837
4.0218
5.0434
3.1598
5.8713
17.0747
11.7752
4.4531

■ 세션창에 출력된 행렬 보기

M4=상관행렬, M5=역행렬, M40=정상그룹의 마하라노비스 거리(MD), M80= 비정상그룹의 마하라노비스 거리(MD)

8 문턱값

앞에서 구한 정상그룹과 비정상그룹의 마하라노비스 거리를 보면 설비가 정상상태 일때와 비정상 상태 일 때 뚜렷히 차이가 있으므로 8개 측정항목은 설비상태를 진단하는데 중요한 항목임을 알 수 있다. 하지만, 정상그룹의 마하라노비스 거리 범위와 비정상그룹의 마하라노비스 거리 범위가 일부 중복되어 어느 정도의 오류는 피할 수 없다.

마하라노비스 거리 2를 문턱값(threshold)으로 정한다면, 거리가 2 미만인 진동파는 정상가동 상태로 판정하고 2 이상인 진동파는 이상상태로 판정한다. 이러한 기준을 적용할 경우 비정상 상태의 설비를 정상으로 예측하는 오류(2종오류)는 10%(1/10)이다. 문턱을 2로 할 경우 설비이상 상태를 감지하지 못하는 경우가 발생할 수 있고, 제품불량 이나 안전사고로 이어져 큰 손실이 발생할 수 있기 때문에 문턱값을 좀더 낮추기로 하고 1.5로 정하였다. 이렇게 하면 설비 이상상태 발생시 오류없이 감지할 수 있게 된다. 하지만 정상설비를 비정상설비로 판정할 오류(1종오류)는 13% (2/15)로 증가한다. 전체 오류율이 높아지지만, 정상상태를 이상상태로 판정할 때 발생하는 손실(설비점검 비용, 설비 가동율 저하 등)이 설비이상을 감지못할 때 발생하는 손실 (불량품 증가, 안전사고 발생)보다 훨씬 작다고 판단되기 때문에 합리적인 기준이라 할 수 있다.

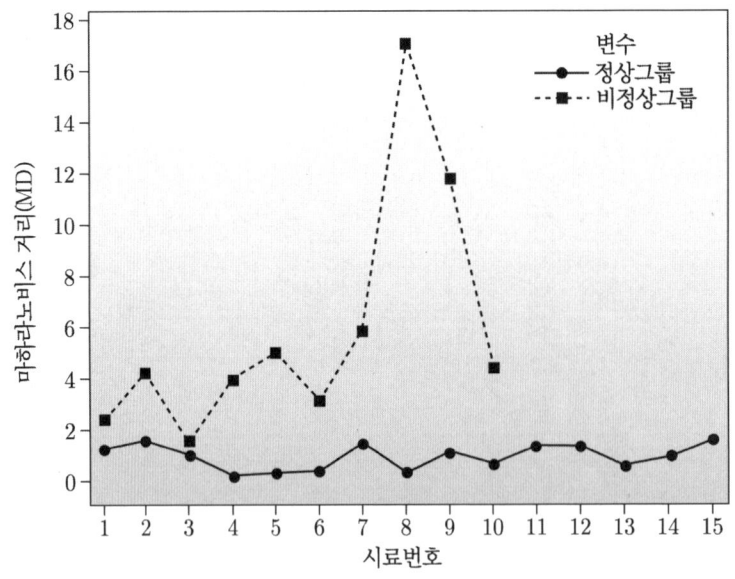

〈그림 9.2〉 정상그룹과 비정상그룹의 마하라노비스 거리 (D^2) 비교

<표 9.7> 정상그룹과 비정상그룹의 마하라노비스 거리 비교

D^2	정상그룹	비정상그룹
최대	1.67	17.08
최소	0.11	1.58
평균	0.93	5.96

9 측정항목의 예측능력 평가

판정오류가 커지지 않는다는 전제하에 측정항목 수를 줄일 수 있는 기회가 있는지 확인하려면 개별 측정항목에 대한 예측능력을 평가 해야한다. 품질공학에서 사용하는 SN비와 직교배열표를 사용하여 예측에 중요한 측정항목과 중요하지 않은 측정항목을 선정한다. 품질공학에서 SN비는 기능 산포의 원인인 노이즈(noise) 인자에 강한정도를 나타내는 측도로 사용되지만 MTS 에서는 마하라노비스 거리의 정확성을 나타내는 측도이다. SN비가 클 수록 예측능력은 커진다. 직교배열표를 사용한 실험에서 측정항목을 사용했을 때의 SN비 평균과 사용하지 않았을 때의 SN비 평균 차를 구하여 그 값이 "+" 이면 측정항목은 예측능력이 있다. 반대로 "-" 값이면 예측능력이 없는 측정항목이다. 예측능력이 없는 항목은 측정항목에서 제거할 수 있다.

9.1 직교배열표 선정

8개 이상 인자를 배치할 수 있는 직교배열표 중 실험횟수가 가장 작은 직교배열표 $L_{12}(2^{11})$를 선택하여 <표 9.8>과 같이 1열부터 8열까지 측정항목을 배치하였다. 직교배열표의 각 열에 나타나는 수준표시 1과 2는 측정항목 사용여부를 나타낸다. 수준 1은 마하라노비스 거리 계산에 해당열에 배치한 항목을 "사용함"을 의미하고, 2는 "사용하지 않음"을 의미한다. 예를들어, 실험번호 2에서 마하라노비스 거리 계산에 사용되는 측정항목은 x_1, x_2, x_3, x_4, x_5이다. 이와 같은 방법으로 12개 실험조건에서 마하라노비스 거리(D)를 계산하는데, 각 실험번호의 마하라노비스 공간과 상관행렬이 다르다는 것에 유의해야한다. 실험번호 별로 구해지는 마하라노비스 거리 갯수는 비정상그룹의 시료 수와 같다.

〈표 9.8〉 $L_{12}(2^{11})$ 직교배열표와 측정항목의 배치

실험번호	x_1	x_2	x_3	x_4	x_5	x_6	x_7	x_8	사용변수	상관행렬의 크기
1	1	1	1	1	1	1	1	1	$x_1,x_2,x_3,x_4,x_5,x_6,x_7,x_8$	8×8
2	1	1	1	1	1	2	2	2	x_1,x_2,x_3,x_4,x_5	5×5
3	1	1	2	2	2	1	1	1	x_1,x_2,x_6,x_7,x_8	5×5
4	1	2	1	2	2	1	2	2	x_1,x_3,x_6	3×3
5	1	2	2	1	2	2	1	2	x_1,x_4,x_7	3×3
6	1	2	2	2	1	2	2	1	x_1,x_5,x_8	3×3
7	2	1	2	2	1	1	2	2	x_2,x_5,x_6	3×3
8	2	1	2	1	2	2	2	1	x_2,x_4,x_8	3×3
9	2	1	1	2	2	2	1	2	x_2,x_3,x_7	3×3
10	2	2	2	1	1	1	1	2	x_4,x_5,x_6,x_7	4×4
11	2	2	1	2	1	2	1	1	x_3,x_5,x_7,x_8	4×4
12	2	2	1	1	2	1	2	1	x_3,x_4,x_6,x_8	4×4

9.2 직교배열 실험과 마하라노비스 거리

1번 실험은 8개 측정항목 모두 사용하여 비정상그룹의 마하라노비스 거리를 계산하는 것인데 앞에서 이미 계산하였으므로 생략한다. 2번 실험의 마하라노비스 거리를 계산해보자. 2번 실험은 5개 측정항목 x_1,x_2,x_3,x_4,x_5를 사용하여 비정상그룹의 마하라노비스 거리를 계산하는 실험이다. 5개 측정항목의 정상그룹과 비정상그룹의 측정데이터는 <표 9.9>와 <표 9.10>과 같다.

〈표 9.9〉 2번 실험의 정상그룹 측정데이타

시료번호	평균(x_1)	표준편차(x_2)	변동계수(x_3)	3사분위수(x_4)	최대값(x_5)
1	12656	12595	99.51	15000	40000
2	14795	20426	138.05	27000	90000
3	6882	8285	120.38	11250	24000
4	11286	12100	107.22	21000	35000
5	15192	11095	73.03	27000	31000
6	11443	12211	106.71	25500	34000
7	20818	12382	59.48	32000	35000
8	9429	10982	116.48	18000	30000
9	14750	14494	98.26	30000	31000
10	11423	12790	111.96	29000	30000
11	7141	6785	95.02	10500	30000
12	10481	8632	82.36	18000	26000
13	17382	14161	81.47	30000	45000
14	16432	11340	69.01	30000	32000
15	14528	11798	81.21	27750	32000
평균	12975.87	12005.07	96.01	23466.67	36333.33
표준편차	3820.43	3136.63	21.55	7240.06	15701.08

⟨표 9.10⟩ 2번 실험의 비정상그룹 측정데이타

시료번호	평균(x_1)	표준편차(x_2)	변동계수(x_3)	3사분위수(x_4)	최대값(x_5)
1	8375	12053	143.92	17250	31000
2	6089	8208	134.79	4500	33000
3	10125	10250	101.24	9000	32000
4	3678	3255	88.5	4050	12000
5	11024	15934	144.54	8000	64000
6	24500	17407	71.05	45000	45000
7	8357	12853	153.81	5000	53000
8	31826	30897	97.08	51000	90000
9	19124	25410	132.87	25500	89000
10	21791	21687	99.52	36750	65000

9.3 정규화와 표준화

<표 9.1>에서 2번 실험의 5개 측정변수의 평균과 표준편차를 사용하여 정상그룹의 측정값을 정규화하면 <표 9.11>과 같고 비정상그룹을 표준화하면 <표 9.12>와 같다.

⟨표 9.11⟩ 2번 실험의 정상그룹 데이터 정규화

시료번호	Z1	Z2	Z3	Z4	Z5
1	-0.084	0.188	0.162	-1.169	0.234
2	0.476	2.685	1.951	0.488	3.418
3	-1.595	-1.186	1.131	-1.687	-0.786
4	-0.442	0.030	0.520	-0.341	-0.085
5	0.580	-0.290	-1.066	0.488	-0.340
6	-0.401	0.066	0.497	0.281	-0.149
7	2.053	0.120	-1.695	1.179	-0.085
8	-0.928	-0.326	0.950	-0.755	-0.403
9	0.464	0.794	0.104	0.902	-0.340
10	-0.406	0.250	0.740	0.764	-0.403
11	-1.527	-1.664	-0.046	-1.791	-0.403
12	-0.653	-1.075	-0.633	-0.755	-0.658
13	1.153	0.687	-0.675	0.902	0.552
14	0.905	-0.212	-1.253	0.902	-0.276
15	0.406	-0.066	-0.687	0.592	-0.276

⟨표 9.12⟩ 2번 실험 비정상그룹 데이터 표준화

시료번호	Z1	Z2	Z3	Z4	Z5
1	-1.204	0.015	2.223	-0.859	-0.340
2	-1.803	-1.211	1.800	-2.620	-0.212
3	-0.746	-0.560	0.243	-1.998	-0.276
4	-2.434	-2.790	-0.349	-2.682	-1.550
5	-0.511	1.253	2.252	-2.136	1.762
6	3.016	1.722	-1.158	2.974	0.552
7	-1.209	0.270	2.682	-2.551	1.062
8	4.934	6.023	0.050	3.803	3.418
9	1.609	4.274	1.710	0.281	3.354
10	2.307	3.087	0.163	1.835	1.826

9.4 상관행렬과 역행렬

5개 측정항목으로 상관행렬(R)을 구하면 다음과 같은 5×5 행렬이다.

$$R = \begin{bmatrix} 1 & r_{12} & \cdots & r_{15} \\ r_{21} & 1 & \cdots & r_{25} \\ \cdot & \cdot & \cdots & \cdot \\ \cdot & \cdot & \cdots & \cdot \\ r_{51} & r_{52} & \cdots & 1 \end{bmatrix} = \begin{pmatrix} 1.000 & 0.541 & -0.590 & 0.850 & 0.306 \\ 0.541 & 1.000 & 0.332 & 0.602 & 0.845 \\ -0.590 & 0.332 & 1.000 & -0.382 & 0.435 \\ 0.850 & 0.603 & -0.382 & 1.000 & 0.245 \\ 0.306 & 0.845 & 0.435 & 0.245 & 1.000 \end{pmatrix}$$

역행렬(R^{-1})은,

$$R^{-1} = \begin{pmatrix} 25.096 & -20.015 & 20.537 & -1.594 & 0.680 \\ -20.015 & 30.538 & -20.825 & -7.170 & -8.847 \\ 20.537 & -20.825 & 19.957 & 2.205 & 2.080 \\ -1.594 & -7.170 & 2.205 & 6.539 & 3.980 \\ 0.680 & -8.847 & 2.080 & 3.980 & 6.382 \end{pmatrix}$$

이다.

역행렬을 이용하여 정상그룹과 비정상그룹의 마하라노비스 거리를 계산한다.

9.5 비정상 작동음의 마하라노비스 거리

L12 직교배열표 실험의 목적은 실험번호별로 마하라노비스 거리를 계산하고 SN비를 구하여 측정항목의 예측능력을 평가하는 것이다. 각 실험에서 구해지는 마하라노비스 거리 개수는 비정상그룹의 시료수와 같다. 마하라노비스 거리(D)는 SN비 계산에 사용된다.

2번 실험의 두 번째 시료에 대한 마하라노비스 거리를 계산하면,

$$MD_2 = D_2^2 = \frac{1}{5} \times [-0.174 \ -0.270 \ .... \ 0.000] \times R^{-1} \times \begin{bmatrix} -0.174 \\ -0.270 \\ \cdot \\ \cdot \\ \cdot \\ 0.000 \end{bmatrix}$$

$$= 4.75$$

따라서 SN비 계산에 사용되는 마하라노비스 거리 $D = \sqrt{4.75} = 2.18$이다.

L12 직교배열표의 각 실험조건에서 마하라노비스 거리를 계산할 때 MTS.MAC 파일을 사용하면 매우편리하다. MTS.MAC 파일을 사용하여 3번 실험의 마하라노비스 거리 계산 절차는 다음과 같다.

Step 1. 측정항목을 선정한다.

3번 실험의 경우 마하라노비스 거리 계산에 사용되는 측정항목은 x_1, x_2, x_6, x_7, x_8이다.

Step 2. 정상그룹의 측정값을 정규화(Z)하고, 비정상그룹의 측정항목을 표준화(AZ)한다.

Step 3. 정상그룹 행렬(M1)과 비정상그룹 행렬(M10)을 지정한다.

▶ 데이터>복사>열을 행렬로
  - 복사될 열: Z1 Z2 Z6-Z8
  - 복사된 데이터 저장: M1

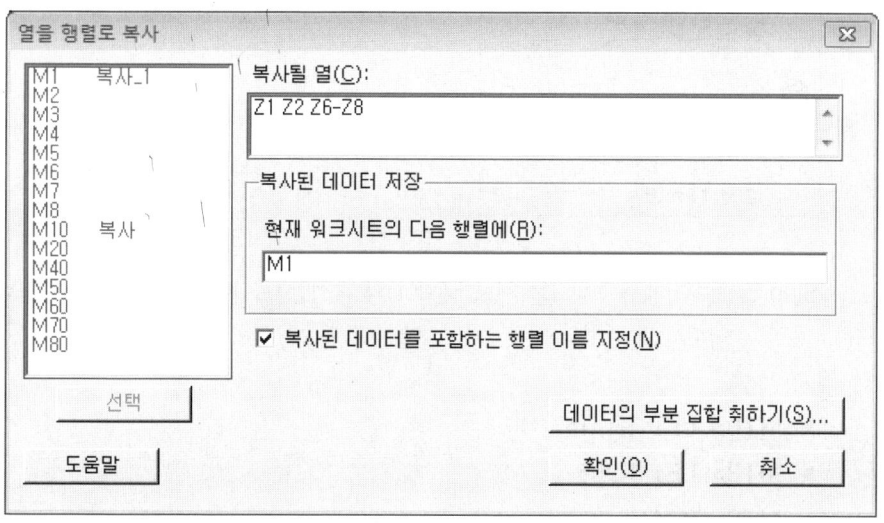

▶ 데이터>복사>열을 행렬로
  - 복사될 열: AZ1 AZ2 AZ6-AZ8

- 복사된 데이터 저장: M10

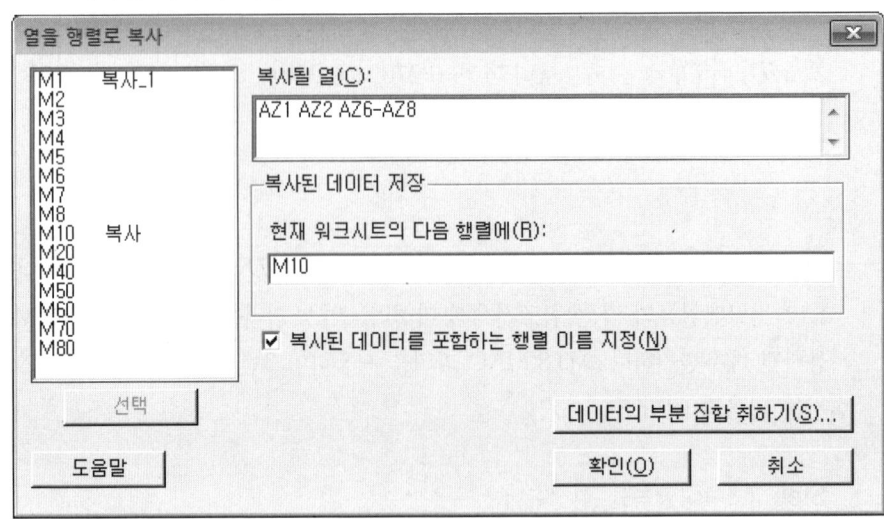

Step 4. 세션창에서 매크로파일 실행 준비를 한다.

▶ 창(W)>세션
▶ 편집기>명령사용

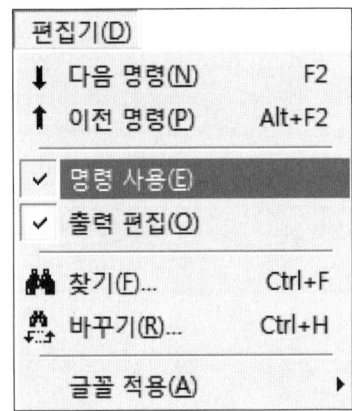

Step 5. 세션창에서 정상그룹 시료개수(K1)와 측정항목수(K2)를 입력하고 MTS.MAC 파일을 실행시킨다.

▶ MTB> LET K1=15
▶ MTB> LET K2=5
▶ MTB> %MTS

```
세션

MTB > LET K1=15
MTB > LET K2=5
MTB > %MTS
```

Step 6. 세션창에 출력된 정상그룹과 비정상그룹의 마하라노비스 거리를 확인한다.

■ MTS.MAC 실행결과

```
세션

MTB > LET K1=15
MTB > LET K2=5
MTB > %MTS
다음 파일에서 실행하는 중: C:\Program Files\Minitab\Minitab 16\한국어\매크로\MTS.MAC
```

데이터 표시

행렬 복사_1

```
-0.084   0.188   0.414   0.119   0.167
 0.476   2.685   2.312   3.103   1.538
-1.595  -1.186   0.844   0.184  -1.152
-0.442   0.030   0.388  -0.067  -0.087
 0.580  -0.290  -0.814  -0.417   0.353
-0.401   0.066  -0.055  -0.413  -0.031
 2.053   0.120  -1.612  -0.351   1.367
-0.928  -0.326   0.363  -0.118  -0.474
 0.464   0.794  -0.776  -0.883   0.631
-0.406   0.250  -0.017  -0.497   0.017
-1.527  -1.664   1.439   1.336  -1.301
-0.653  -1.075  -0.675  -0.530  -0.607
 1.153   0.687  -0.612  -0.351   1.032
 0.905  -0.212  -0.561  -0.566   0.591
 0.406  -0.066  -0.637  -0.548  -2.044
```

데이터 표시

행렬 M4

```
 0.999840   0.54130   -0.580715  -0.180394   0.687230
 0.541298   0.99999    0.190580   0.404288   0.698570
-0.580715   0.19058    0.999957   0.863797  -0.118273
-0.180394   0.40429    0.863797   0.999932   0.176371
 0.687230   0.69857   -0.118273   0.176371   0.999906
```

데이터 표시

행렬 M5

```
 11.7714   -4.65230   15.2336   -8.8958   -1.46918
 -4.6523    4.17040   -6.2373    3.0372   -0.98960
 15.2336   -6.23731   25.3470  -16.5930   -0.18739
 -8.8958    3.03722  -16.5930   12.5331   -0.18124
 -1.4692   -0.98960   -0.1874   -0.1812    2.71102
```

데이터 표시

행렬 M40

0.31383
2.47438
0.56847
0.23512
0.27878
0.23758
1.53164
0.25099
0.67824
0.38050
1.58466
1.29149
0.39869
1.16555
2.61006

데이터 표시

행렬 M80

0.5294
1.9757
0.5586
3.1549
1.3861
3.4982
1.7648
23.3960
11.8278
6.1261

■ 세션창에 출력된 행렬 보기

M4=상관행렬, M5=역행렬, M40=정상그룹의 마하라노비스 거리(MD), M80=비정상그룹의 마하라노비스 거리(MD)

Minitab으로 SN비 계산을 위한 마하라노비스 거리는 D^2이 아닌 $D=\sqrt{MD}$를 사용하였다. 즉, 3번 실험에서 비정상그룹의 첫 번 시료의 마하라노비스 거리는 0.52가 아닌 $D=\sqrt{0.52}=0.73$이다.

같은 방법으로 나머지 실험에 대해서 마하라노비스 거리(D)를 계산하여 Minitab의 L12 직교배열표 워크시트에 입력하면 아래와 같다.

⟨Minitab 분석⟩ L12 직교배열표 실험과 마하라노비스 거리(D)

#	C1 X1	C2 X2	C3 X3	C4 X4	C5 X5	C6 X6	C7 X7	C8 X8	C9 D1	C10 D2	C11 D3	C12 D4	C13 D5	C14 D6	C15 D7	C16 D8	C17 D9	C18 D10	C19
1	1	1	1	1	1	1	1	1	1.54	2.06	1.26	2.00	2.25	1.78	2.42	4.13	3.43	2.11	
2	1	1	1	1	2	2	2	2	1.91	2.18	1.52	1.65	2.29	1.77	2.66	3.78	3.32	1.91	
3	1	1	2	2	2	1	1	1	0.73	1.41	0.75	1.78	1.18	1.87	1.33	4.84	3.44	2.47	
4	1	2	1	2	2	1	2	2	1.62	1.36	0.61	2.26	1.43	1.80	1.63	3.63	2.14	1.73	
5	1	2	2	1	2	2	1	2	0.72	1.77	1.60	1.56	1.92	1.80	2.14	2.89	1.57	1.34	
6	1	2	2	2	1	2	2	1	0.77	1.07	0.44	1.68	1.47	1.82	1.12	3.21	3.20	1.87	
7	2	1	2	2	1	1	2	2	1.23	1.65	0.61	1.94	1.16	1.41	1.52	4.05	2.60	2.00	
8	2	1	2	1	2	2	2	1	0.66	1.54	1.29	1.99	2.28	1.83	1.97	3.56	3.85	2.12	
9	2	1	1	2	2	2	1	2	1.53	1.88	0.43	2.09	1.34	1.48	1.89	3.89	2.58	2.01	
10	2	2	2	1	1	1	1	2	0.74	1.95	1.35	2.02	2.43	1.66	1.79	3.60	3.48	1.98	
11	2	2	1	2	1	2	1	1	1.40	1.99	0.34	2.22	1.53	1.35	1.86	3.15	3.53	2.00	
12	2	2	1	1	2	1	2	1	1.46	1.40	1.17	1.74	1.45	1.59	1.66	2.73	1.24	1.14	
13																			
14																			

9.6 망대특성의 SN비

L12 직교배열의 모든 실험조건에서 마하라노비스 거리를 계산한 다음 SN비를 구하여 개별 측정항목의 예측능력을 평가한다. 비정상그룹의 마하라노비스 거리를 크게 하는 측정항목이 예측능력이 우수한 항목이므로 망대특성의 SN비를 계산한다.

망대특성의 SN비 계산식은 아래와 같다.

$$SN = -10 Log_{10} \left[\frac{1}{n} \sum_{i=1}^{n} \frac{1}{D_i^2} \right] \quad (n = \text{비정상그룹 시료수})$$

2번 실험의 SN비를 계산하면,

$$SN_2 = -10 Log_{10} \left[\frac{1}{10} \sum_{i=1}^{10} \frac{1}{D_i^2} \right]$$
$$= -10 Log_{10} \left[\frac{1}{10} \times (\frac{1}{3.65} + \frac{1}{4.75} + \cdots + \frac{1}{3.66}) \right] = 6.26 (db)$$

이다.

같은 방법으로 나머지 실험에 대해서도 마하라노비스 거리를 구하여 SN비를 계산하면 <표 9.13>과 같다.

〈표 9.13〉 L12 직교실험의 마하라노비스 거리(D)와 SN비

실험번호	D1	D2	D3	D4	D5	D6	D7	D8	D9	D10	SN비
1	2.38	4.26	1.58	4.02	5.04	3.16	5.87	17.08	11.77	4.45	5.87
2	3.65	4.75	2.31	2.73	5.23	3.15	7.06	14.27	11.06	3.66	6.26
3	0.53	1.98	0.56	3.15	1.39	3.50	1.77	23.38	11.82	6.12	1.96
4	2.61	1.85	0.38	5.11	2.03	3.24	2.67	13.18	4.60	2.98	2.54
5	0.52	3.12	2.55	2.44	3.69	3.24	4.57	8.37	2.45	1.80	3.06
6	0.59	1.14	0.19	2.81	2.15	3.32	1.26	10.31	10.24	3.51	-0.07
7	1.51	2.74	0.37	3.77	1.34	2.00	2.32	16.37	6.76	4.00	2.10
8	0.43	2.37	1.65	3.94	5.18	3.34	3.88	12.66	14.85	4.49	3.28
9	2.35	3.53	0.19	4.38	1.79	2.20	3.57	15.16	6.66	4.05	0.94
10	0.55	3.80	1.82	4.07	5.93	2.75	3.19	12.94	12.08	3.94	3.85
11	1.95	3.96	0.12	4.93	2.35	1.83	3.46	9.94	12.49	4.01	-0.47
12	2.13	1.96	1.38	3.03	2.11	2.54	2.74	7.46	1.55	1.29	3.17

9.7 Minitab을 활용한 SN비 분석

아래와 같이 L12 직교배열표의 외측배열 C8부터 C17까지 마하라노비스 거리 (D) 데이터를 입력하였다.

1) $L_{12}(2^{11})$ 직교배열 실험 계획하기

- ▶ 통계분석>실험계획법>Taguchi 설계>Taguchi 설계 생성
  - 2수준계 설계
  - 인자수: 11

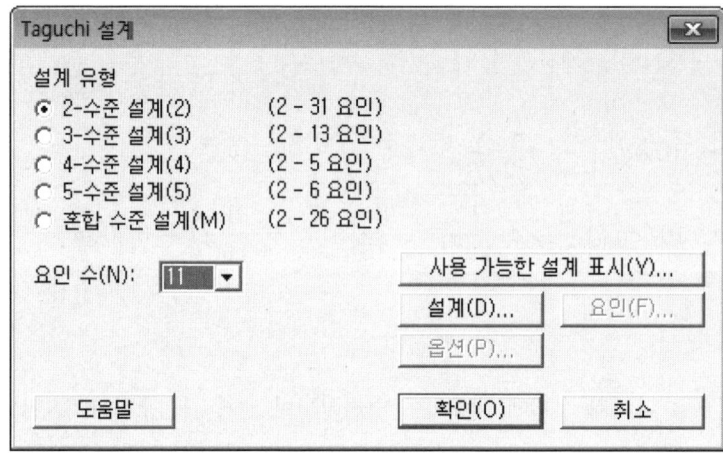

- ▶ 설계
  - L12
  - 확인
- ▶ 요인
  - A: X1   B: X2   C: X3   D: X4   E: X5   F: X6   G: X7   H: X8
- ▶ 확인

L12 직교배열표를 만든 후 Minitab 워크시트의 내측배열에 8개의 실험인자(측정항목)를 배치하고 외측배열에는 D_1부터 D_{10}까지 10개의 마하라노비스 거리 (D)를 입력한다.

⟨Minitab 분석⟩ L12 직교 배열표에 마하라노비스 거리(D) 입력

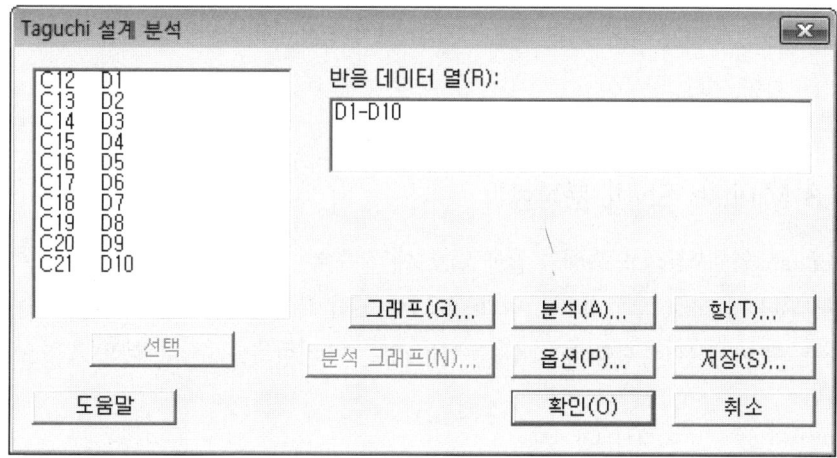

▶ 통계분석>실험계획법>다구찌 설계>다구찌 설계 분석
   - 반응 데이터열: D1-D10

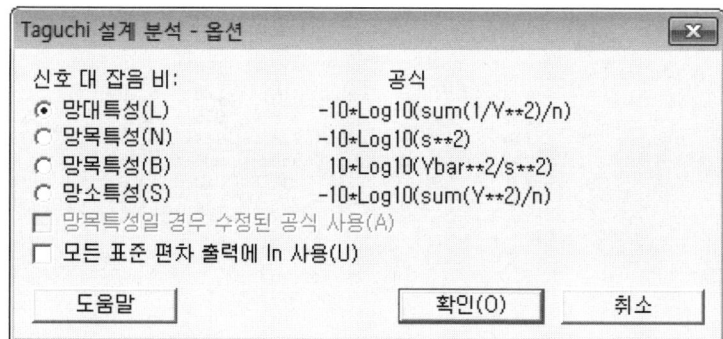

▶ 옵션
   - 신호 대 잡음비: 망대특성

▶ 확인
▶ 저장
   - 다음 항 저장: 신호대 잡음비

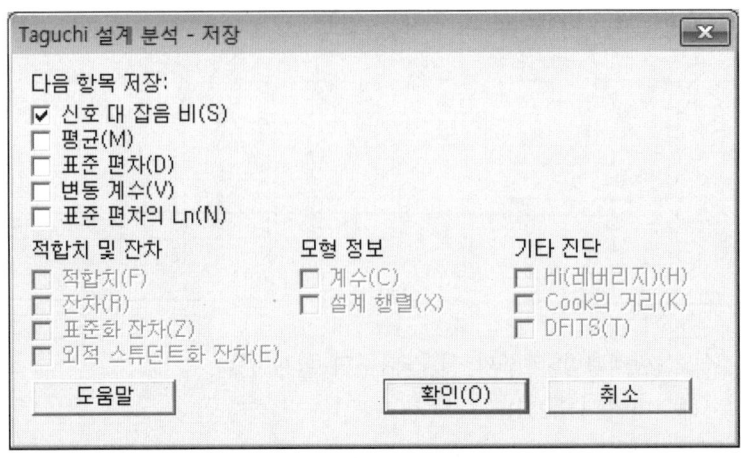

▶ 확인

9.8 Minitab SN비 분석결과

Minitab 워크시트의 외측배열 끝에 신호 대 잡음비 열이 하나 만들어지고 그 아래 SN비가 저장된다. Minitab 주효과도 그림과 반응표로부터 측정항목별 SN비 이득(*gain*)을 계산하여 예측능력이 있는 측정항목과 예측능력이 없는 측정항목을 구분한다.

〈Minitab 분석 결과〉 L12 직교실험과 SN비

	C12 D1	C13 D2	C14 D3	C15 D4	C16 D5	C17 D6	C18 D7	C19 D8	C20 D9	C21 D10	C22 신호 대 잡음 비1	C23
1	1.54	2.06	1.26	2.00	2.25	1.78	2.42	4.13	3.43	2.11	5.86900	
2	1.91	2.18	1.52	1.65	2.29	1.77	2.66	3.78	3.32	1.91	6.25556	
3	0.73	1.41	0.75	1.78	1.18	1.87	1.33	4.84	3.44	2.47	1.95878	
4	1.62	1.36	0.61	2.26	1.43	1.80	1.63	3.63	2.14	1.73	2.54287	
5	0.72	1.77	1.60	1.56	1.92	1.80	2.14	2.89	1.57	1.34	3.06175	
6	0.77	1.07	0.44	1.68	1.47	1.82	1.12	3.21	3.20	1.87	-0.07309	
7	1.23	1.65	0.61	1.94	1.16	1.41	1.52	4.05	2.60	2.00	2.10283	
8	0.66	1.54	1.29	1.99	2.28	1.83	1.97	3.56	3.85	2.12	3.27611	
9	1.53	1.88	0.43	2.09	1.34	1.48	1.89	3.89	2.58	2.01	0.93535	
10	0.74	1.95	1.35	2.02	2.43	1.66	1.79	3.60	3.48	1.98	3.84930	
11	1.40	1.99	0.34	2.22	1.53	1.35	1.86	3.15	3.53	2.00	-0.47138	
12	1.46	1.40	1.17	1.74	1.45	1.59	1.66	2.73	1.24	1.14	3.16957	
13												
14												

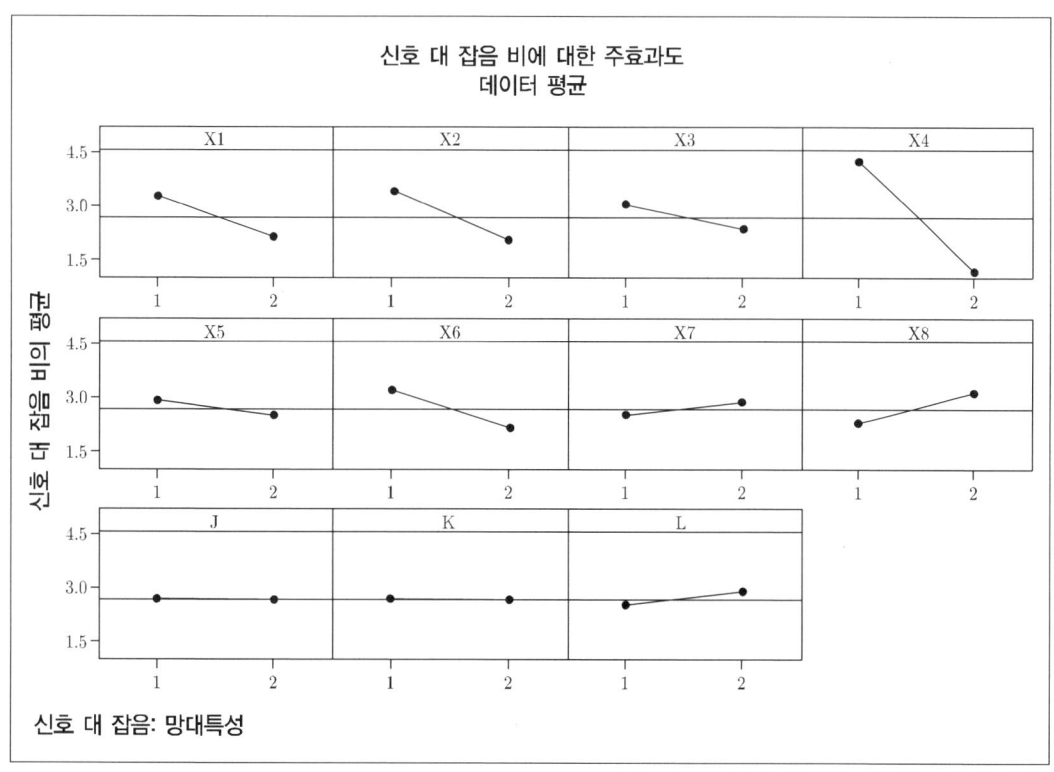

〈그림 9.3〉 SN비 주효과도

〈표 9.14〉 측정항목별 SN비 이득(gain)

수준	평균	표준편차	변동계수	3사분위수	최대값	왜도	첨도	RMS
1(사용함)	3.27	3.40	3.05	4.25	2.92	3.25	2.53	2.29
2(사용하지 않음)	2.14	2.01	2.36	1.17	2.49	2.16	2.88	3.12
이득(gain)	1.13	1.30	0.69	3.08	0.43	1.09	-0.35	-0.83

이득(gain)이 "-"인 첨도(x_7)와 RMS(x_8)는 예측능력이 없다. 예측능력이 없는 측정항목은 마하라노비스 거리의 정확성을 높이는데 기여하지 못하므로 측정항목에서 제외할 수 있다.

9.9 중요 측정항목의 예측능력 검증

첨도(x_7)와 RMS(x_8)를 제외한 나머지 6개 측정항목만 사용하여 정상그룹과 비정상그룹의 마하라노비스 거리를 계산하면 <표 9.15>와 같다. 문턱값을 2.07로 정하면 오류없이 정상설비와 비정상설비를 예측할 수 있을 것으로 판단된다. 앞으로 설비운전중에 진동음을 주기적으로 녹음하여 마하라노비스 거리를 계산한 다음 그 값이 2.07 미만이면 설비가 정상적으로 운전되고 있다고 판정하고 2.07 이상이면 설비가 비정상적으로 운전중이므로 원인을 조사하여 대책을 수립하면 될 것이다.

〈표 9.15〉 정상그룹과 비정상그룹의 마하라노비스 거리(MD) 비교

시료번호	1	2	3	4	5	6	7	8	9	10	11	12	13	14	15
정상그룹	1.57	2.05	1.23	0.15	0.25	0.36	1.63	0.43	0.95	0.86	1.54	1.69	0.27	0.82	0.20
비정상그룹	3.07	4.46	2.07	3.01	4.73	4.16	5.97	20.42	9.53	4.04					

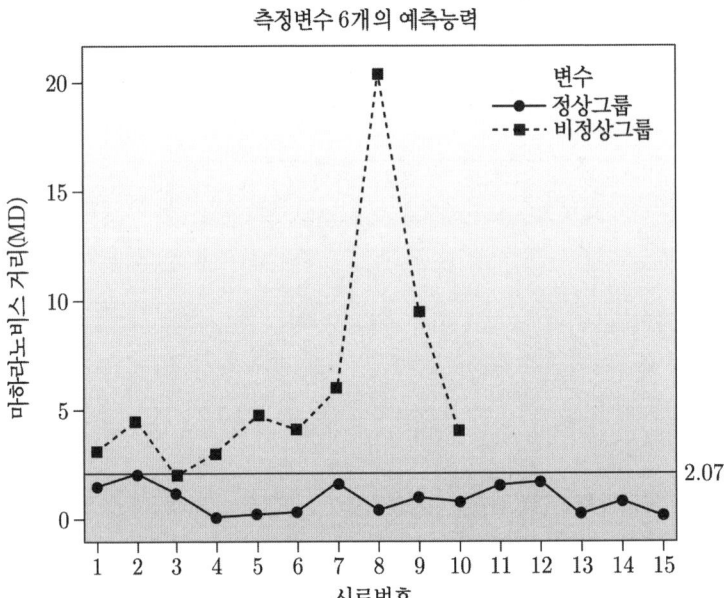

〈그림 9.4〉 측정항목 $x_1, x_2, x_3, x_4, x_5, x_6$의 예측능력

CHAPTER 10
문자인식 시스템 개발

🎯 학습목표 :

1. MTS를 활용한 문자인식 시스템 개발방법을 학습한다.
2. 문자인식을 위한 특징량 선정과 측정방법을 학습한다.
3. 마하라노비스 거리를 계산하여 문자패턴을 예측할 수 있다.
4. 비정상그룹이 2개 이상인 경우의 중요 측정항목 선정 방법을 학습한다.
5. 동특성의 SN비를 사용하여 측정항목의 예측능력을 평가할 수 있다.

1 문자 패턴인식과 MTS

문자패턴인식(*character pattern recognition*)은 인쇄된 문자 또는 손으로 쓴 문자를 컴퓨터가 인식하게 하는 기술이다. 가로 세로 일정한 크기의 종이 위에 손으로 쓴 세 개의 숫자 3, 5, 6을 정확하게 구분할 수 있는 숫자 판독기를 개발한다고 가정해보자. MTS 방법으로 3개의 숫자 3, 5, 6을 구분하려면 먼저 하나의 문자를 정상그룹으로 선정한 다음 나머지 2개 숫자는 비정상그룹으로 정하여 마하라노비스 거리를 계산한다. 마하라노비스 거리는 다변량 데이터를 사용하여 계산되므로 숫자 3, 5, 6의 구별되는 특징을 정하여 데이터베이스를 만들어야한다. 문자인식을 위한 계측에 CCD (*charge-coupled device*)카메라가 많이 사용되며, 문자를 CCD 카메라로 촬영한 다음 컴퓨터를 사용하여 적절한 이미지 변환과정을 거친 다음 특징량을 추출한다. 이번 장에서는 간단한 문자 이미지를 사용하여 패턴인식을 위한 특징량 추출방법과 MTS를 활용한 문자예측 시스템 개발 방법을 소개하고자 한다.

2 문자인식을 위한 측정항목 개발

손으로 쓴 숫자를 <그림 10.1>과 같이 5×5 셀 크기로 나눈 후 X 방향 셀 라인의 변화량과 존재량, Y 방향 셀 라인의 존재량과 연속량을 측정하였다. 존재량은 셀에 정보가 있으면 1, 없으면 0으로 표시한 다음 1이 표시된 셀의 개수를 모두 더한 값이다. 연속량은정보가 단절없이 이어지는 셀의 개수이다. 즉, 셀에 정보가 있으면 1 없으면 0으로 표시한 다음, 연속적으로 1이 표시된 셀의 수를 더한 값이다. 변화량은 정보가 있는 셀(검정색)에서 정보가 없는 셀(흰색)로 바뀌거나 또는 그 반대로 변화한 횟수이다. 예를들어 X 방향 1번 셀 라인에서 5개 셀 모두 정보가 존재하여 1,1,1,1,1이면 변화량은 1이고 존재량은 5이다. 만약, X방향의 5개 셀에 존재하는 정보를 조사하여 0, 1로 표시 하였더니 1,0,1,0,1이었다면 존재량은 3이고, 변화량은 4이다.

3 정상그룹과 비정상그룹 정의

3종류의 숫자 3, 5, 6 중에서 숫자 5를 정상그룹(*normal group*)으로 하고 3, 6을 비정상그룹(*abnormal group*)으로 정하였다.

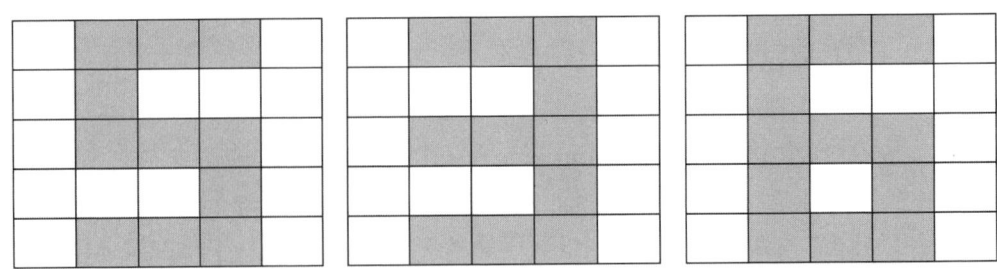

〈그림 10.1〉 정상그룹("5")과 비정상그룹("3", "6")의 5×5 셀

4　정상그룹 특징량 측정

25명의 엔지니어가 종이위에 쓴 숫자 "5"를 디지털 카메라로 촬영한 다음 이미지를 컴퓨터에 입력하여 <그림 10.2>와 같이 5×5 셀로 나누고 컴퓨터 프로그램으로 특징량을 측정하였다. X방향의 첫 번 셀 라인을 1번, 마지막 셀 라인을 5번으로 정하고. Y 방향의 첫 번 셀 라인을 1번, 마지막 라인을 5번으로 하였다. 이렇게 하면 X 방향과 Y 방향 모두 5개의 셀 라인이 존재하고 측정항목수는 각각 2개이므로 시료 1개는 X 방향 측정값 10개와 Y방향 측정값 10개를 갖는다. 정상그룹으로 정한 숫자 "5"의 특징량 측정방법은 <그림 10.2>와 같다.

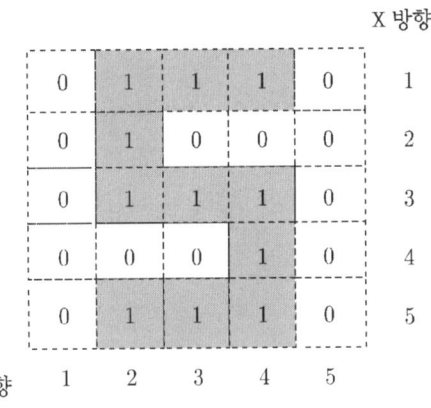

〈그림 10.2〉 정상그룹 이미지의 5×5 셀

측정변수(X_i)와 측정방법

1. **X방향 변화량**: X방향으로 정보가 있는 셀(검정색)에서 정보가 없는 셀(흰색)로 변화하거나 그 반대 방향으로 변화한 횟수
2. **X방향 존재량**: X방향 5개 셀 중에서 정보가 있는 셀(검은색)의 개수.

3. Y방향 존재량: Y방향 5개의 셀 중에서 정보가 있는 셀(검은색)의 개수이다.
4. Y방향 연속량: Y방향으로 정보가 있는 셀(검은색)이 연속해서 나타난 횟수이다.

측정변수(X_i)와 측정항목(x_{ij})

- X방향 변화량(X_1) = $x_{11}, x_{12}, x_{13}, x_{14}, x_{15}$
- Y방향 존재량(X_2) = $x_{21}, x_{22}, x_{23}, x_{24}, x_{25}$
- X방향 존재량(X_3) = $x_{31}, x_{32}, x_{33}, x_{34}, x_{35}$
- Y방향 연속량(X_4) = $x_{41}, x_{42}, x_{43}, x_{44}, x_{45}$

하나의 측정변수(X_i)는 5개의 측정항목($x_{i1}, x_{i2}, x_{i3}, x_{i4}, x_{i5}$)을 갖는다.

정상그룹의 이미지 특징량 측정방법은 <그림 10.3>과 같다.

<그림 10.3> 숫자 "5" 특징량 측정방법

<그림 10.3>에서 X방향 1번 라인의 5개 셀 정보는 0,1,1,1,0이므로 변화량 $x_{11} = 3$이고, X방향 2번 셀 라인의 정보는 0,1,0,0,0 이므로 변화량은 $x_{12} = 3$이다. 또한, X방향 1번 셀 라인의 5개 셀 중 정보가 있는 셀은 3개 이므로 존재량 $x_{31} = 3$이다.

Y방향의 경우 2번 셀 라인의 5개 셀 중 4개 셀에 정보(검은색)가 존재하므로 존재량 $x_{22} = 4$이고, 5개 셀 중에서 정보가 연속해서 나타나는 경우는 두 번 있으므로 연속량은 $x_{42} = 2$이다. 나머지 시료들에 대해서도 같은 방법으로 측정항목을 측정하면 <표 10.1>과 같은 형식의 데이터 테이블을 얻는다.

<표 10.1> 정상그룹 데이터 수집 구조

시료번호	X_1					X_2					X_3					X_4				
	x_{11}	x_{12}	x_{13}	x_{14}	x_{15}	x_{21}	x_{22}	x_{23}	x_{24}	x_{25}	x_{31}	x_{32}	x_{33}	x_{34}	x_{35}	x_{41}	x_{42}	x_{43}	x_{44}	x_{45}
1	y_{111}	y_{121}	y_{131}	y_{141}	y_{151}	y_{211}	y_{221}	y_{231}	y_{241}	y_{251}	y_{311}	y_{321}	y_{331}	y_{341}	y_{351}	y_{411}	y_{421}	y_{431}	y_{441}	y_{451}
2	y_{112}	y_{122}	y_{132}	y_{142}	y_{152}	y_{212}	y_{222}	y_{231}	y_{242}	y_{252}	y_{312}	y_{322}	y_{332}	y_{342}	y_{352}	y_{412}	y_{422}	y_{432}	y_{442}	y_{452}
.	.	.	.	.	.	.	.	.	.	.	.	.	.	.	.	.	.	.	.	.
.	.	.	.	.	.	.	.	.	.	.	.	.	.	.	.	.	.	.	.	.
.	.	.	.	.	.	.	.	.	.	.	.	.	.	.	.	.	.	.	.	.
n	y_{11n}	y_{12n}	y_{13n}	y_{14n}	y_{15n}	y_{21n}	y_{22n}	y_{23n}	y_{24n}	y_{25n}	y_{31n}	y_{32n}	y_{33n}	y_{34n}	y_{35n}	y_{41n}	y_{42n}	y_{43n}	y_{44n}	y_{45n}
평균	m_{11}	m_{12}	m_{13}	m_{14}	m_{15}	m_{21}	m_{22}	m_{23}	m_{24}	m_{25}	m_{31}	m_{32}	m_{33}	m_{34}	m_{35}	m_{41}	m_{42}	m_{43}	m_{44}	m_{45}
표준편차	s_{11}	s_{12}	s_{13}	s_{14}	s_{15}	s_{21}	s_{22}	s_{23}	s_{24}	s_{25}	s_{31}	s_{32}	s_{33}	s_{34}	s_{35}	s_{41}	s_{42}	s_{43}	s_{44}	s_{45}

5 정상그룹("5")의 마하라노비스 거리

5.1 정상그룹("5") 측정 데이터

숫자 "5"의 시료수는 25개, 측정변수는 4개이며 하나의 측정변수에는 5개의 측정항목이 있으므로 정상그룹의 측정데이터 수는 모두 $4 \times 5 \times 25 = 500$개 이다.

각 측정항목에서 측정된 데이터는 y_{ijk} ($i=1,2,3,4.$ $j=1,2,3,4,5.$ $k=1,2,..,25$)로 쓸 수 있고 측정항목 x_{ij} ($i=1,2,3,4.$ $j=1,2,3,4,5$)의 평균을 m_{ij}, 표준편차를 s_{ij}로 하면 측정항목 x_{11}의 평균과 표준편차는 다음과 같다.

$$\text{평균}(m_{11}) = \frac{\sum_{k=1}^{25} y_{11k}}{25} = \frac{y_{111}+y_{112}+...+y_{1125}}{25} = \frac{(3+2+2+....+2)}{25} = 2.04$$

$$\text{표준편차}(s_{11}) = \sqrt{\frac{(3-2.04)^2+(2-2.04)^2+...+(2-2.04)^2}{25-1}} = 0.455$$

이다.

같은 방법으로 나머지 측정항목 $x_{12}, x_{13}, ..., x_{45}$의 평균과 표준편차를 구하면 <표 10.2>와 같다.

<표 10.2> 정상그룹("5")의 측정 데이터

변수	X_1: x방향 변화량					X_2: y방향 존재량					X_3: x방향 존재량					X_4: y방향 연속량				
번호	x_{11}	x_{12}	x_{13}	x_{14}	x_{15}	x_{21}	x_{22}	x_{23}	x_{24}	x_{25}	x_{31}	x_{32}	x_{33}	x_{34}	x_{35}	x_{41}	x_{42}	x_{43}	x_{44}	x_{45}
1	3	3	3	3	3	0	4	3	4	0	3	1	3	4	3	0	2	3	2	0
2	2	2	2	3	2	4	4	3	4	0	4	2	4	1	4	2	2	3	2	0
3	2	3	2	2	2	0	0	4	3	4	3	1	3	1	3	0	0	2	3	2
4	3	3	3	3	3	0	3	3	4	0	2	1	3	2	3	0	2	3	2	0
5	2	2	2	2	2	4	4	3	4	0	4	2	4	1	4	2	2	3	2	0
6	2	2	2	3	2	4	3	4	0	0	3	1	3	1	3	2	3	2	0	0
7	2	2	2	3	2	4	3	3	0	0	3	1	3	1	2	2	3	2	0	0
8	2	2	2	2	2	4	3	3	4	0	4	1	4	1	4	2	3	3	2	0
9	2	3	2	2	2	0	3	4	3	3	4	1	4	1	4	0	2	3	3	2
10	2	3	3	3	2	1	4	5	4	1	4	2	3	2	4	1	2	1	2	1
11	2	2	2	3	2	4	3	4	4	0	4	1	4	2	4	2	3	2	2	0
12	2	3	2	2	2	0	0	1	4	4	2	1	2	2	3	0	0	1	2	2
13	2	3	3	3	2	0	4	4	4	1	4	2	3	1	4	1	2	2	2	1
14	1	2	2	2	2	4	4	4	4	1	5	3	4	1	4	2	2	2	2	1
15	2	2	2	2	2	0	4	3	4	4	4	1	4	2	4	0	2	3	2	2
16	2	3	3	3	2	1	4	3	3	1	4	3	3	1	3	1	2	3	2	1
17	1	2	1	2	1	4	4	3	4	4	5	2	5	2	5	2	2	2	2	2
18	2	2	2	3	2	4	4	4	4	0	4	2	4	2	4	2	2	2	2	0
19	2	2	2	2	2	4	4	0	0	0	2	1	2	1	2	2	2	0	0	0
20	2	3	2	2	2	0	0	0	4	4	2	1	2	1	2	0	0	0	2	2
21	2	3	2	2	2	0	1	4	3	4	3	3	1	3	4	0	1	2	2	3
22	2	2	2	3	3	3	3	3	2	0	3	1	4	1	2	1	3	3	1	0
23	3	3	3	3	2	1	4	4	1	0	3	1	2	1	3	2	2	2	1	0
24	2	2	2	2	2	4	4	4	1	0	4	2	3	1	3	2	2	2	1	0
25	2	3	2	2	2	0	3	3	3	4	4	2	4	1	2	0	1	1	3	2
합계	51	63	55	65	52	50	77	79	75	35	87	35	83	34	83	28	47	53	44	21
평균	2.04	2.52	2.2	2.6	2.08	2	3.08	3.16	3	1.4	3.48	1.4	3.32	1.36	3.32	1.12	1.88	2.12	1.76	0.84
표준편차	0.455	0.510	0.500	0.500	0.400	1.915	1.352	1.214	1.443	1.780	0.872	0.577	0.802	0.700	0.852	0.927	0.881	0.927	0.831	0.987

5.2 정상그룹("5") 데이터 정규화

정상그룹의 측정 데이타 500개는 각 측정항목의 평균과 표준편차를 사용하여 정규화 한다. 정상그룹("5")의 1번 시료 측정변수 X_1(X방향 변화량)의 측정데이터 5개(3,3,3,3,3)는 다음과 같이 정규화 된다.

$Z_{1j1} = \dfrac{y_{1j1} - m_{1j}}{s_{1j}}$ (j=1,2,3,4,5)이므로,

$Z_{111} = \dfrac{y_{111} - m_{11}}{s_{11}} = \dfrac{3-2.04}{0.455} = 2.112$, $Z_{121} = \dfrac{y_{121} - m_{12}}{s_{12}} = \dfrac{3-2.52}{0.510} = 0.941$

$Z_{131} = \dfrac{y_{131} - m_{13}}{s_{13}} = \dfrac{3-2.2}{0.500} = 1.600$, $Z_{141} = \dfrac{y_{141} - m_{14}}{s_{14}} = \dfrac{3-2.60}{0.500} = 0.800$

$Z_{151} = \dfrac{y_{151} - m_{15}}{s_{15}} = \dfrac{3-2.08}{0.400} = 2.300$이다.

20개 측정항목을 정규화 한 변수를 $Z_1, Z_2, \ldots, Z_{20}$로 하면, 아래와 같이 25개 벡터로 표시할 수 있다.

$$Z_1 = \begin{bmatrix} Z_{111} \\ Z_{112} \\ \cdot \\ \cdot \\ \cdot \\ Z_{1125} \end{bmatrix} = \begin{bmatrix} 2.112 \\ -0.088 \\ \cdot \\ \cdot \\ \cdot \\ -0.088 \end{bmatrix}, Z_2 = \begin{bmatrix} Z_{121} \\ Z_{122} \\ \cdot \\ \cdot \\ \cdot \\ Z_{1225} \end{bmatrix} = \begin{bmatrix} 0.941 \\ -1.020 \\ \cdot \\ \cdot \\ \cdot \\ 0.941 \end{bmatrix}, \ldots, Z_{20} = \begin{bmatrix} Z_{451} \\ Z_{452} \\ \cdot \\ \cdot \\ \cdot \\ Z_{4525} \end{bmatrix} = \begin{bmatrix} -0.851 \\ -0.851 \\ \cdot \\ \cdot \\ \cdot \\ 1.176 \end{bmatrix}$$

25개 시료를 정규화한 데이터는 <표 10.3>과 같다.

<표 10.3> 정상그룹("5") 측정 데이타 정규화

시료번호	Z_{11}	Z_{12}	.	.	.	Z_{45}
1	2.112	0.941	.	.	.	-0.851
2	-0.088	-1.020	.	.	.	-0.851
3	-0.088	0.941	.	.	.	1.176
4	2.112	0.941	.	.	.	-0.851
5	-0.088	-1.020	.	.	.	-0.851
6	-0.088	-1.020	.	.	.	-0.851
7	-0.088	-1.020	.	.	.	-0.851
8	-0.088	-1.020	.	.	.	-0.851
9	-0.088	0.941	.	.	.	1.176
.	.	.	.	.	.	.
.	.	.	.	.	.	.
.	.	.	.	.	.	.
25	-0.088	0.941	.	.	.	1.176

5.3 상관행렬과 역행렬

정상그룹의 측정항목을 정규화 한 변수 $Z_{11}, Z_{12}, ..., Z_{45}$ 의 상관계수 r_{ij}를 계산하여 상관행렬(R)을 구한다. 상관행렬(R)은 아래와 같이 20×20 행렬이다.

$$R = \begin{bmatrix} 1 & r_{12} & .... & r_{120} \\ r_{21} & 1 & .... & r_{220} \\ . & . & .... & . \\ . & . & .... & . \\ r_{201} & r_{202} & .... & 1 \end{bmatrix}$$

상관계수(r)를 구하는 식은,

$$r_{ij} = r_{ji} = \frac{1}{k-1} \sum_{p=1}^{n} Z_{ip} Z_{jp}, \ (i, j = 1, 2, ..., k \ \ p = 1, 2, ..., n)$$

이다.

Z_{11}과 Z_{12}의 상관계수 r_{12}를 구해보자.

$$\begin{aligned} r_{12} = r_{21} &= \frac{1}{25-1} \sum_{p=1}^{25} Z_{11p} Z_{12p} \\ &= \frac{1}{24}(Z_{111} \times Z_{121} + Z_{112} \times Z_{122} + ... + Z_{1125} \times Z_{1225}) \\ &= \frac{1}{24}(2.112 \times 0.941 + (-0.08 \times (-1.020)) + ... + (-0.088 \times 0.941)) \\ &= 0.446 \end{aligned}$$

같은 방법으로 나머지 상관계수를 계산하면 아래와 같이 20×20 상관행렬(R)을 얻는다.

$$R = \begin{bmatrix} 1 & r_{12} & .... & r_{120} \\ r_{21} & 1 & .... & r_{220} \\ . & . & .... & . \\ . & . & .... & . \\ r_{201} & r_{202} & .... & 1 \end{bmatrix} = \begin{pmatrix} 1.00 & 0.446 & .... & -0.357 \\ 0.446 & 1.00 & .... & 0.586 \\ 0.697 & 0.556 & .... & -0.270 \\ 0.257 & -0.294 & .... & -0.726 \\ . & . & .... & . \\ . & . & .... & . \\ -0.357 & 0.586 & .... & 1.00 \end{pmatrix}$$

상관행렬(R)의 역행렬(R^{-1})을 구하면 다음과 같다.

$$R^{-1} = \begin{pmatrix} 1.00 & 0.446 & \cdots & -0.357 \\ 0.446 & 1.00 & \cdots & 0.586 \\ 0.697 & 0.556 & \cdots & -0.270 \\ 0.257 & -0.294 & \cdots & -0.726 \\ \cdot & \cdot & \cdots & \cdot \\ \cdot & \cdot & \cdots & \cdot \\ -0.357 & 0.586 & \cdots & 1.00 \end{pmatrix}^{-1} = \begin{pmatrix} 35.86 & -54.74 & \cdots & 0.39 \\ -54.74 & 749.88 & \cdots & -102.33 \\ 58.20 & -212.19 & \cdots & -22.96 \\ 8.03 & 12.36 & \cdots & -6.45 \\ \cdot & \cdot & \cdots & \cdot \\ \cdot & \cdot & \cdots & \cdot \\ 0.39 & -102.33 & \cdots & 80.77 \end{pmatrix}$$

5.4 정상그룹("5")의 마하라노비스 거리

역행렬(R^{-1})은 정상그룹과 비정상그룹("3", "6")시료의 마하라노비스 거리를 구하는데 사용된다. 정상그룹(숫자 5)의 마하라노비스 거리를 먼저 구해보자.

마하라노비스 거리를 구하는 식은,

$$MD_p = D_p^2 = \frac{1}{k} Z_{ijp} R^{-1} Z_{ijp}^T \quad (i=1,2,3,4 \; j=1,2,3,4,5 \; p=1,2,\ldots,25) \text{이다.}$$

정상그룹의 첫 번 시료의 마하라노비스 거리 MD_1을 구하면,

$$MD_1 = D_1^2 = \frac{1}{20}(Z_{111} \; Z_{121} \ldots Z_{451}) R^{-1} (Z_{111} \; Z_{121} \ldots Z_{451})^T$$

$$= \frac{1}{20}(2.112 \; 0.941 \ldots -0.851) R^{-1} (2.112 \; 0.941 \ldots -0.851)^T$$

$$= 1.10 \text{ 이다.}$$

같은 방법으로 나머지 24개 시료의 마하라노비스 거리를 계산하면 <표 10.4>와 같다.

<표 10.4> 정상그룹(숫자 "5")의 마하라노비스 거리

번호	1	2	3	4	5	6	7	8	9	10
D^2	1.1	0.8	1	1.07	0.83	0.94	0.82	0.83	1.15	0.88
번호	11	12	13	14	15	16	17	18	19	20
D^2	0.83	0.67	1.15	0.95	0.99	1.05	0.93	0.66	1.13	0.9
번호	21	22	23	24	25					
D^2	1.15	0.95	1.15	1	1.08					

6 비정상그룹 ("3")의 마하라노비스 거리

6.1 측정방법과 측정 데이터 표준화

12명이 손으로 쓴 숫자 "3", "6"을 비정상그룹으로 정하여 정상그룹("5")측정방법과 동일한 방법으로 측정하였다.

					X 방향 변화량	존재량
1	1	1	1	1	1	5
0	0	0	0	1	2	1
1	1	1	1	1	1	5
0	0	0	0	1	2	1
1	1	1	1	1	1	5

Y 방향 존재량: 3 3 3 3 5
Y 방향 연속량: 3 3 3 3 1

〈그림 10.4〉 비정상그룹 "3" 특징량 측정방법

					X 방향 변화량	존재량
1	1	1	1	1	1	5
1	0	0	0	0	2	1
1	1	1	1	1	1	5
1	0	0	0	1	3	1
1	1	1	1	1	1	5

Y 방향 존재량: 5 3 3 3 4
Y 방향 연속량: 5 3 3 3 2

〈그림 10.5〉 비정상그룹 "6" 특징량 측정방법

⟨표 10.5⟩ 비정상그룹 ("3")의 측정데이터

번호	X_1: x방향 변화량					X_2: y방향 존재량					X_3: x방향 존재량					X_4: y방향 연속량				
	x_{11}	x_{12}	x_{13}	x_{14}	x_{15}	x_{21}	x_{22}	x_{23}	x_{24}	x_{25}	x_{31}	x_{32}	x_{33}	x_{34}	x_{35}	x_{41}	x_{42}	x_{43}	x_{44}	x_{45}
1	1	2	1	2	1	3	3	3	3	5	5	1	5	1	5	3	3	3	3	1
2	2	2	2	2	2	0	1	3	3	5	3	1	3	1	4	0	1	3	3	1
3	3	2	3	3	3	2	3	3	3	0	3	1	3	1	3	2	3	3	1	0
4	2	3	2	3	2	3	3	3	5	0	4	1	4	1	4	3	3	3	1	0
5	2	2	2	2	2	0	3	3	5	5	4	2	4	2	4	0	3	3	1	1
6	2	2	2	2	2	0	2	3	3	5	4	1	3	1	4	0	2	3	3	1
7	1	2	2	2	2	2	2	3	3	5	5	2	4	2	5	2	3	3	1	1
8	2	3	2	2	2	3	3	3	3	0	3	1	4	1	3	3	3	3	1	0
9	2	2	2	2	2	2	3	3	3	3	4	1	4	1	4	2	3	3	3	1
10	3	2	2	2	3	0	0	3	3	3	2	1	3	1	2	0	0	3	3	1
11	2	3	2	3	2	3	5	0	0	0	2	1	2	1	2	3	1	0	0	0
12	2	3	3	3	2	2	3	5	0	0	3	1	2	1	3	2	3	1	0	0

정상그룹("5")의 측정항목 평균(m_{ij})과 표준편차(s_{ij})로 비정상그룹("3", "6")의 측정데이터를 표준화한다. 비정상그룹("3") 1번 시료의 측정항목 X_1(X방향 변화량)의 측정값 5개를 표준화하면 다음과 같다.

$$Z_{1j1} = \frac{y_{1j1} - m_{1j}}{s_{1j}} \quad (j=1,2,3,4,5) 이므로,$$

$$Z_{111} = \frac{y_{111} - m_{11}}{s_{11}} = \frac{1-2.04}{0.455} = -2.288,$$

$$Z_{131} = \frac{y_{131} - m_{13}}{s_{13}} = \frac{1-2.2}{0.50} = -2.400,$$

$$Z_{151} = \frac{y_{151} - m_{15}}{s_{15}} = \frac{1-2.08}{0.40} = -2.700 \text{ 이다.}$$

20개 측정항목을 표준화 한 변수를 $Z_{11}, Z_{12}, \ldots, Z_{45}$로 하면, 아래와 같이 12개 벡터로 표시할 수 있다.

$$Z_{11} = \begin{bmatrix} Z_{111} \\ Z_{112} \\ \cdot \\ \cdot \\ \cdot \\ Z_{1112} \end{bmatrix} = \begin{bmatrix} -2.288 \\ -0.088 \\ \cdot \\ \cdot \\ \cdot \\ -0.088 \end{bmatrix}, \; Z_{12} = \begin{bmatrix} Z_{121} \\ Z_{122} \\ \cdot \\ \cdot \\ \cdot \\ Z_{1212} \end{bmatrix} = \begin{bmatrix} -1.020 \\ -1.020 \\ \cdot \\ \cdot \\ \cdot \\ 0.941 \end{bmatrix}, \ldots, Z_{45} = \begin{bmatrix} Z_{451} \\ Z_{452} \\ \cdot \\ \cdot \\ \cdot \\ Z_{4512} \end{bmatrix} = \begin{bmatrix} 0.162 \\ 0.162 \\ \cdot \\ \cdot \\ \cdot \\ -0.851 \end{bmatrix}$$

비정상그룹("3")의 데이터를 표준화하면 <표 10.6>과 같다.

<표 10.6> 비정상그룹("3")의 표준화

번호	X_1					X_2			X_3			X_4		
	Z_{11}	Z_{12}	Z_{13}	Z_{14}	Z_{15}	Z_{21}	.	Z_{25}	Z_{31}	.	Z_{35}	Z_{41}	.	Z_{45}
1	-2.288	-1.020	-2.400	-1.200	-2.700	0.513	.	.	1.743	.	.	2.028	.	0.162
2	-0.088	-1.020	-0.400	-1.200	-0.200	-1.025	.	.	-0.550	.	.	-1.208	.	0.162
3	2.112	-1.020	1.600	0.800	2.300	0.000	.	.	-0.550	.	.	0.949	.	-0.851
4	-0.088	0.941	-0.400	0.800	-0.200	0.513	.	.	0.596	.	.	2.028	.	-0.851
5	-0.088	-1.020	-0.400	-1.200	-0.200	-1.025	.	.	0.596	.	.	-1.208	.	0.162
6	-0.088	-1.020	-0.400	-1.200	-0.200	-1.025	.	.	0.596	.	.	-1.208	.	0.162
7	-2.288	-1.020	-0.400	-1.200	-0.200	0.000	.	.	1.743	.	.	0.949	.	0.162
8	-0.088	0.941	-0.400	0.800	-0.200	0.513	.	.	-0.550	.	.	2.028	.	-0.851
9	-0.088	-1.020	-0.400	-1.200	-0.200	0.000	.	.	0.596	.	.	0.949	.	0.162
10	2.112	-1.020	-0.400	-1.200	2.300	-1.025	.	.	-1.697	.	.	-1.208	.	0.162
11	-0.088	0.941	-0.400	0.800	-0.200	0.513	.	.	-1.697	.	.	2.028	.	-0.851
12	-0.088	0.941	1.600	0.800	-0.200	0.000	.	.	-0.550	.	.	0.949	.	-0.851

6.2 마하라노비스 거리

비정상그룹("3")의 첫 번 시료의 마하라노비스 거리(MD_1)을 구하면,

$$MD_1 = D_1^2 = \frac{1}{20}(Z_{111} \; Z_{112} .... Z_{451})R^{-1}(Z_{111} \; Z_{112} .... Z_{451})^T 으로부터,$$

$$MD_1 = \frac{1}{20}(-2.288 \; -1.020 .... 0.162)R^{-1}(-2.288 \; -1.020 .... 0.162)^T$$

$$= 39.2 \text{ 이다.}$$

같은 방법으로 나머지 시료의 마하라노비스 거리(D^2) 12개를 계산하면 <표 10.7>과 같다.

〈표 10.7〉 비정상그룹 ("3")의 마하라노비스 거리

번호	1	2	3	4	5	6	7	8	9	10	11	12
D^2	39.2	226.5	75.1	175.2	166.7	261.6	131.8	132.5	112.0	131.1	157.8	23.0

정상그룹("5")과 비정상그룹("3")의 마하라노비스 거리는 MTS.MAC을 사용하면 간단히 구할 수 있다. MTS.MAC으로 마하라노비스 거리를 구하는 절차는 다음과 같다.

Step 1. 측정항목을 선정한다.

Step 2. 정상그룹의 측정값을 정규화 하고, 비정상그룹의 측정항목을 표준화한다.

	C1 Z1	C2 Z2	C3 Z3	C4 Z4	C5 Z5	C6 Z6	C7 Z7	C8 Z8	C9 Z9	C10 Z10	C11 Z11	C1 Z1
1	2.112	0.941	1.6	0.8	2.3	-1.044	0.681	-0.132	0.693	-0.787	-0.551	-0.
2	-0.088	-1.020	-0.4	0.8	-0.2	1.044	0.681	-0.132	0.693	-0.787	0.596	1.
3	-0.088	0.941	-0.4	-1.2	-0.2	-1.044	-2.279	0.692	0.000	1.461	-0.551	-0.
4	2.112	0.941	1.6	0.8	2.3	-1.044	-0.059	-0.132	0.693	-0.787	-1.698	-0.
5	-0.088	-1.020	-0.4	-1.2	-0.2	1.044	0.681	-0.132	0.693	-0.787	0.596	1.
6	-0.088	-1.020	-0.4	0.8	-0.2	1.044	-0.059	0.692	-2.078	-0.787	-0.551	-0.
7	-0.088	-1.020	-0.4	0.8	-0.2	1.044	-0.059	-0.132	-2.078	-0.787	-0.551	-0.
8	-0.088	-1.020	-0.4	-1.2	-0.2	1.044	-0.059	-0.132	0.693	-0.787	0.596	-0.
9	-0.088	0.941	-0.4	-1.2	-0.2	-1.044	-0.059	0.692	0.000	0.899	0.596	-0.
10	-0.088	0.941	1.6	0.8	-0.2	-0.522	0.681	1.516	0.693	-0.225	0.596	1.
11	-0.088	-1.020	-0.4	0.8	-0.2	1.044	-0.059	0.692	0.693	-0.787	0.596	-0.
12	-0.088	0.941	-0.4	-1.2	-0.2	-1.044	-2.279	-1.780	0.693	1.461	-1.698	-0.
13	-0.088	0.941	1.6	0.8	-0.2	-1.044	0.681	0.692	0.693	-0.225	0.596	1.
14	-2.288	-1.020	-0.4	0.8	-0.2	1.044	0.681	0.692	0.693	-0.225	1.744	2.
15	-0.088	0.941	-0.4	-1.2	-0.2	-1.044	0.681	-0.132	0.693	1.461	0.596	-0.
16	-0.088	0.941	1.6	0.8	-0.2	-0.522	0.681	-0.132	0.000	-0.225	0.596	-0.
17	-2.288	-1.020	-2.4	-1.2	-2.7	1.044	0.681	-0.132	0.693	1.461	1.744	1.
18	-0.088	-1.020	-0.4	0.8	-0.2	1.044	0.681	0.692	0.693	-0.787	0.596	1.
19	-0.088	-1.020	-0.4	0.8	-0.2	1.044	0.681	-2.603	-2.078	-0.787	-1.698	-0.
20	-0.088	0.941	-0.4	-1.2	-0.2	-1.044	-2.279	-2.603	0.693	1.461	-1.698	-0.
21	-0.088	0.941	-0.4	-1.2	-0.2	-1.044	-1.539	0.692	0.000	1.461	-0.551	-0.
22	-0.088	-1.020	-0.4	0.8	2.3	0.522	-0.059	-0.132	-0.693	-0.787	-0.551	-0.
23	2.112	0.941	1.6	0.8	-0.2	-0.522	0.681	0.692	-1.386	-0.787	-0.551	-0.
24	-0.088	-1.020	-0.4	0.8	-0.2	1.044	0.681	0.692	-1.386	-0.787	0.596	1.
25	-0.088	0.941	-0.4	-1.2	-0.2	-1.044	-0.059	-0.132	0.000	1.461	0.596	1.

Step 3. 정상그룹 행렬(M1)과 비정상그룹 행렬(M10)을 지정한다.

▶ 데이터>복사>열을 행렬로
 - 복사될 열: Z1-Z20
 - 복사된 데이터 저장: M1

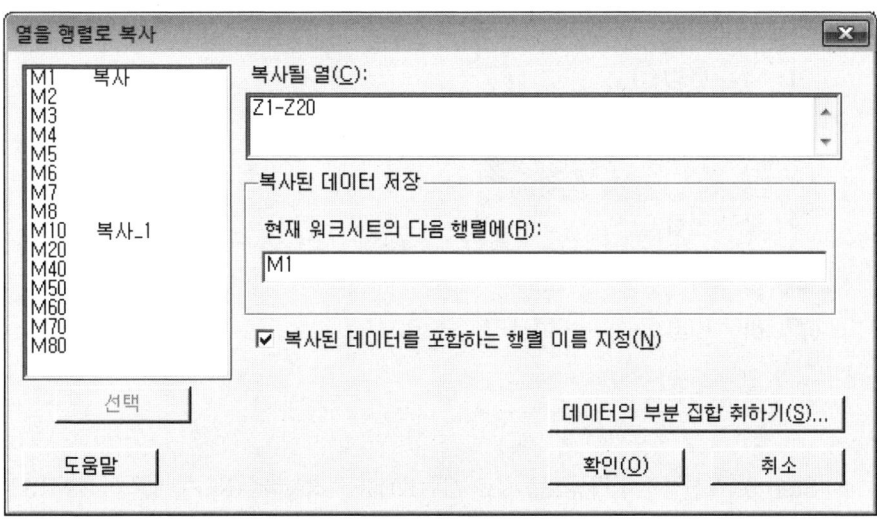

▶ 데이터>복사>열을 행렬로
- 복사될 열: AZ1-AZ20
- 복사된 데이터 저장: M10

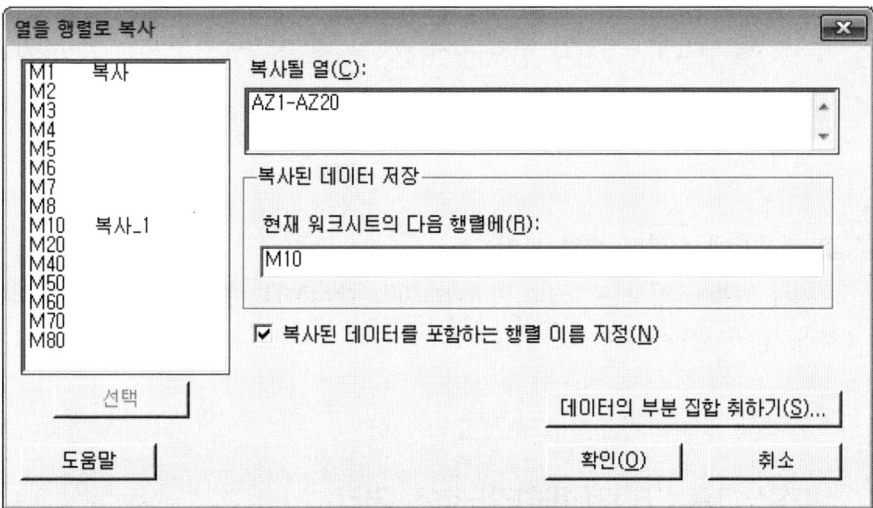

Step 4. 세션창에서 매크로파일 실행 준비를 한다.

▶ 창(W)>세션

▶ 편집기>명령사용

Step 5. 세션창에서 정상그룹 시료 개수(K1)와 측정항목수(K2)를 입력하고 MTS.MAC 파일을 실행시킨다.

- ▶ MTB> LET K1=25
- ▶ MTB> LET K2=20
- ▶ MTB> %MTS

Step 6. 세션창에 출력된 정상그룹과 비정상그룹의 마하라노비스 거리(MD)를 확인한다.

MTB >

■ 세션창에 출력된 행렬 보기

행렬 M40=정상그룹("5")의 마하라노비스 거리(MD), 행렬 M80=비정상그룹("3")의 마하라노비스 거리(MD)

7 비정상그룹 ("6")의 마하라노비스 거리

7.1 비정상그룹("6")의 측정 데이터와 표준화

숫자 "6"을 손으로 쓴 시료 12개를 준비하여 정상그룹(숫자 "5")의 측정방법과 동일한 방법으로 측정하였다. 손으로 쓴 숫자 "6"을 가로 세로 5×5 크기의 셀로 나누어 X방향으로 변화량과 존재량을 측정하고 Y방향으로 연속량과 존재량을 측정한 데이터는 <표 10.8>과 같다.

⟨표 10.8⟩ 비정상그룹 ("6")의 측정 데이터

번호	X_1: x방향 변화량					X_2: y방향 존재량					X_3: x방향 존재량					X_4: y방향 연속량				
	x_{11}	x_{12}	x_{13}	x_{14}	x_{15}	x_{21}	x_{22}	x_{23}	x_{24}	x_{25}	x_{31}	x_{32}	x_{33}	x_{34}	x_{35}	x_{41}	x_{42}	x_{43}	x_{44}	x_{45}
1	1	2	1	3	1	5	3	3	3	4	5	1	5	2	5	1	3	3	3	2
2	3	2	2	4	2	4	3	3	4	0	3	1	4	2	4	1	3	3	2	0
3	1	2	1	3	1	5	3	3	4	4	5	1	5	3	5	1	3	3	2	2
4	2	3	2	4	2	0	5	3	3	4	4	1	4	2	4	0	1	3	3	2
5	2	3	2	4	2	0	5	5	3	4	4	2	4	3	4	0	1	1	3	2
6	2	3	2	4	2	0	0	5	3	4	3	1	3	2	3	0	0	1	3	2
7	3	2	2	3	2	4	3	2	3	0	3	1	3	2	3	1	3	3	2	0
8	3	3	3	5	3	0	5	3	4	0	3	1	3	2	3	0	1	3	2	0
9	3	3	2	4	3	0	5	3	3	2	3	1	4	2	3	0	1	3	3	1
10	2	2	2	4	2	5	3	4	1	0	4	1	3	2	3	1	3	2	1	0
11	3	2	1	3	1	4	3	3	4	3	3	1	5	3	5	1	3	3	2	1
12	2	3	2	4	2	0	5	4	3	3	3	1	4	3	4	0	1	2	3	1

정상그룹(숫자 "5")의 측정항목별 평균과 표준편차로 숫자 "6"의 측정값을 표준화한다. 측정변수 X_1은 5개의 측정항목 $x_{11}, x_{12}, x_{13}, x_{14}, x_{15}$ 을 갖는다.

$$Z_{1j1} = \frac{y_{1j1} - m_{1j}}{s_{1j}} \ (j=1,2,3,4,5) \text{이므로},$$

$$Z_{111} = \frac{y_{111} - m_{11}}{s_{11}} = \frac{1-2.04}{0.455} = -2.28, \quad Z_{121} = \frac{y_{121} - m_{12}}{s_{12}} = \frac{2-2.52}{0.510} = -2.98$$

$$Z_{131} = \frac{y_{131} - m_{13}}{s_{13}} = \frac{1-2.2}{0.500} = -2.29, \quad Z_{141} = \frac{y_{141} - m_{14}}{s_{14}} = \frac{3-2.60}{0.500} = 0.80$$

$$Z_{151} = \frac{y_{151} - m_{15}}{s_{15}} = \frac{1-2.08}{0.400} = -2.70$$

이다.

나머지 측정항목들도 같은 방법으로 표준화 하면 <표 10.9>와 같다.

<표 10.9> 비정상그룹("6") 표준화 데이터

번호	X_1				X_2				X_3				X_4			
	Z_{11}	Z_{12}	.	Z_{15}	Z_{21}	.	.	Z_{25}	Z_{31}	.	.	Z_{35}	Z_{41}	.	.	Z_{45}
1	-2.288	-1.020	.	-2.700	1.538	.	.	.	1.743	.	.	.	.	.	.	1.175
2	2.112	-1.020	.	-0.200	1.025	.	.	.	-0.550	.	.	.	.	.	.	-0.851
3	-2.288	-1.020	.	-2.700	1.538	.	.	.	1.743	.	.	.	.	.	.	1.175
4	-0.088	0.941	.	-0.200	-1.025	.	.	.	0.596	.	.	.	.	.	.	1.175
5	-0.088	0.941	.	-0.200	-1.025	.	.	.	0.596	.	.	.	.	.	.	1.175
6	-0.088	0.941	.	-0.200	-1.025	.	.	.	-0.550	.	.	.	.	.	.	1.175
7	2.112	-1.020	.	-0.200	1.025	.	.	.	-0.550	.	.	.	.	.	.	-0.851
8	2.112	0.941	.	2.300	-1.025	.	.	.	-0.550	.	.	.	.	.	.	-0.851
9	2.112	0.941	.	2.300	-1.025	.	.	.	-0.550	.	.	.	.	.	.	0.162
10	-0.088	-1.020	.	-0.200	1.538	.	.	.	0.596	.	.	.	.	.	.	-0.851
11	2.112	-1.020	.	-2.700	1.025	.	.	.	-0.550	.	.	.	.	.	.	0.162
12	-0.088	0.941	.	-0.200	-1.025	.	.	.	-0.550	.	.	.	.	.	.	0.162

7.2 마하라노비스 거리

숫자 "6"의 첫 번 시료의 마하라노비스 거리(MD_1)을 구해보자.

$$MD_1 = D_1^2 = \frac{1}{20}(Z_{111}\ Z_{121}....Z_{451})R^{-1}(Z_{111}\ Z_{121}....Z_{451})^T 으로부터,$$

$$MD_1 = \frac{1}{20}(-2.288\ -1.020....1.175)R^{-1}(-2.288\ -1.020....1.175)^T$$

$$= 23.4 이다.$$

나머지 11개 시료 역시 같은 방법으로 마하라노비스 거리를 계산하여 정리하면 <표 10.10>과 같다.

<표 10.10> 비정상그룹("6")의 마하라노비스 거리

번호	1	2	3	4	5	6	7	8	9	10	11	12
D^2	23.4	24.9	12.0	8.2	7.2	5.2	64.6	11.8	11.0	13.6	34.3	12.1

8 정상그룹과 비정상그룹의 마하라노비스 거리 비교

정상그룹("5")의 마하라노비스 거리와 비정상그룹 "3"과 "6"의 마하라노비스 거리를 비교하여 각 그룹의 시료가 숫자 "5", "3", "6" 중 어느그룹에 속하는지 분류한다. 우선 정상그룹과 비정상그룹의 마하라노비스 거리 최대값, 최소값, 평균을 요약하면 <표 10.11>과 같다.

① 정상그룹 "5": 최대값=1.15, 최소값=0.66, 평균=0.96
② 비정상그룹 "3": 최대값=261.6, 최소값=23.0, 평균=136.06
③ 비정상그룹 "6": 최대값=64.57, 최소값=5.19, 평균=19.03

<표 10.11> "5", "3", "6"의 마하라노비스 거리(D^2) 비교

시료번호	정상그룹 ("5") MD	비정상그룹("3") MD	비정상그룹("6") MD
1	1.10	39.2	23.40
2	0.80	226.5	24.93
3	1.00	75.1	11.96
4	1.07	175.2	8.22
5	0.83	166.7	7.24
6	0.94	261.6	5.19
7	0.82	131.8	64.57
8	0.83	132.5	11.82
9	1.15	112.0	11.04
10	0.88	131.1	13.63
11	0.83	157.8	34.33
12	0.67	23.0	12.07
13	1.15		
14	0.95		
15	0.99		
16	1.05		
17	0.93		
18	0.66		
19	1.13		
20	0.90		
21	1.15		
22	0.95		
23	1.15		
24	1.00		
25	1.08		
합계	24	1632.68	228.41
평균	0.96	136.06	19.03

정상그룹("5")의 마하라노비스 거리 평균은 0.96으로 가장작고, 숫자 "3"의 거리평균은 136.06으로 가장 크다. 숫자 "6"의 평균거리는 19.03으로 숫자 "3"의 평균거리 보다 작다. 4개의 측정변수 x_1, x_2, x_3, x_4 로 숫자 "5", "3", "6"을 잘 구분할 수 있음을 알 수 있다. 그런데, "3"과 "6"의 마하라노비스 거리 범위는 일부 중복 되므로 판정오류(1종오류와 2종오류) 를 피할 수 없다. 전체 손실이 최소가 되는 방향으로 문턱값(threshold value)을 정하는 것이 바람직하다.

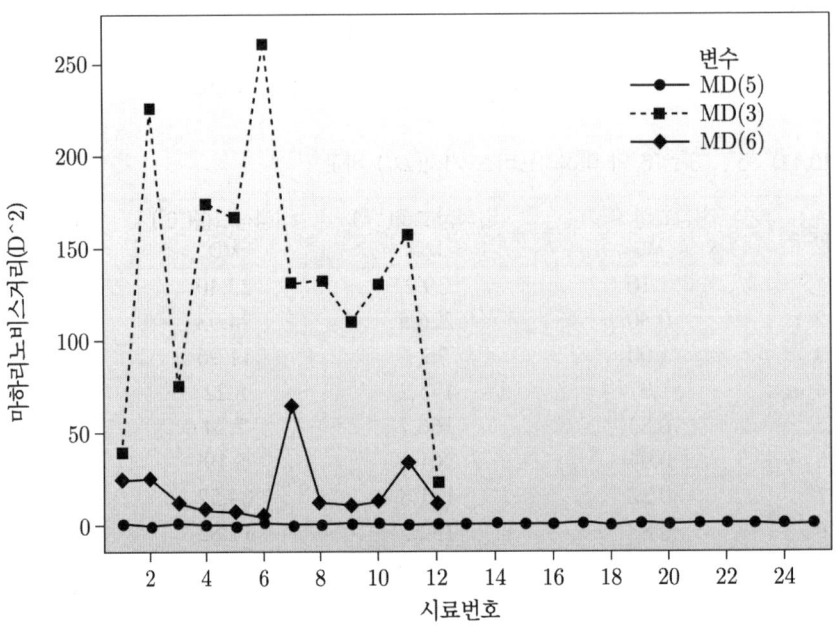

〈그림 10.6〉 정상그룹("5")과 비정상그룹 ("3", "6")의 MD 비교

9 문턱값

정상그룹("5")은 비정상그룹 대비 MD 값이 매우 작아서 변동을 고려하더라도 마하라노비스 거리가 4를 넘지 않을 것으로 판단되므로 4를 문턱값으로 하였다. 이렇게 하면, 비정상그룹 "3"과 "6"의 마하라노비스 거리 범위와 중복되지 않는다.

숫자 "6"의 마하라노비스 거리 최소값은 5.19이고 최대값은 64.57이다. "6"의 마하라노비스 거리 최대값은 숫자 "3"의 마하라노비스 거리 최소값 23.0 보다 커서 마하라노비스 거리 범위가 일부 중복된다. 오류의 크기와 비용이 최소가 되는 문턱값을 45로 정하기로 하면 "3", "5", "6"을 분류하는 기준은 다음과 같다.

① $MD < 4$ 이면 "5"로 판정함

② $4 \leq MD < 45$이면 "3"으로 판정함

③ $MD \geq 45$이면 "6"으로 판정함

이러한 기준을 적용할 때 "3"이 "6"으로 분류되는 오류와 "6"이 "3"으로 분류되는 오류는 각각 1개씩 발생하여 전체 오류율은 16.6% (2/12)가 된다.

10 중요 측정항목 선정과 예측능력 검증

숫자 "3", "5", "6" 예측에 중요한 측정항목을 정하기 위해 직교배열표를 이용한 실험을 한다. 측정항목을 직교배열표에 배치하고 각 실험조건에서 마하라노비스 거리를 구하여 SN비를 계산한다. 품질공학에서 SN비는 시스템이 노이즈 인자에 얼마나 강한가를 나타내는 강건성(robustness)의 측도이지만, MTS에서는 마하라노비스 거리 정확성을 나타내는 측도이다. 측정항목을 사용했을 때의 SN비 평균과 사용하지 않았을 때의 SN비 평균의 차를 구하여 양(+)의 값이면 측정항목은 예측능력이 있는 중요한 측정항목이다.

비정상그룹의 MD값을 알고 있거나 비정상그룹이 2개 이상인 경우 SN비 계산에 동특성의 SN비를 사용하며, 정상그룹에 비정상그룹의 데이터가 혼입되어 있을 경우 망목특성의 SN비 계산식을 사용한다. 만일, 정상그룹과 비정상그룹의 MD값이 작을수록 좋은 경우라면 망소특성의 SN비 계산식을 사용하여야한다. 복사기 화상품질 측정시스템에서는 원본과 복사본의 화상품질 차이가 작은 것이 좋으므로 망소특성의 SN비 계산식을 사용한다.

10.1 동특성의 SN비

동특성의 SN비 일반식 $y = \beta M$에서 반응값 y를 마하라노비스 거리 D로 놓으면

$$D = \beta M$$

와 같이 쓸 수 있다. 동특성의 SN비 계산에 사용하는 마하라노비스 거리는 $D = \sqrt{D^2}$ 이고, 각 그룹의 마하라노비스 거리 평균 ($\sqrt{MD_i} = \sqrt{D_i^2}$) 값을 신호인자 M로 사용한다.

⟨표 10.12⟩ 신호인자(M)와 마하라노비스 거리(D)

그룹	1	2	3	....	L
신호인자(M)	M_1	M_2	M_3	....	M_l
마하라노비스 거리(D)	D_1	D_2	D_3	....	D_l

① 신호인자(M)

$$M_1 = \sqrt{D_1^2}, \ M_2 = \sqrt{D_2^2}, ..., M_l = \sqrt{D_l^2}$$

② 총제곱합 (S_T)

$$S_T = D_1^2 + D_2^2 + ... + D_l^2$$

③ 선형식(L)

$$L = M_1 \times D_1 + M_2 \times D_2 + ... + M_l \times D_l$$

④ 유효제수(r)

$$r = M_1^2 + M_2^2 + ... + M_l^2$$

⑤ 비례변동 (S_β)

$$S_\beta = \frac{L^2}{r}$$

⑥ 오차변동(S_e)

$$S_e = S_T - S_\beta$$

⑦ 분산(V_e)

$$V_e = \frac{S_e}{fe} \qquad (fe = \text{오차 제곱합의 자유도})$$

⑧ 기울기(β)

$$\beta = \frac{L^2}{r_0 \times r} \qquad (r_0 = \text{데이터 갯수})$$

⑨ SN비

$$SN = 10\log\left(\frac{\beta^2}{\sigma^2(=V_e)}\right) \text{이다.}$$

10.2 L12 직교배열표와 신호인자

2수준계 직교배열표의 내측배열에 측정항목을 배치하고, 외측배열에 신호인자(M)를 배치한다. L12 직교배열표의 내측배열 중 1, 2, 5, 6 열에 4개의 측정변수 x_1, x_2, x_3, x_4를 차례로 배치하였다. 직교배열표의 각 열에 나타나는 수준 1은 해당열에 배치한 측정항목을 "사용함" 수준 2는 "사용하지 않음"이다. 실험번호 1에서 측정항목 4개의 수준은 모두 1이므로 측정항목 x_1, x_2, x_3, x_4를 모두 사용하여 마하라노비스 거리를 계산한다. 실험번호 1의 상관행렬은 4×4 행렬이다. 두 번째 실험의 경우 측정변수 x_3, x_4를 제외한 나머지 x_1과 x_2만으로 마하라노비스 거리를 계산하므로 상관행렬은 2×2행렬이다. 이와 같이 실험조건에 따라 마하라노비스 공간의 차원이 다르므로 마하라노비스 거리 계산시 유의해야한다.

신호인자(M) 수준은 마하라노비스 거리를 알고 있다면 그대로 사용하면 되지만 모르는 경우 각 그룹의 마하라노비스 거리(MD) 평균의 제곱근 ($M_i = \sqrt{MD_i}$)을 신호인자 수준으로 한다. 신호인자 $M_1('5'), M_2('3'), M_3('6')$의 수준은 다음과 같다.

$$M_1 = \sqrt{0.96} = 0.98, \quad M_2 = \sqrt{136.06} = 11.66, \quad M_3 = \sqrt{19.03} = 4.36$$

〈표 10.13〉 $L_{12}(2^{11})$ 직교배열표에 측정변수와 신호인자 배치

실험번호	측정변수											변수사용				신호인자		
	X_1	X_2			X_3	X_4						X_1	X_2	X_3	X_4	M1:0.98	M2:11.66	M3:4.36
1	1	1	1	1	1	1	1	1	1	1	1	O	O	O	O			
2	1	1	1	1	1	2	2	2	2	2	2	O	O	O	X			
3	1	1	2	2	2	1	1	1	2	2	2	O	O	X	O			
4	1	2	1	2	2	1	2	2	1	1	2	O	X	X	O			
5	1	2	1	2	1	2	1	2	1	2	1	O	X	X	X			
6	1	2	2	2	1	2	2	1	2	1	1	O	X	O	X			
7	2	1	2	1	1	2	2	1	2	1	1	X	O	O	O			
8	2	1	2	2	2	2	1	1	1	2	1	X	O	O	X			
9	2	1	1	2	2	1	2	2	2	1	1	X	O	X	X			
10	2	2	2	1	1	1	2	2	1	2	2	X	X	O	O			
11	2	2	1	2	1	2	1	1	2	2	2	X	X	O	X			
12	2	2	1	1	2	1	2	1	2	2	1	X	X	X	O			

O: 사용함, X: 사용하지 않음

10.3 실험 조건별 마하라노비스 거리 계산

직교배열표를 사용한 실험은 측정항목별로 SN비 이득을 구하여 문자 예측에 중요한 측정항목을 정하는 것이 목적이다. SN비를 구하려면 직교배열표의 각 실험조건에서 마하라노비스 거리를 구해야한다. 1번 실험에서 마하라노비스 공간은 4개의 측정변수 X_1, X_2, X_3, X_4로 구성되고 상관행렬은 20×20 행렬이다. 직교배열표의 외측배열에는 정상그룹과 비정상그

룹의 시료수 만큼 마하라노비스 거리가 계산되므로 숫자 "5"의 마하라노비스 거리 15개, 숫자 "3"의 마하라노비스 거리 12개, 숫자"6"의 마하라노비스 거리 12개이며 합계 39개의 마하라노비스 거리가 SN비 계산에 사용된다.

2번 실험의 경우 세개의 측정변수 X_1, X_2, X_3로 마하라노비스 공간이 정의되며 상관행렬 (R)은 15×15 행렬이다. 직교배열표의 각 실험에서 정상그룹과 비정상그룹의 마하라노비스 거리를 구하여 동특성의 SN비를 계산한다.

1) 4번 실험의 마하라노비스 공간 정의

측정변수 X_1과 X_4의 측정항목은 $x_{11}, x_{12}, x_{13}, x_{14}, x_{15}$와 $x_{41}, x_{42}, x_{43}, x_{44}, x_{45}$ 로 모두 10개 이다. 정상그룹의 마하라노비스 공간은 10개의 측정항목으로 이루어진다.

정상그룹 ("5")의 측정항목 별 평균과 표준편차를 계산하면 <표 10.14>와 같다.

〈표 10.14〉 실험번호 4의 정상그룹("5") 측정데이터

측정항목 시료번호	X_1: x 방향변화량					X_4: y방향연속량				
	x_{11}	x_{12}	x_{13}	x_{14}	x_{15}	x_{41}	x_{42}	x_{43}	x_{44}	x_{45}
1	3	3	3	3	3	0	2	3	2	0
2	2	2	2	3	2	2	2	3	2	0
3	2	3	2	2	2	0	0	2	3	2
4	3	3	3	3	3	0	2	3	2	0
5	2	2	2	2	2	2	2	3	2	0
6	2	2	2	3	2	2	3	2	0	0
7	2	2	2	3	2	2	3	2	0	0
8	2	2	2	2	2	2	3	3	2	0
9	2	3	2	2	2	0	2	3	3	2
10	2	3	3	3	2	1	2	1	2	1

〈표 10.14〉 실험번호 4의 정상그룹("5") 측정데이터   계속

측정항목	X_1: x 방향변화량					X_4: y방향연속량				
시료번호	x_{11}	x_{12}	x_{13}	x_{14}	x_{15}	x_{41}	x_{42}	x_{43}	x_{44}	x_{45}
11	2	2	2	3	2	2	3	2	2	0
12	2	3	2	2	2	0	0	1	2	2
13	2	3	3	3	2	1	2	2	2	1
14	1	2	2	3	2	2	2	2	2	1
15	2	3	2	2	2	0	2	3	2	2
16	2	3	3	3	2	1	2	3	2	1
17	1	2	1	2	1	2	2	3	2	2
18	2	2	2	3	2	2	2	2	2	0
19	2	2	2	3	2	2	2	0	0	0
20	2	3	2	2	2	0	0	0	2	2
21	2	3	2	2	2	0	1	2	2	3
22	2	2	2	3	3	1	3	3	1	0
23	3	3	3	3	2	2	2	2	1	0
24	2	2	2	3	2	2	2	2	1	0
25	2	3	2	2	2	0	1	1	3	2
합계	51	63	55	65	52	28	47	53	44	21
평균	2.04	2.52	2.2	2.6	2.08	1.12	1.88	2.12	1.76	0.84
표준편차	0.455	0.510	0.500	0.500	0.400	0.927	0.881	0.927	0.831	0.987

2) 4번 실험의 측정항목 정규화

정상그룹 ("5")의 측정항목 $x_{11}, x_{12}, x_{13}, x_{14}, x_{15}$와 $x_{41}, x_{42}, x_{43}, x_{44}, x_{45}$를 정규화하면, <표 10.15>과 같다.

〈표 10.15〉 4번 실험의 정상그룹("5")측정데이터 정규화

시료번호	Z_{11}	Z_{12}	.	.	Z_{15}	Z_{41}	.	.	Z_{45}
1	2.112	0.941	.	.	2.3	-1.208	.	.	-0.851
2	-0.088	-1.02	.	.	-0.2	0.949	.	.	-0.851
3	-0.088	0.941	.	.	-0.2	-1.208	.	.	1.176
4	2.112	0.941	.	.	2.3	-1.208	.	.	-0.851
5	-0.088	-1.02	.	.	-0.2	0.949	.	.	-0.851
6	-0.088	-1.02	.	.	-0.2	0.949	.	.	-0.851
7	-0.088	-1.02	.	.	-0.2	0.949	.	.	-0.851
8	-0.088	-1.02	.	.	-0.2	0.949	.	.	-0.851
9	-0.088	0.941	.	.	-0.2	-1.208	.	.	1.176
10	-0.088	0.941	.	.	-0.2	-0.129	.	.	0.162
11	-0.088	-1.02	.	.	-0.2	0.949	.	.	-0.851
.	.	.	.	.	.	.	.	.	.
.	.	.	.	.	.	.	.	.	.
.	.	.	.	.	.	.	.	.	.
.	.	.	.	.	.	.	.	.	.
25	-0.088	0.941	.	.	-0.2	-1.208	.	.	1.176

3) 상관행렬과 역행렬

정상그룹의 정규화변수 10개에 대하여 두변수간 상관계수를 모두 구하면, 다음과 같은 10×10 상관행렬(R)을 얻는다.

$$R = \begin{bmatrix} 1 & r_{12} & \cdots & r_{110} \\ r_{21} & 1 & \cdots & r_{210} \\ . & . & \cdots & . \\ . & . & \cdots & . \\ r_{101} & r_{102} & \cdots & 1 \end{bmatrix} = \begin{pmatrix} 1.00 & 0.446 & \cdots & -0.357 \\ 0.446 & 1.00 & \cdots & 0.586 \\ 0.697 & 0.556 & \cdots & -0.270 \\ 8.03 & -0.294 & \cdots & -0.726 \\ . & . & \cdots & . \\ . & . & \cdots & . \\ -0.357 & 0.586 & \cdots & 1.00 \end{pmatrix}$$

상관행렬(R)의 역행렬(R^{-1})을 구하면 아래와 같다.

$$R^{-1} = \begin{pmatrix} 1.00 & 0.446 & \cdots & -0.357 \\ 0.446 & 1.00 & \cdots & 0.586 \\ 0.697 & 0.556 & \cdots & -0.270 \\ 8.03 & -0.294 & \cdots & -0.726 \\ . & . & \cdots & . \\ . & . & \cdots & . \\ -0.357 & 0.586 & \cdots & 1.00 \end{pmatrix}^{-1} = \begin{pmatrix} 10.62 & -21.49 & \cdots & 13.44 \\ -21.49 & 84.10 & \cdots & -29.96 \\ 8.65 & -43.85 & \cdots & 14.61 \\ 1.56 & 0.50 & \cdots & 0.79 \\ . & . & \cdots & . \\ . & . & \cdots & . \\ 13.44 & -29.96 & \cdots & 28.08 \end{pmatrix}$$

이다.

4) 정상그룹 ("5")의 마하라노비스 거리

마하라노비스 거리를 계산하는 식은 다음과 같다.

$$MD_p = D_p^2 = \frac{1}{k} Z_{ijp} R^{-1} Z_{ijp}^T \quad (i=1,2,3,4.\ j=1,2,3,4,5.\ p=1,2,....,10) 이다.$$

1번 시료의 경우 $k=10,\ n=25$이므로,

$$MD_1 = D_1^2 = \frac{1}{10}(Z_{111}\ Z_{121},..,Z_{151},Z_{411},...,Z_{451}) R^{-1} (Z_{111}\ Z_{121},..,Z_{151},Z_{411},..,Z_{451})^T$$

$$= \frac{1}{10}(2.112\ 0.941....-0.851) R^{-1} (2.112\ 0.941.....-0.851)^T$$

$$= 0.72\ 이다.$$

나머지 시료에 대해서도 같은 방법으로 마하라노비스 거리를 계산하면 <표 10.16>과 같다.

〈표 10.16〉 4번 실험의 정상그룹("5") 마하라노비스 거리

실험번호	숫자 "5"의 마하라노비스 거리																								
	1	2	3	4	5	6	7	8	9	10	11	12	17	18	19	20	21	22	23	24	25
D^2	0.72	0.71	0.66	0.72	1.23	0.60	0.60	1.23	0.72	0.86	0.93	0.65	0.61	0.58	0.89	0.79	2.31	1.50	2.30	0.34	0.75

나머지 11개 실험번호에 대해서도 같은 방법으로 정상그룹의 마하라노비스 거리를 계산하면 <표 10.17>과 같다. <표 10.17>의 마하라노비스 거리는 SN비 계산을 용이하게 하기 위해 $D = \sqrt{MD}$로 변환된 값이다.

〈표 10.17〉 정상그룹("5")의 마하라노비스 거리(D)

실험번호	숫자 "5" 마하라노비스 거리(D)							
1	1.05	0.89	1.00	1.03	.	.	.	1.04
2	1.20	0.90	0.76	1.03	.	.	.	1.08
3	0.77	0.75	1.03	0.72	.	.	.	1.08
4	0.85	0.84	0.81	0.85	.	.	.	0.87
.	.	.	.	.	.	.	.	.
.	.	.	.	.	.	.	.	.
.	.	.	.	.	.	.	.	.
12	1.16	0.90	1.10	1.16	.	.	.	1.10

5) 4번 실험 비정상그룹 ("3")의 마하라노비스 거리

(1) 비정상그룹 "3"의 측정값 표준화

〈표 10.18〉 4번 실험의 비정상그룹("3") 측정값 표준화

시료번호	Z_{11}	Z_{12}	Z_{13}	Z_{14}	Z_{15}	Z_{41}	Z_{42}	Z_{43}	Z_{44}	Z_{45}
1	-2.288	-1.020	-2.400	-1.200	-2.700	2.028	1.271	0.949	1.492	0.162
2	-0.088	-1.020	-0.400	-1.200	-0.200	-1.208	-0.999	0.949	1.492	0.162
3	2.112	-1.020	1.600	0.800	2.300	0.949	1.271	0.949	-0.915	-0.851
4	-0.088	0.941	-0.400	0.800	-0.200	2.028	1.271	0.949	-0.915	-0.851
5	-0.088	-1.020	-0.400	-1.200	-0.200	-1.208	1.271	0.949	-0.915	0.162
6	-0.088	-1.020	-0.400	-1.200	-0.200	-1.208	0.136	0.949	1.492	0.162
7	-2.288	-1.020	-0.400	-1.200	-0.200	0.949	1.271	0.949	-0.915	0.162
8	-0.088	0.941	-0.400	0.800	-0.200	2.028	1.271	0.949	-0.915	-0.851
9	-0.088	-1.020	-0.400	-1.200	-0.200	0.949	1.271	0.949	1.492	0.162
10	2.112	-1.020	-0.400	-1.200	2.300	-1.208	-2.134	0.949	1.492	0.162
11	-0.088	0.941	-0.400	0.800	-0.200	2.028	-0.999	-2.287	-2.118	-0.851
12	0.088	0.941	1.600	0.800	-0.200	0.949	1.271	-1.208	-2.118	-0.851

(2) 비정상그룹 "3"의 마하라노비스 거리(D^2)

역행렬(R^{-1})을 이용하여 첫번 시료의 마하라노비스 거리를 구하면,

$$MD_1 = D_1^2 = \frac{1}{10}(Z_{111}\ Z_{121,...},Z_{151},Z_{411,...},Z_{451})R^{-1}(Z_{111}\ Z_{121},...,Z_{151},Z_{411},...Z_{451})^T$$

$$= \frac{1}{10}(-2.288\ -1.020......0.162)R^{-1}(-2.288\ -1.020\ ....0.162)^T$$

$$= 10.12 \text{이다.}$$

같은 방법으로 나머지 시료에 대해서도 마하라노비스 거리를 계산하면 <표 10.19>와 같다.

〈표 10.19〉 4번 실험의 비정상그룹("3") 마하라노비스 거리

	"3"의 마하라노비스 거리(MD)											
시료번호	1	2	3	4	5	6	7	8	9	10	11	12
D^2	10.12	22.57	14.59	52.52	22.30	21.68	3.91	52.52	5.21	20.80	51.99	8.78

나머지 11개 실험번호에 대해서도 같은 방법으로 비정상그룹("3")의 마하라노비스 거리를 계산하면 <표 10.20>과 같다. <표 10.20>의 마하라노비스 거리는 SN비 계산을 용이하게 하기위해 $D = \sqrt{MD}$로 변환된 값이다.

⟨표 10.20⟩ L12 직교배열실험과 비정상그룹("3") 마하라노비스 거리(D)

번호	"3"의 마하라노비스 거리(D)											
1	6.26	15.05	8.67	13.24	12.91	16.18	11.48	11.51	10.58	11.45	12.56	4.79
2	3.01	9.99	7.37	7.61	9.76	10.28	8.94	7.77	6.00	7.97	7.73	2.76
3	4.51	11.54	7.98	10.43	10.70	11.73	7.70	10.01	7.28	9.34	10.05	3.72
4	3.18	4.75	3.82	7.25	4.72	4.66	1.98	7.25	2.28	4.56	7.21	2.96
5	1.33	1.49	1.97	1.81	1.49	1.49	2.20	1.81	1.49	2.16	1.81	1.06
6	1.36	1.25	1.45	1.72	1.26	1.73	1.94	1.81	1.14	1.69	1.36	1.02
7	4.27	4.25	1.70	3.18	4.43	5.40	4.62	2.93	4.42	1.87	3.56	1.31
8	1.43	0.99	0.53	0.97	1.15	1.00	1.16	0.50	0.56	1.11	1.82	1.30
9	1.43	0.99	0.53	0.97	1.15	1.00	1.16	0.50	0.56	1.11	1.82	1.30
10	2.34	1.13	1.69	1.01	1.97	1.37	1.14	2.61	3.20	1.75	1.53	1.08
11	1.54	0.88	0.41	0.85	0.75	1.15	1.06	0.96	0.85	1.15	0.84	0.96
12	1.87	1.05	0.68	1.06	1.47	0.99	1.06	1.06	1.49	1.73	1.82	1.18

6) 4번 실험의 비정상그룹 ("6") 마하라노비스 거리

(1) 4번 실험의 비정상그룹 ("6") 측정값 표준화

4번 실험의 또 하나의 비정상그룹인 숫자 "6"의 시료 12개에 대한 마하라노비스 거리를 계산한다. 먼저 4번실험의 비정상그룹("6")의 표준화 변수 10개는 <표 10.21>과 같다.

⟨표 10.21⟩ 4번 실험의 비정상그룹("6") 측정값 표준화

시료번호	Z_{11}	Z_{12}	Z_{13}	Z_{14}	Z_{15}	Z_{41}	Z_{42}	Z_{43}	Z_{44}	Z_{45}
1	-2.288	-1.020	-2.400	0.800	-2.700	-0.129	1.271	0.949	1.492	1.175
2	2.112	-1.020	-0.400	2.800	-0.200	-0.129	1.271	0.949	0.289	-0.851
3	-2.288	-1.020	-2.400	0.800	-2.700	-0.129	1.271	0.949	0.289	1.175
4	-0.088	0.941	-0.400	2.800	-0.200	-1.208	-0.999	0.949	1.492	1.175
5	-0.088	0.941	-0.400	2.800	-0.200	-1.208	-0.999	-1.208	1.492	1.175
6	-0.088	0.941	-0.400	2.800	-0.200	-1.208	-2.134	-1.208	1.492	1.175
7	2.112	-1.020	-0.400	2.800	-0.200	-0.129	1.271	0.949	0.289	-0.851
8	2.112	0.941	1.600	4.800	2.300	-1.208	-0.999	0.949	0.289	-0.851
9	2.112	0.941	-0.400	2.800	2.300	-1.208	-0.999	0.949	1.492	0.162
10	-0.088	-1.020	-0.400	2.800	-0.200	-0.129	1.271	-0.129	-0.915	-0.851
11	2.112	-1.020	-2.400	0.800	-2.700	-0.129	1.271	0.949	0.289	0.162
12	-0.088	0.941	-0.400	2.800	-0.200	-1.208	-0.999	-0.129	1.492	0.162

(2) 비정상그룹 ("6")의 마하라노비스 거리계산

역행렬(R^{-1})을 이용하여 첫 번 시료의 마하라노비스 거리를 구하면,

$$MD_1 = D_1^2 = \frac{1}{10}(Z_{111}\ Z_{121},...,Z_{151},Z_{411}...,Z_{451})R^{-1}(Z_{111}\ Z_{121},...,Z_{151},Z_{411},..,Z_{451})^T$$

$$= \frac{1}{10}(-2.288\ -1.020\ ....1.175)R^{-1}(-2.288\ -1.020\ ....1.175)^T$$

$$= 9.56\ \text{이다.}$$

나머지 실험조건에서도 마하라노비스 거리(MD)를 계산하면 <표 10.22>와 같다.

<표 10.22> 4번 실험의 비정상그룹("6") 마하라노비스 거리

번호	"6"의 마하라노비스 거리(MD)											
	1	2	3	4	5	6	7	8	9	10	11	12
D^2	9.56	19.90	8.89	8.46	8.09	8.13	19.90	9.63	13.80	8.45	28.02	10.78

나머지 11개 실험번호에 대해서도 같은 방법으로 비정상그룹("6")의 마하라노비스 거리를 계산하면 <표 10.23>과 같다. <표 10.23>의 마하라노비스 거리는 SN비 계산을 용이하게 하기위해 $D = \sqrt{MD}$로 변환된 값이다.

<표 10.23> L12 직교배열표 실험과 비정상그룹("6")의 마하라노비스 거리(D)

실험 번호	"6"의 마하라노비스 거리(D)											
1	4.84	4.99	3.46	2.87	2.69	2.28	8.04	3.44	3.32	3.69	5.86	3.47
2	3.25	3.38	2.71	2.76	2.31	2.43	2.94	2.95	3.38	2.40	3.99	3.12
3	3.57	4.37	3.15	2.74	2.46	2.51	4.67	2.66	3.53	3.01	4.98	2.87
4	3.09	4.46	2.98	2.91	2.84	2.85	4.46	3.10	3.71	2.91	5.29	3.28
5	2.36	2.97	2.36	3.47	3.47	3.47	2.97	3.66	3.91	2.12	4.22	3.47
6	2.09	2.50	2.16	2.78	2.71	2.56	2.22	2.89	3.24	1.92	3.83	2.92
7	3.74	2.05	2.41	1.61	2.00	1.35	4.77	2.70	1.93	2.94	2.96	2.19
8	1.51	0.80	1.53	1.56	1.61	1.52	0.59	1.20	1.18	1.00	1.01	1.29
9	1.51	0.80	1.53	1.56	1.61	1.52	0.59	1.20	1.18	1.00	1.01	1.29
10	1.40	1.16	1.45	1.15	1.21	1.10	2.18	2.39	1.01	1.74	2.09	1.53
11	1.47	1.17	1.67	0.81	1.24	0.53	0.53	0.53	1.03	1.29	2.35	1.44
12	1.66	0.91	1.40	0.87	1.10	1.06	0.91	1.57	1.05	0.99	0.95	0.96

L12 직교배열표의 12개 실험조건에서 정상그룹과 비정상그룹의 마하라노비스 거리를 모두 구하였으므로 측정변수의 예측능력 평가를 위한 준비가 되었다. 비정상그룹이 2개 ("3"과 "6")있으므로 SN비 분석에 동특성의 SN비를 사용한다.

10.4 동특성의 SN비

L12 직교배열표의 각 실험조건에서 SN비 계산에 사용되는 정상그룹("5")의 마하라노비스 거리는 25개이고, 비정상그룹("3")과 비정상그룹("6")의 마하라노비스 거리는 각각 12개 씩 있으므로 모두 49개의 마하라노비스 거리를 사용하여 동특성의 SN비를 계산한다.

〈표 10.24〉 동특성의 SN비 계산을 위한 신호인자(M)와 마하라노비스 거리(D)

실험번호	X_1	X_2			X_3	X_4					M1:0.98	M2:11.66	M3:4.36
1	1	1	1	1	1	1	1	1	1	1	D11, D12,⋯,D125	D21, D22,⋯,D212	D31, D32,⋯,D312
2	1	1	1	1	1	2	2	2	2	2	.	.	.
3	1	1	2	2	2	1	1	1	2	2	.	.	.
4	1	2	1	2	2	1	2	2	1	1	.	.	.
5	1	2	2	1	2	2	1	2	1	1	.	.	.
6	1	2	2	2	1	2	2	1	2	1	.	.	.
7	2	1	2	2	1	1	2	2	1	2	.	.	.
8	2	1	2	1	2	2	1	1	1	2	.	.	.
9	2	1	1	2	2	1	2	2	1	1	.	.	.
10	2	2	2	1	1	1	2	2	1	2	.	.	.
11	2	2	1	2	1	2	1	1	2	2	.	.	.
12	2	2	1	1	2	1	2	1	2	1	D11, D12,⋯,D125	D21, D22,⋯,D212	D31, D32,⋯,D312

먼저, 1번 실험의 SN비를 계산해보자.

〈표 10.25〉 1번 실험의 신호인자(M) 수준과 마하라노비스 거리(D)

신호인자	M1=0.98	M2=11.66	M3=4.36
D	1.10, 0.80, 1.00,⋯⋯⋯,1.08	6.26, 15.05, 8.67⋯⋯⋯,4.79	4.84, 4.99, 3.46,⋯⋯,3.47

① 총제곱합 (S_T)

$$S_T = (D_{11}^2 + D_{12}^2 + ... D_{125}^2) + (D_{21}^2 + D_{22}^2 + ... + D_{212}^2) + (D_{31}^2 + D_{32}^2 + ... + D_{312}^2)$$
$$= (1.10^2 + 0.80^2 + ...1.08^2) + (6.26^2 + ... + 4.79^2) + (4.84^2 + ... + 3.47^2)$$
$$= 1885.09$$

② 선형식(L)

$$L = M_1 \times (D_{11} + D_{12} + \cdots + D_{125}) + M_2 \times (D_{21} + D_{22} + \cdots + D_{212}) + M_3$$
$$\times (D_{31} + D_{32} + \cdots + D_{312}) = 0.98 \times (1.10 + 0.89 + \cdots + 1.08) + 11.06$$
$$\times (6.26 + 15.05 + \cdots + 4.79) + 4.36 \times (4.84 + 4.79 + \cdots + 3.47)$$
$$= 23.93 + 570.42 + 213.41$$
$$= 1807.77$$

③ 유효제수(r)

$$r = 0.98^2 \times 25 + 11.66^2 \times 12 + 4.36^2 \times 12$$
$$= 1883.59$$

④ 비례변동 (S_β)

$$S_\beta = \frac{L^2}{r} = \frac{1807.77^2}{1883.59} = 1735.0$$

⑤ 오차변동(S_e)

$$S_e = S_T - S_\beta = 1885.09 - 1735.0 = 150.09$$

⑥ 분산(V_e)

$$V_e = \frac{S_e}{f_e} = \frac{150.09}{49-1} = 150.09$$

⑦ 기울기(β)

$$\beta = \frac{L}{r} = \frac{1807.77}{1883.59} = 0.960$$

⑧ SN비

$$SN_1 = 10\log(\frac{\beta^2}{\sigma^2(=V_e)}) = 10\log(\frac{0.960^2}{150.09}) = -5.31(db) \text{ 이다.}$$

나머지 11개 실험에 대해서도 같은 방법으로 SN비를 계산하면 <표 10.26>과 같다.

⟨표 10.26⟩ L12 직교배열표 실험과 동특성의 SN비

실험 번호	X_1	X_2				X_3	X_4					SN비
1	1	1	1	1	1	1	1	1	1	1	1	-5.31
2	1	1	1	1	1	2	2	2	2	2	2	-5.58
3	1	1	2	2	2	1	1	1	2	2	2	-4.88
4	1	2	1	2	2	1	2	2	1	1	2	-9.59
5	1	2	2	1	2	2	1	2	1	2	1	-15.73
6	1	2	2	2	1	2	2	1	2	1	1	-15.58
7	2	1	2	2	1	1	2	2	1	2	1	-9.95
8	2	1	2	1	2	2	2	1	1	1	2	-15.97
9	2	1	1	2	2	2	1	2	2	1	1	-15.97
10	2	2	2	1	1	1	1	2	2	1	2	-12.96
11	2	2	1	2	1	2	1	1	1	2	2	-16.75
12	2	2	1	1	2	1	2	1	2	2	1	-14.26

10.5 Minitab을 활용한 SN비 분석

Minitab을 이용하여 동특성의 SN비 분석결과 측정변수별 SN비 이득은 ⟨표 10.27⟩과 같다. 4개의 측정변수 모두 SN비 이득이 "+" 값이므로 숫자 "3", "5", "6" 예측에 중요한 변수임을 알 수 있다. ⟨그림 10.7⟩ SN비 주효과도를 보면 모든 변수의 수준 1 ("사용함")에서 SN비 값이 더 크다. 숫자 "3", "5", "6"을 구분하는데 기여도가 가장 큰 변수는 X 방향 변화량(X_1)이며 그 다음으로 Y 방향 연속량(X_4), Y 방향 존재량(X_2), X 방향 존재량(X_3) 순이다.

⟨표 10.27⟩ 측정변수 X_1, X_2, X_3, X_4의 SN비 이득

수준	X_1	X_2	X_3	X_4
1	-9.443	-9.61	-11.019	-9.49
2	-14.868	-14.144	-12.735	-14.264
이득	5.43	4.53	1.72	4.77

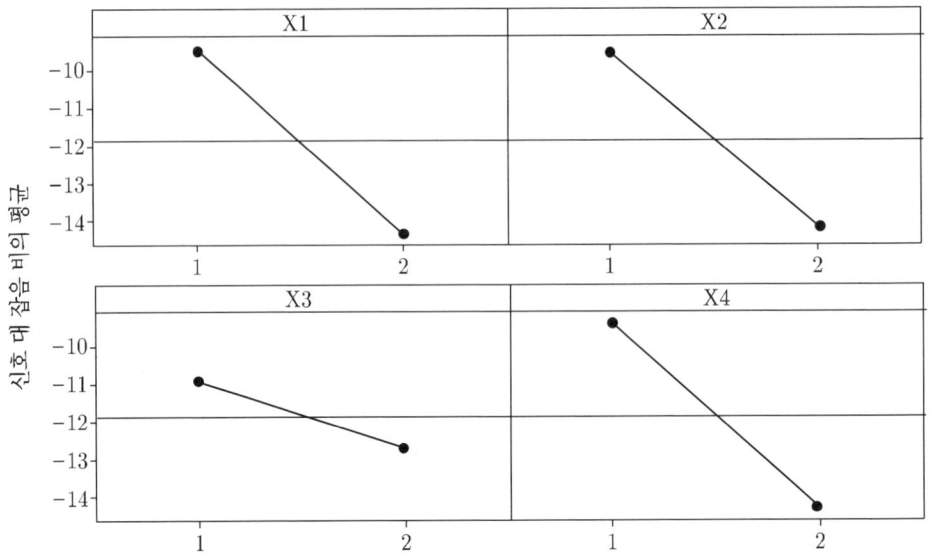

동적 반응: 신호 기준 0 반응 기준 0

〈그림 10.7〉 측정변수 X_1, X_2, X_3, X_4의 SN비 주효과도

10.6 문턱값 정하기

정상그룹 "5"의 마하라노비스 거리 최소값은 0.66이고 최대값은 1.15이다. 비정상그룹 "3"의 마하라노비스 거리 최소값은 22.96이고 최대값은 226.51이다. 비정상그룹 "6" 의 마하라노비스 거리 최소값은 5.19이고 최대값은 64.57이다. "3"과 "6"의 마하라노비스 거리 범위가 겹치는 구간이 존재하여 판정의 오류가 발생한다. 판정오류로 인한 손실이 최소가 되는 수준에서 문턱값을 정하기로 하고 마하라노비스 거리(D^2)가 4 미만이면 숫자 "5"로 예측하고, 36이상이면 숫자 "3"으로 예측하며, 4 이상 36 미만이면 "6"으로 예측하기로 한다. 이러한 기준을 적용할 때 발생하는 오류는 〈표 10.28〉과 같이 "3"이 "6으로 분류되는 오류와 "6"이 "3"으로 잘못 분류되는 오류가 1개씩 발생하여 총 오류율은 4.1%(2/49)로 예상된다.

〈표 10.28〉 측정변수 4개(X_1, X_2, X_3, X_4)를 모두 사용할 때의 문턱값과 판정오류율

D^2 \ 숫자	"5"	"3"	"6"
최소	0.66	22.96	5.19
최대	1.15	226.51	64.57
문턱값(threshold)	4 미만	36 이상	4 이상 36 미만
오류율	0%(=0/25)	8.3%(=1/12)	8.3%(=1/12)

10.7 중요 측정항목의 예측능력 검증

앞에서 4개 측정항목 모두 SN비 이득이 "+"이고, 예측능력이 있는 것으로 밝혀졌다. 하지만 측정변수 X_3는 SN비 이득이 매우 작은 편이다. 이득이 작다는 것은 마하라노비스 거리 정확성에 영향을 주는 정도가 약하다는 것을 의미하므로, 측정변수 X_3를 사용하지 않더라도 오류의 크기가 큰 차이가 없다면 측정효율을 향상시킬 수 있을 것이다. 원칙적으로 SN비 이득이 "-"인 측정변수만 측정항목에서 제외할 수 있으나, 예측능력이 낮은 측정 X_3를 제외할 때의 오류율을 분석해보고 측정효율을 높일 수 있는 기회가 있는지 확인해 보기로 하자.

<표 10.29>는 측정변수 X_1, X_2, X_4 만을 사용하여 구한 숫자 "3", "5", "6"의 마하라노비스 거리(MD)이다. 정상그룹("5")의 마하라노비스 거리가 가장 작고, "3"의 마하라노비스 거리(MD)가 가장 크며, "6"의 마하라노비스 거리는 "5"와 "3" 사이의 값이 대부분이다.

〈표 10.29〉 측정변수 X_1, X_2, X_4에 의한 마하라노비스 거리(D^2)

시료번호	"5"	"3"	"6"
1	0.60	20.36	12.76
2	0.57	133.22	19.09
3	1.05	63.62	9.91
4	0.52	108.86	7.48
5	0.97	114.53	6.07
6	0.66	137.64	6.31
7	0.51	59.30	21.77
8	0.97	100.19	7.07
9	1.54	53.03	12.47
10	1.11	87.20	9.09
11	0.95	101.09	24.79
12	0.65	13.83	8.25
13	1.54		
14	1.06		
15	0.89		
16	1.28		
17	0.96		
18	0.50		
19	1.09		
20	0.78		
21	1.54		
22	1.06		
23	1.54		
24	0.53		
25	1.16		
평균	0.96	82.74	12.09

숫자 "3", "5", "6"의 마하라노비스 거리를 그래프로 비교해 보면 <그림 10.8>과 같다. 정상그룹("5")의 MD값 범위가 0.41~1.22이므로 마하라노비스 거리 5를 문턱값으로 정하였다. 시료의 마하라노비스 거리가 5 이하 이면 숫자 "5"로 분류한다. "6"의 마하라노비스 거리 범위는 6.08~24.75이므로 문턱값을 30으로 하였다. 숫자 "3"의 문턱값은 30 이상으로 정하였다.

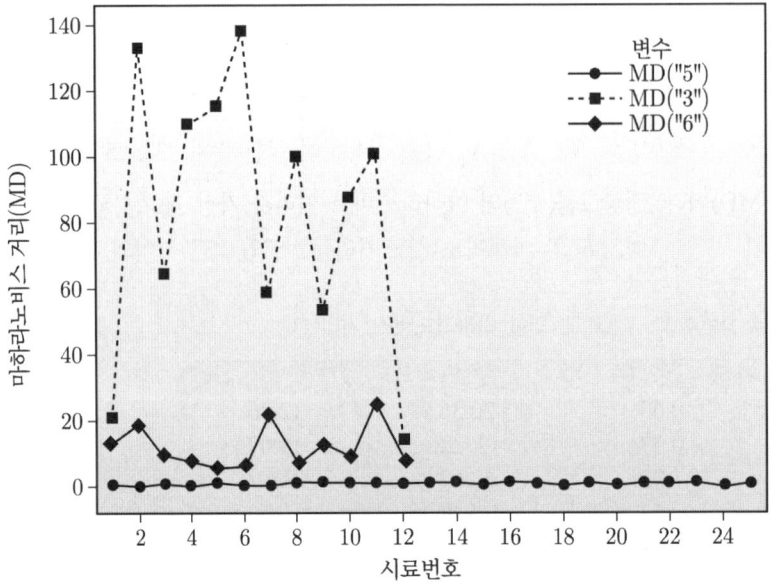

<그림 10.8> X_1, X_2, X_4를 사용한 경우의 MD 값 비교

<표 10.30> 측정변수 X_1, X_2, X_4의 문턱값과 오류율

D^2 \ 숫자	"5"	"3"	"6"
최소	0.52	13.83	6.07
최대	1.54	137.64	24.79
문턱값	4 미만	30 이상	4 이상 30 미만
오류율	0%(=0/25)	16.6%(=2/12)	0%(=0/12)

측정항목을 3개(X_1, X_2, X_4)로 줄이면 "3"을 "6"으로 예측할 오류율은 16.6%(2/12)로 예상된다. 이것은 측정항목 4개 모두 사용했을 때의 오류 8.3%(1/12) 보다 증가한 것이다. 하지만 숫자 "6"을 "3"으로 예측할 오류율은 8.3%에서 0%로 감소하여 전체 오류율은 4.1% (2/49)로 동일하다. 측정변수 X_3 (X 방향 존재량)는 "3"을 "6"으로 판정하는 오류를 줄이는데 기여하는 변수임을 알 수 있다.

11 결론

4개의 측정변수 X_1, X_2, X_3, X_4는 숫자 "3", "5", "6"을 예측 하는데 중요한 측정변수이다. 4개의 측정변수로 숫자 "3", "5", "6"을 예측하면 "3"이 "6"으로 예측되는 오류와 "6"이 "3"으로 예측되는 오류가 1개씩 발생하여, 전체오류율은 4.1%(2/49)이다. 직교배열표를 이용한 실험을 하여 SN비 이득이 가장 작은 측정변수 X_3(X 방향 존재량)를 제외시키고 3개의 측정변수로 X_1, X_2, X_4 예측하면 "3"을 "6"으로 판정하는 오류는 16.6%로 증가하지만 "6"을 "3"으로 판정하는 오류는 0%로 감소하여 전체 오류율은 4.1% (2/49)이며 4개 변수로 예측할 때와 동일하다. "3"을 "6"으로 판정할 때의 경제적 손실 보다 "6"을 "3"으로 판정할 때의 경제적 손실이 더 크다면, X_3를 제외한 3개의 측정변수로 "3", "5", "6"을 예측 하더라도 문제가 없을 것으로 판단된다.

CHAPTER 11

부동산 경매 낙찰가율 예측시스템 개발

🎯 학습목표 :

1. 부동산 경매낙찰가 예측을 위한 측정항목에 대해 토론해 본다.
2. 경제, 사회현상 예측에 MTS를 활용할 수 있다.
3. 부동산 경매 데이터를 사용하여 마하라노비스 거리를 계산하고 경매 낙찰가를 예측할 수 있다.
4. SN비 분석을 하여 낙찰가 예측에 중요한 측정항목을 정할 수 있다.

1 아파트 경매 낙찰가율 예측과 MTS

부동산 경매 시장에서는 시가보다 훨씬 높은 입찰로 인해 경쟁에서는 이겼지만 결과에 있어서는 오히려 손해를 보는 경우가 발생하기도 하고, 반대로 시가보다 터무니없이 낮은 가격에 낙찰가격이 형성되어 강제로 경매를 당하는 소유자가 크게 손해를 보는 경우도 종종 발생한다. 부동산 경매시장에서는 인간의 합리적 이성만으로는 설명하기 어려운 입찰행동과 낙찰결과가 빈번히 발생하고 있다. 경매 당하는 당사자의 입장에서는 강제로 처분되는 재산의 객관적 가치에 부합하는 수준에서 낙찰가격이 형성되기를 기대한다. 사회적으로는 매도인의 매각수입(revenue)을 비롯한 이해관계인의 이익이 합리적으로 조정될 수 있도록 하는 것이 중요하다. 경매를 당하는 소유자 입장에서 낙찰가율(낙찰가/감정가)을 예측할 수 있다면 예측 가능한 경매결과로부터 좀더 안정적인 미래설계가 가능할 것이다. 이번 장에서는 서울시 도심권에 속하는 아파트 경매물건을 분석하여 경매 특성변수를 추출하고 낙찰가율을 예측하는 방법을 설명한다. 서울시 전체를 권역별로 구분하고 아파트 경매 낙찰가가 감정가 대비 90% 이상인 그룹을 정상그룹으로 하고, 90% 이하 그룹을 비정상그룹으로 하여 향후 경매시장에서 유사한 경매물건이 감정가 대비 어느 정도의 가격차이로 낙찰 될 것인지 예측하는 시스템을 만들어 경매 당하는 소유자가 경매물건의 낙찰가율을 예측할 수 있도록 하고자 한다.

2 아파트 경매 분석자료와 측정항목

법원경매정보 홈페이지(http://www.courtauction.go.kr/)에서 제공하는 서울지역의 부동산 경매자료를 기초로 하여 도심생활권 경매실적 130건에 대해 11개 항목을 측정하였다.

$X1$:면적 (m^2), $X2$: 방수(개), $X3$: 총층수, $X4$: 해당층, $X5$: 총 세대수, $X6$:학교유무 (0:있음, 1: 없음) $X7$: 지하철 역세권(0: 역세권, 역세권 아님), $X8$: 대형할인점 유무(0:있음, 1: 없음) $X9$: 감정가격(천원), $X10$: 최저입찰가격(천원), $X11$: 최저입찰자수(명)

130건의 경매실적 중 낙찰가격이 감정가격 대비 90% 이상인 물건 90건을 정상그룹으로 하고 90% 이하인 물건 40건을 비정상그룹으로 구분하였다.

3 정상그룹 측정데이터 평균과 표준편차

11개의 측정항목이 있고 표본수(n)는 90개이므로 측정되는 데이터 수는 모두 990개 이다.

〈표 11.1〉 정상그룹(낙찰가격이 감정가 대비 90% 이상인 경매물건)의 측정 데이터

시료번호	X1	X2	X3	X4	X5	X6	X7	X8	X9	X10	X11
1	79.87	3	14	12	585	0	1	0	230000	230000	1
2	79.87	3	14	13	919	1	1	1	220000	220000	19
3	174.38	5	12	12	578	1	1	1	1000000	1000000	3
4	84.96	3	16	14	1434	1	1	1	370000	370000	18
5	78.05	3	12	6	554	1	1	1	380000	380000	16
6	84.98	3	20	9	1465	1	1	1	370000	370000	9
7	82.61	2	11	9	92	1	1	0	230000	230000	2
8	106.62	4	14	11	919	1	1	0	330000	330000	7
9	79.11	3	15	10	942	1	1	1	270000	270000	10
10	28.22	1	15	15	110	0	1	0	114000	91200	14
11	59.5	2	11	7	60	1	1	0	160000	160000	5
12	58.91	3	8	2	139	0	1	0	145000	116000	6
13	59.22	2	6	6	21	0	1	0	160000	160000	3
14	64.88	1	13	8	99	1	0	0	160000	160000	3
.	.	.	.	.	.	.	.	.	.	.	.
.	.	.	.	.	.	.	.	.	.	.	.
88	84.96	3	19	18	1434	1	1	1	400000	320000	8
89	59.67	3	5	4	18	1	1	0	230000	147200	10
90	106.62	4	14	11	919	1	1	1	430000	344000	4
평균	84.21	3.03	15.27	8.86	1038.27	0.82	0.88	0.60	498921.11	422647.78	6.77
표준편차	26.77	0.79	5.08	5.55	1364.30	0.38	0.33	0.49	323581.02	267792.69	5.92

정상그룹(낙찰가격이 감정가 대비 90% 이상인 경매물건)의 90개 표본의 11개 측정항목을 조사한 다음, 측정항목의 평균과 표준편차를 계산한 결과는 <표 11.1>과 같다.

측정항목 X_1(면적)의 평균 m_1과 표준편차 s_1을 계산하면,

$$평균(m_1) = \frac{\sum_{j=1}^{90} y_{j1}}{90} = \frac{y_{11} + y_{21} + \cdots + y_{901}}{90}$$

$$= \frac{(79.87 + 79.87 + \dots + 106.2)}{90} = 84.21$$

$$\text{표준편차}(s_1) = \sqrt{\frac{(79.87-84.21)^2 + (79.87-84.21)^2 + \dots + (106.62-84.21)^2}{90-1}}$$

$$= 26.77 \text{이다.}$$

나머지 측정항목에 대해서도 같은 방법으로 계산하면 <표 11.1>과 같다.

4 비정상그룹 측정 데이터

비정상그룹(경매 낙찰가가 감정가 대비 90% 미만인 물건) 40건에 대한 11개 측정항목의 측정데이터는 <표 11.2>와 같다.

<표 11.2> 비정상그룹의 측정 데이터

시료번호	X1	X2	X3	X4	X5	X6	X7	X8	X9	X10	X11
1	220.92	4	7	6	19	1	0	0	950000	760000	1
2	226.44	6	13	10	1326	1	1	1	2000000	1600000	7
3	59.22	3	14	4	67	1	0	1	200000	160000	5
4	111.73	4	30	7	220	0	1	0	650000	520000	5
5	162.04	5	36	11	310	1	1	1	1900000	1520000	2
6	82.95	3	5	2	22	0	0	0	270000	216000	6
7	201.23	5	14	6	170	0	1	0	1800000	1440000	1
8	240.39	4	14	10	170	0	1	1	2500000	2000000	1
9	109.74	3	34	13	188	0	1	1	800000	640000	2
10	226.44	5	13	13	1326	1	1	1	2050000	1640000	1
11	129.76	4	5	3	56	1	0	0	730000	584000	1
12	226.44	6	13	10	1326	1	1	1	2200000	1760000	1
13	97.26	3	5	1	14	0	0	0	400000	256000	1
14	84.88	3	18	16	5150	1	1	1	680000	435200	30
15	135.27	4	24	7	834	0	1	0	1200000	960000	1
.	.	.	.	.	.	.	.	.	.	.	.
.	.	.	.	.	.	.	.	.	.	.	.
38	143.05	4	13	8	102	1	1	0	750000	480000	6
39	223.75	4	15	14	170	0	1	1	2200000	1408000	6
40	223.75	4	15	10	170	0	1	1	2200000	1408000	4

5 정상그룹의 마하라노비스 거리

5.1 정상그룹 데이터 정규화

정상그룹의 측정항목별 평균과 표준편차로 비정상그룹의 측정 데이터를 아래와 같이 정규화한다.

$$Z_{11} = \frac{y_{11} - m_1}{s_1} = \frac{79.87 - 84.21}{26.77} = -0.162, \quad Z_{21} = \frac{y_{21} - m_2}{s_2} = \frac{3 - 3.03}{0.79} = -0.042$$

나머지 측정 데이터에 대해서도 같은 방법으로 계산하면, <표 11.3>과 같다.

〈표 11.3〉 정상그룹(감정가 대비 낙찰가 90% 이상인 경매물건)의 정규화

no	Z1	Z2	Z3	Z4	Z5	Z6	Z7	Z8	Z9	Z10	Z11
1	-0.162	-0.042	-0.249	0.566	-0.332	-2.138	0.371	-1.217	-0.831	-0.719	-0.975
2	-0.162	-0.042	-0.249	0.747	-0.087	0.463	0.371	0.811	-0.862	-0.757	2.068
3	3.368	2.506	-0.643	0.566	-0.337	0.463	0.371	0.811	1.549	2.156	-0.637
4	0.028	-0.042	0.144	0.927	0.290	0.463	0.371	0.811	-0.398	-0.197	1.899
5	-0.230	-0.042	-0.643	-0.515	-0.355	0.463	0.371	0.811	-0.368	-0.159	1.561
6	0.029	-0.042	0.931	0.026	0.313	0.463	0.371	0.811	-0.398	-0.197	0.378
7	-0.060	-1.316	-0.839	0.026	-0.694	0.463	0.371	-1.217	-0.831	-0.719	-0.806
8	0.837	1.232	-0.249	0.386	-0.087	0.463	0.371	-1.217	-0.522	-0.346	0.039
9	-0.191	-0.042	-0.053	0.206	-0.070	0.463	0.371	0.811	-0.707	-0.570	0.547
10	-2.092	-2.590	-0.053	1.107	-0.680	-2.138	0.371	-1.217	-1.190	-1.238	1.223
11	-0.923	-1.316	-0.839	-0.334	-0.717	0.463	0.371	-1.217	-1.047	-0.981	-0.299
12	-0.945	-0.042	-1.430	-1.235	-0.659	-2.138	0.371	-1.217	-1.094	-1.145	-0.130
⋮	⋮	⋮	⋮	⋮	⋮	⋮	⋮	⋮	⋮	⋮	⋮
85	0.029	-0.042	0.931	-1.055	0.313	0.463	0.371	0.811	0.189	0.095	0.208
86	0.398	-0.042	-1.430	-1.055	-0.661	0.463	0.371	-1.217	-0.491	-0.563	-0.299
87	0.026	-0.042	1.325	2.188	-0.027	0.463	0.371	0.811	1.023	0.901	0.208
88	0.028	-0.042	0.734	1.648	0.290	0.463	0.371	0.811	-0.306	-0.383	0.208
89	-0.917	-0.042	-2.020	-0.875	-0.748	0.463	0.371	-1.217	-0.831	-1.029	0.547
90	0.837	1.232	-0.249	0.386	-0.087	0.463	0.371	0.811	-0.213	-0.294	-0.468

5.2 상관행렬과 역행렬

각 측정항목의 측정값을 정규화한 변수 $Z_1 \sim Z_{11}$의 상관계수를 계산하여 다음과 같은 11×11 상관행렬(R)을 구한다.

$$R = \begin{bmatrix} 1 & r_{12} & \cdots\cdots & r_{111} \\ r_{21} & 1 & \cdots\cdots & r_{211} \\ . & . & \cdots\cdots & . \\ . & . & \cdots\cdots & . \\ r_{111} & r_{112} & \cdots\cdots & 1 \end{bmatrix}$$

상관계수(r)를 구하는 식은,

$$r_{ij} = r_{ji} = \frac{1}{90-1} \sum_{p=1}^{90} Z_{ip} Z_{jp}, \ (i,j = 1,2,..,11. \ p = 1,2,..,90)$$

이다.

정상그룹의 정규화변수 Z_1과 Z_2의 상관계수 r_{12}는 아래 식을 이용하여 쉽게 구할 수 있다.

$$\begin{aligned} r_{12} = r_{21} &= \frac{1}{90-1} \sum_{p=1}^{90} Z_{1p} Z_{2p} \\ &= \frac{1}{89}(Z_{11} \times Z_{21} + Z_{12} \times Z_{22} + ... + Z_{190} \times Z_{290}) \\ &= \frac{1}{89}\{-0.162 \times (-0.042) + [-0.162 \times (-0.042)] + ... + (0.837 \times 1.232)\} \\ &= 0.812 \end{aligned}$$

이다.

나머지 상관계수도 같은 방법으로 계산하면 아래와 같이 11×11상관행렬을 얻는다.

$$R = \begin{bmatrix} 1 & r_{12} & \cdots\cdots & r_{111} \\ r_{21} & 1 & \cdots\cdots & r_{211} \\ . & . & \cdots\cdots & . \\ . & . & \cdots\cdots & . \\ r_{111} & r_{112} & \cdots\cdots & 1 \end{bmatrix} = \begin{pmatrix} 1.00 & 0.812 & \cdots & -0.022 \\ 0.812 & 1.00 & \cdots & 0.023 \\ 0.116 & 0.223 & \cdots & 0.089 \\ 0.08 & -0.017 & \cdots & 0.110 \\ . & . & \cdots & . \\ . & . & \cdots & . \\ -0.022 & 0.023 & \cdots & 1.00 \end{pmatrix}$$

역행렬(R^{-1})을 구하면 다음과 같다.

$$R^{-1} = \begin{pmatrix} 1.00 & 0.812 & \cdots & -0.022 \\ 0.812 & 1.00 & \cdots & 0.023 \\ 0.116 & 0.223 & \cdots & 0.089 \\ 0.08 & -0.017 & \cdots & 0.110 \\ . & . & \cdots & . \\ . & . & \cdots & . \\ -0.022 & 0.023 & \cdots & 1.00 \end{pmatrix}^{-1} = \begin{pmatrix} 4.083 & -2.725 & \cdots & -0.209 \\ -2.725 & 3.557 & \cdots & 0.056 \\ 0.440 & -0.506 & \cdots & 0.045 \\ -0.204 & 0.429 & \cdots & -0.173 \\ . & . & \cdots & . \\ . & . & \cdots & . \\ -0.209 & -29.96 & \cdots & 1.289 \end{pmatrix}$$

5.3 정상그룹의 마하라노비스 거리

정상그룹의 첫 번 경매물건의 마하라노비스 거리를 구하면 아래와 같다.

첫 번 시료의 마하라노비스 거리 MD_1은,

$$MD_1 = D_1^2 = \frac{1}{11}(Z_{11}\ Z_{21}\ \cdots Z_{111})R^{-1}(Z_{11}\ Z_{21}\ \cdots Z_{111})^T$$

$$= \frac{1}{11}(-0.162\ -0.042 \cdots -0.975)$$

$$\times \begin{bmatrix} 4.083 & -2.725 & \cdots & -0.209 \\ -2.725 & . & \cdots & \cdots \\ . & . & \cdots & \cdots \\ . & . & \cdots & \cdots \\ -0.209 & 0.056 & \cdots & 1.289 \end{bmatrix} \times (-0.162\ -0.042 \cdots -0.975)^T$$

$$= 0.74$$

이다.

나머지 시료들도 같은 방법으로 마하라노비스 거리를 계산하면 <표 11.4>와 같다.

〈표 11.4〉 정상그룹의 마하라노비스 거리

시료번호	마하라노비스 거리(D^2)									
1~10	0.74	0.77	2.16	0.68	0.72	0.31	0.88	1.05	0.29	1.36
11~20	0.48	0.81	0.85	1.56	0.76	1.04	1.43	0.76	0.85	0.50
21~30	0.73	0.99	1.04	1.09	1.32	1.38	1.89	1.20	1.19	0.92
31~40	0.73	0.99	1.04	1.09	1.32	1.38	1.89	1.20	1.19	0.92
41~50	1.06	0.37	0.77	0.57	0.88	0.79	1.01	0.68	1.14	1.31
51~60	1.93	1.61	1.06	0.79	1.27	0.40	1.63	1.06	1.51	0.59
61~70	0.50	0.94	1.10	1.17	0.60	0.57	0.49	1.63	2.67	0.87
71~80	1.93	1.27	1.40	0.38	1.02	1.00	1.88	1.23	0.97	0.53
81~90	1.40	1.09	1.45	0.83	0.60	0.53	0.57	0.44	0.99	0.63

6 비정상그룹의 마하라노비스 거리

6.1 비정상그룹 표준화

비정상그룹(낙찰가가 감정가 대비 90% 이하인 경매물건)의 측정항목 11개를 정상그룹의 항목별 평균과 표준편차로 표준화한다. 비정상그룹 1번 시료의 측정항목 X1의 측정값 220.92와 X2의 측정값 4를 표준화 하면,

$$Z_{11} = \frac{y_{11} - m_1}{s_1} = \frac{220.92 - 84.21}{26.77} = 5.107,$$

$$Z_{21} = \frac{y_{21} - m_2}{s_2} = \frac{4 - 3.03}{0.79} = 1.232$$

이다.

나머지 측정 데이터에 대해서도 같은 방법으로 표준화하면 <표 11.5>와 같다.

〈표 11.5〉 비정상그룹(낙찰가가 감정가 대비 90% 이하인 경매물건)의 표준화

번호	Z1	Z2	Z3	Z4	Z5	Z6	Z7	Z8	Z9	Z10	Z11
1	5.107	1.231	-1.626	-0.515	-0.747	0.462	-2.665	-1.218	1.394	1.260	-0.975
2	5.314	3.777	-0.446	0.206	0.211	0.462	0.371	0.812	4.639	4.397	0.039
3	-0.934	-0.042	-0.249	-0.875	-0.712	0.462	-2.665	0.812	-0.924	-0.981	-0.299
4	1.028	1.231	2.898	-0.334	-0.600	-2.139	0.371	-1.218	0.467	0.364	-0.299
5	2.908	2.504	4.079	0.386	-0.534	0.462	0.371	0.812	4.330	4.098	-0.806
6	-0.047	-0.042	-2.020	-1.235	-0.745	-2.139	-2.665	-1.218	-0.707	-0.772	-0.130
7	4.372	2.504	-0.249	-0.515	-0.636	-2.139	0.371	-1.218	4.021	3.799	-0.975
8	5.835	1.231	-0.249	0.206	-0.636	-2.139	0.371	0.812	6.184	5.890	-0.975
.	.	.	.	.	.	.	.	.	.	.	.
.	.	.	.	.	.	.	.	.	.	.	.
37	4.203	2.504	0.341	-0.334	-0.714	0.462	0.371	0.812	-0.955	2.963	-0.468
38	2.198	1.231	-0.446	-0.154	-0.686	0.462	0.371	-1.218	0.776	0.214	-0.130
39	5.213	1.231	-0.052	0.927	-0.636	-2.139	0.371	0.812	5.257	3.680	-0.130
40	5.213	1.231	-0.052	0.206	-0.636	-2.139	0.371	0.812	5.257	3.680	-0.468

6.2 마하라노비스 거리

비정상그룹의 1번 경매물건의 마하라노비스 거리(MD_1)를 계산하면,

$$MD_1 = D_1^2 = \frac{1}{11}(Z_{11}\ Z_{21}\ ....Z_{111})R^{-1}(Z_{11}\ Z_{21}\ ....Z_{111})^T$$

이므로,

$$MD_1 = \frac{1}{11}(5.107\ 1.232....-0.975\ )$$

$$\times \begin{bmatrix} 4.083 & -2.725 & ...... & -0.209 \\ -2.725 & . & ...... & ... \\ . & . & ...... & ... \\ . & . & ...... & ... \\ -0.209 & 0.056 & ...... & 1.289 \end{bmatrix} (5.107\ 1.232...-0.975)^T$$

$$= 5.90$$

이다.

같은 방법으로 비정상그룹의 나머지 경매물건에 대한 MD 값을 구하여 정리하면, <표 11.6>과 같다.

⟨표 11.6⟩ 비정상그룹 마하라노비스 거리(MD)

시료번호	마하라노비스 거리 (D^2)									
1~10	5.90	3.19	1.68	2.61	4.31	1.41	3.52	9.10	3.97	4.15
11~20	1.69	3.60	1.74	2.48	2.20	3.28	2.54	3.75	2.20	1.52
21~30	3.08	730.25	6.31	2.17	10.37	5.12	3.40	3.81	3.49	3.54
31~40	1.20	2.43	2.51	1.51	9.39	2.69	39.62	1.95	13.54	13.95

Minitab 매크로 파일 MTS.MAC을 사용하면, 정상그룹과 비정상그룹의 마하라노비스 거리를 간단히 구할 수 있다.

MTS. MAC 을 사용하여 정상그룹과 비정상그룹의 마하라노비스 거리(MD)를 구하는 절차는 다음과 같다.

Step 1. 11개의 측정항목을 선정한다.

X1:면적 (m^2), X2: 방수(개), X3: 총층수, X4: 해당층, X5: 총 세대수, X6:학교유무(0:있음, 1:없음), X7: 지하철 역세권(0:역세권, 1:역세권아님), X8: 대형할인점 유무(0:있음, 1:없음), X9: 감정가격(천원), X10: 최저 입찰가격(천원), X11: 최저입찰자수(명)

Step 2. 정상그룹의 측정값을 정규화하고, 비정상그룹의 측정값을 표준화하여 Minitab 워크시트에 입력한다.

	C1 Z1	C2 Z2	C3 Z3	C4 Z4	C5 Z5	C6 Z6	C7 Z7	C8 Z8	C9 Z9	C10 Z10	C11 Z11
1	-0.162	-0.042	-0.249	0.567	-0.332	-2.139	0.371	-1.218	-0.831	-0.719	-0.975
2	-0.162	-0.042	-0.249	0.747	-0.087	0.462	0.371	0.812	-0.862	-0.757	2.068
3	3.369	2.504	-0.643	0.567	-0.337	0.462	0.371	0.812	1.549	2.156	-0.637
4	0.028	-0.042	0.144	0.927	0.290	0.462	0.371	0.812	-0.398	-0.197	1.899
5	-0.230	-0.042	-0.643	-0.515	-0.355	0.462	0.371	0.812	-0.368	-0.159	1.561
6	0.029	-0.042	0.931	0.026	0.313	0.462	0.371	0.812	-0.398	-0.197	0.378
7	-0.060	-1.316	-0.839	0.026	-0.694	0.462	0.371	-1.218	-0.831	-0.719	-0.806
8	0.837	1.231	-0.249	0.386	-0.087	0.462	0.371	-1.218	-0.522	-0.346	0.039
9	-0.191	-0.042	-0.052	0.206	-0.071	0.462	0.371	0.812	-0.707	-0.570	0.547
10	-2.092	-2.589	-0.052	1.107	-0.680	-2.139	0.371	-1.218	-1.190	-1.238	1.223
11	-0.923	-1.316	-0.839	-0.334	-0.717	0.462	0.371	-1.218	-1.047	-0.981	-0.299
12	-0.945	-0.042	-1.430	-1.235	-0.659	-2.139	0.371	-1.218	-1.094	-1.145	-0.130
13	-0.934	-1.316	-1.823	-0.515	-0.746	-2.139	0.371	-1.218	-1.047	-0.981	-0.637
14	-0.722	-2.589	-0.446	-0.154	-0.688	0.462	-2.665	-1.218	-1.047	-0.981	-0.637
15	-0.993	-1.316	0.538	0.927	0.912	0.462	0.371	0.812	-0.899	-0.682	-0.975
...											
79	1.594	0.042	-2.020	-0.695	0.424	0.462	0.371	0.812	2.012	1.857	0.685
80	-0.908	-0.042	1.325	1.468	-0.541	0.462	0.371	0.812	-0.058	-0.144	0.378
81	0.018	-0.042	1.325	-0.334	0.699	0.462	-2.665	0.812	0.374	0.274	0.209
82	0.025	-0.042	0.538	-0.154	3.014	0.462	0.371	0.812	0.251	0.154	-0.468
83	0.518	-0.042	-2.020	-1.235	-0.741	-2.139	-2.665	-1.218	-0.630	-0.697	-0.975
84	0.028	-0.042	0.538	0.567	-0.239	-2.139	0.371	-1.218	0.359	0.259	-0.975
85	0.029	-0.042	0.931	-1.055	0.313	0.462	0.371	0.812	0.189	0.095	0.209
86	0.398	-0.042	-1.430	-1.055	-0.661	0.462	0.371	-1.218	-0.491	-0.563	-0.299
87	0.026	-0.042	1.325	2.188	-0.027	0.462	0.371	0.812	1.023	0.901	0.209
88	0.028	-0.042	0.734	1.648	0.290	0.462	0.371	0.812	-0.306	-0.383	0.209
89	-0.917	-0.042	-2.020	-0.875	-0.748	0.462	0.371	-1.218	-0.831	-1.029	0.547
90	0.837	1.231	-0.249	0.386	-0.087	0.462	0.371	0.812	-0.213	-0.294	-0.468
91											
92											

Minitab 워크시트에서 Z1, Z2, Z3,......,Z11은 정상그룹의 측정항목 11개를 정규화 한 변수이고, AZ1, AZ2, AZ3,......,AZ11은 비정상그룹의 측정항목 11개를 표준화한 변수이다.

Step 3. 정상그룹 행렬(M1)과 비정상그룹 행렬(M10)을 지정한다.

A: 정상그룹 행렬(M1) 지정

▶ 데이터>복사>열을 행렬로
  - 복사될 열: Z1-Z11
  - 복사된 데이터 저장: M1

B: 비정상그룹 행렬(M10) 지정

▶ 데이터>복사>열을 행렬로
  - 복사될 열: AZ1-AZ11
  - 복사된 데이터 저장: M10

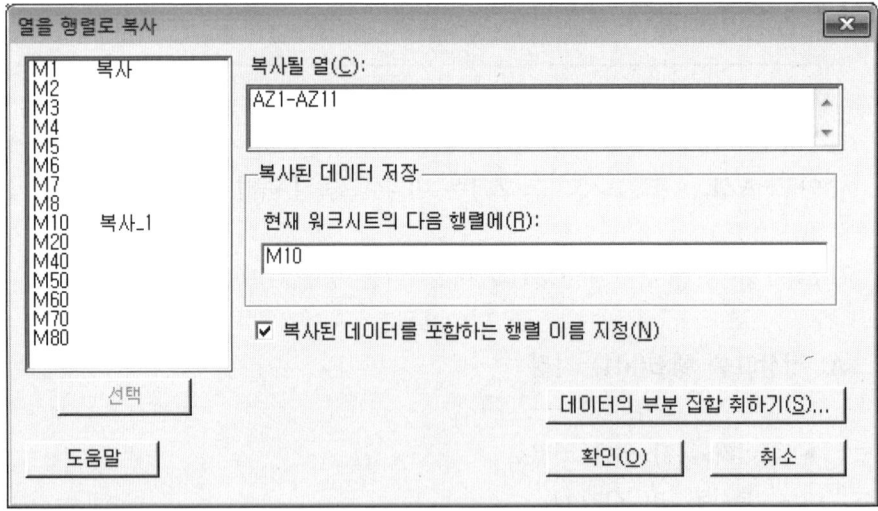

Step 4. 세션창에서 매크로파일 실행 준비를 한다.

▶ 창(W)>세션
▶ 편집기>명령사용

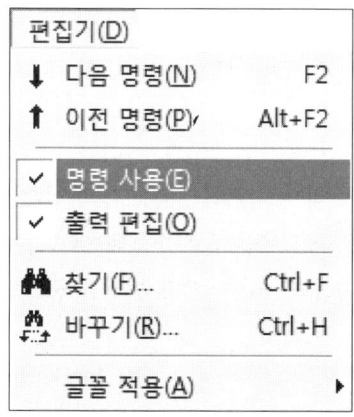

Step 5. 세션창에서 정상그룹 시료개수(K1)와 측정항목수(K2)를 입력하고 MTS.MAC 파일을 실행시킨다.

▶ MTB> LET K1=90
▶ MTB> LET K2=11
▶ MTB> %MTS

Step 6. 세션창에 출력된 정상그룹과 비정상그룹의 마하라노비스 거리(MD)를 확인한다.

■ 세션창에 출력된 행렬 보기

행렬 M4=상관행렬(R), 행렬 M5=역행렬(R^{-1}), 행렬 M40=정상그룹의 마하라노비스 거리(MD), 행렬 M80=비정상그룹의 마하라노비스 거리 (MD)

7 정상그룹과 비정상그룹의 마하라노비스 거리 비교

정상그룹의 경매물건과 비정상그룹의 경매물건의 마하라노비스 거리를 비교하면 <그림 11.1>과 같다. 평균적으로 비정상그룹의 마하라노비스 거리가 정상그룹의 마하라노비스 거리 보다 크다. 11개 측정항목은 정상그룹과 비정상그룹을 구분하는데 예측능력이 있음을 알 수 있다. 그러나 정상그룹과 비정상그룹의 마하라노비스 거리 범위가 중복되는 구간이 존재하여 약간의 판정오류를 피할 수 없다.

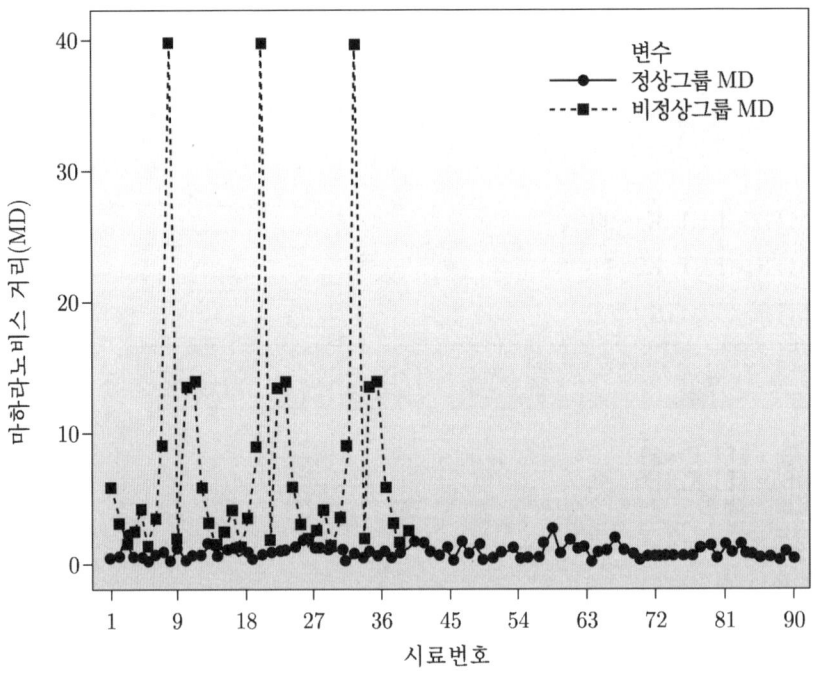

<그림 11.1> 정상그룹과 비정상그룹의 MD 비교

8 문턱값

정상그룹의 마하라노비스 거리 최소값은 0.29이고 최대값은 2.67이다. 비정상그룹의 마하라노비스 거리 최소값은 1.41, 최대값은 39.64 이다. 두 그룹의 마하라노비스 거리 범위가 중복되는 구간이 있으므로 판정의 오류가 발생한다. 정상그룹(낙찰가 감정가 대비 90% 이상인 경매물건)인 경매물건을 비정상그룹(낙찰가 감정가 대비 90 미만인 경매물건)에 속한다고 예측하는 1종오류와 비정상그룹을 정상그룹으로 판정하는 2종오류가 존재한다. 문턱값을 정하는 기준으로 오류율을 최소로 하는 기준과 손실을 최소로하는 기준이 사용되고 있으나, 다구찌 박사는 판정오류로 인한 손실이 최소가 되도록 문턱값을 정하는 것을 권장하고 있다. 마하라노비스 거리(MD) 1.7을 문턱값으로 정할 경우, 정상그룹을 비정상그룹으로 판정할 오류는 6.6% (6/90) 발생하고, 비정상그룹을 정상그룹으로 판정할 오류는 7.5%(3/40) 발생한다.

새로운 경매물건의 마하라노비스 거리(MD)를 계산하여 그 값이 2 보다 클 경우 비정상그룹으로 판정하고, 2보다 작으면 정상그룹으로 판정한다. 문턱값을 2로 할 경우 1종 오류는 2/90=2.2%이고 2종오류는 8/40=20%로 예상된다. 2종오류가 너무 높다고 판단되면, 문턱값을 낮출 수 있으나 2종오류가 감소하는 대신 1종오류율은 증가하게 된다.

9 새로운 경매물건의 낙찰가율 예측

새로운 경매물건의 11개 측정항목이 아래와 같을 때 낙찰가가 감정가 대비 90% 이상인 그룹에 속할 것인지 아니면 90% 이하 그룹에 속하는지 예측 해보자.

〈표 11.7〉 새로운 경매물건의 측정 데이터

X1	X2	X3	X4	X5	X6	X7	X8	X9	X10	X11
164.79	3	19	16	1628	1	0	0	750000	750000	6

새로운 경매물건 데이터를 정상그룹의 평균과 표준편차로 표준화 하면,

$$Z_1 = \frac{164.79-84.21}{26.77} = 3.01, \quad Z_2 = \frac{3-3.03}{0.79} = -0.038, \quad \ldots\ldots, \quad Z_{11} = \frac{6-6.77}{5.92} = -0.130$$

이다.

〈표 11.8〉 새로운 경매물건 데이터 표준화

Z1	Z2	Z3	Z4	Z5	Z6	Z7	Z8	Z9	Z10	Z11
3.01	-0.038	0.734	1.286	0.432	0.474	-2.667	-1.225	0.776	1.222	-0.130

역행렬 (R^{-1})을 이용하여 새로운 경매물건의 마하라노비스 거리를 계산하면,

$$MD_1 = D_1^2 = \frac{1}{11}(3.01 - 0.038 \ldots -0.130) R^{-1} (3.01 - 0.038 \ldots -0.130)^T$$
$$= 4.056$$

이다.

마하라노비스 거리(MD)가 문턱값 2 보다 크기 때문에 새로운 경매물건은 비정상그룹으로 예측된다. 즉, 낙찰가가 감정가 7억 5천 만원의 90%인 6억7천 5백만원 보다 낮은 가격에서 형성될 것으로 예측된다.

CHAPTER 12

MTGS방법에 의한 생쥐의 회복능력 평가

🎯 **학습목표 :**

1. MTGS 방법으로 정상그룹과 비정상그룹의 마하라노비스 거리를 구할 수 있다.
2. 건강도 회복 해석에서 정상그룹과 비정상그룹의 마하라노비스 거리의 의미를 이해한다.
3. 직교변환 데이터로 SN비 분석을 하여 중요 측정항목을 찾을 수 있다.
4. 시계열적으로 측정된 다변량 데이터의 마하라노비스 거리를 비교하여 의미를 해석할 수 있다.

1 실험의 개요

서로 다른 3가지 식이유형이 방사능에 노출된 생쥐의 건강도 회복에 미치는 영향을 조사하고자 한다. 생쥐에 방사능을 조사한 후 식이유형별로 3개의 그룹으로 나누고 10일, 30일 경과 후 두 번에 걸쳐 비장에서 혈(blood)을 채취하여 10개 항목을 측정하고 서로 다른 식이유형이 생쥐의 건강도 회복에 어떤 영향을 주는지 평가하기 위한 실험이다.

1.1 식이 유형 구분

[식이 유형 1]은 고단백 식이이며 [식이 유형 2]는 성분 A가 강화된 식이이다.

1.2 생쥐의 건강도 측정항목

방사능 조사 후 각 식이별로 생쥐의 혈을 채취하여 Triglyceride(X1), Cholesterol(X2), HDL-Cholesterol(X3), LDL-Cholesterol(X4), VLDL(X5), Calcium (X6), Alkphosphatase(X7), RBC(X8), Platelet(X9), WBC(X10)을 측정하였다.

2 정상그룹과 비정상그룹 측정 데이터

방사능에 노출되지 않고 10일간 일반먹이를 섭취한 18마리의 생쥐를 정상그룹으로 하고 방사능에 노출된 후 고단백 식이(식이 유형1)를 섭취한 생쥐 그룹과 방사능에 노출된 후 일반 식이에 성분 A를 강화한 식이(식이 유형 2)를 섭취한 생쥐 그룹을 비정상그룹으로 하였다.

⟨표 12.1⟩ 정상그룹: 방사능에 노출되지 않고 일반먹이를 10일간 섭취한 생쥐의 혈청 데이타

번호	Triglyceride	Cholesterol	HDL-Cholesterol	LDL-Cholesterol	VLDL	Calcium (Ca)	Alk. phosphatase	RBC	Platelet	WBC
	X1	X2	X3	X4	X5	X6	X7	X8	X9	X10
1	71	63	29	4	38	10.18	487.42	7.18	413	6.73
2	66	66	26	7	38	10.46	632	7.74	373	7.45
3	75	61	30	5	38	10.31	582.68	7.09	273	6.23
4	67	82	28	4	35	10.69	647.58	9.29	460	6.5
5	75	69	27	4	31	9.81	441.15	7.52	376	6.59
6	71	71	33	6	32	10.59	486.83	5.69	299	5.32
7	72	74	25	3	35	10.59	488.59	4.35	315	4.36
8	70	60	29	5	35	10.36	463.69	5.38	295	6.58
9	74	66	31	6	34	10.46	598.22	5.59	444	5.04
10	78	59	25	4	33	10.66	449.04	7.08	182	5.26
11	67	57	29	5	33	10.72	541.36	5.94	379	5.64
12	67	68	28	5	37	10.6	473.19	6.94	648	5.77
13	77	66	30	5	45	10.48	515.8	5.13	424	5.58
14	83	61	26	5	29	9.76	533.97	9.33	325	6.26
15	68	67	31	5	35	10.1	551.76	8.25	355	7.69
16	64	69	30	5	30	10.46	547.61	5.36	497	6.07
17	63	64	29	5	32	10.42	612.99	5.35	299	6.31
18	71	74	30	9	33	10.59	531.35	6.42	351	5.58

⟨표 12.2⟩ 비정상 그룹1: 방사능에 노출된 후 식이유형 1을 10일간 섭취한 생쥐의 혈청 데이타

번호	Triglyceride	Cholesterol	HDL-Cholesterol	LDL-Cholesterol	VLDL	Calcium (Ca)	Alk. phosphatase	RBC	Platelet	WBC
	X1	X2	X3	X4	X5	X6	X7	X8	X9	X10
1	508.00	80.00	19.00	9.00	52.00	8.90	491.00	8.47	245.00	19.00
2	802.00	97.00	16.00	8.00	73.00	9.50	542.00	9.40	260.00	20.00
3	586.00	73.00	25.00	8.00	40.00	10.50	557.00	9.50	373.00	17.32
4	678.00	89.00	14.00	14.00	61.00	8.18	451.67	7.19	298.00	23.28
5	685.00	98.00	21.00	12.00	65.00	9.95	578.19	8.64	294.00	20.30
6	542.00	57.00	27.00	6.00	24.00	11.18	580.14	7.47	370.00	8.06

⟨표 12.3⟩ 비정상 그룹2: 방사능에 노출된 후 식이유형 2를 10일간 섭취 후의 혈청 데이타

번호	Triglyceride	Cholesterol	HDL-Cholesterol	LDL-Cholesterol	VLDL	Calcium (Ca)	Alk. phosphatase	RBC	Platelet	WBC
	X1	X2	X3	X4	X5	X6	X7	X8	X9	X10
1	58.00	70.00	30.00	5.00	35.00	10.30	557.00	6.83	514.00	5.70
2	66.00	65.00	30.00	6.00	29.00	9.90	415.00	6.82	792.00	3.38
3	44.00	62.00	31.00	6.00	25.00	11.80	517.00	6.54	584.00	4.50
4	59.00	66.00	29.00	5.00	32.00	9.60	478.00	5.89	734.00	5.60
5	69.00	72.00	32.00	6.00	34.00	10.70	561.00	6.78	759.00	4.80
6	55.00	61.00	30.00	5.00	26.00	8.90	401.00	7.12	522.00	5.10

⟨표 12.4⟩ 비정상 그룹 1: 방사능에 노출된 후 식이유형 1을 30일 간 섭취후의 혈청 데이타

번호	Triglyceride	Cholesterol	HDL-Cholesterol	LDL-Cholesterol	VLDL	Calcium (Ca)	Alk. phosphatase	RBC	Platelet	WBC
	X1	X2	X3	X4	X5	X6	X7	X8	X9	X10
1	122.00	88.00	31.00	9.00	48.00	9.70	323.00	8.92	633.00	11.52
2	91.00	116.00	36.00	9.00	71.00	10.30	457.00	5.36	546.00	7.80
3	107.00	117.00	34.00	8.00	75.00	9.90	315.00	8.58	609.00	16.02
4	103.00	103.00	35.00	8.00	60.00	10.00	251.00	6.00	705.00	9.06
5	85.00	102.00	32.00	13.00	57.00	12.40	319.00	6.29	546.00	10.46
6	100.00	88.00	21.00	9.00	58.00	9.30	407.00	8.44	456.00	7.62

⟨표 12.5⟩ 비정상 그룹2: 방사능에 노출된 후 식이유형 2를 30일 간 섭취후의 혈청 데이타

번호	Triglyceride	Cholesterol	HDL-Cholesterol	LDL-Cholesterol	VLDL	Calcium (Ca)	Alk. phosphatase	RBC	Platelet	WBC
	X1	X2	X3	X4	X5	X6	X7	X8	X9	X10
1	75.00	94.00	28.00	7.00	59.00	9.20	466.00	7.89	693.00	10.02
2	80.00	86.00	29.00	4.00	53.00	9.60	362.00	7.22	746.00	7.90
3	99.00	95.00	26.00	7.00	62.00	9.10	504.00	8.19	748.00	8.26
4	73.00	98.00	31.00	6.00	61.00	9.80	474.00	7.58	636.00	6.92
5	67.00	105.00	34.00	5.00	66.00	10.90	456.00	7.77	514.00	9.86
6	92.00	93.00	29.00	7.00	57.00	9.30	512.00	6.94	622.00	9.34

2.1 측정항목의 평균과 표준편차

정상그룹의 평균과 표준편차를 계산하는 식은 아래와 같다.

$$평균(m_i) = \frac{\sum_{j=1}^{n} y_{ij}}{n},$$

$$표준편차(s_i) = \sqrt{\frac{\sum_{j=1}^{n}(y_{ij}-m_i)^2}{n-1}} \quad (i=1,2,3,....,k \; j=1,2,3,....,n)$$

측정항목 Triglyceride(x_1)의 평균을 구하면,

$$평균(m_1) = \frac{(71+66+75+...+71)}{18} = 71.06 \text{ 이고, 표준편차는}$$

$$\begin{aligned}표준편차(s_1) &= \sqrt{\frac{\sum_{j=1}^{18}(y_{1j}-m_1)^2}{(18-1)}} \\ &= \sqrt{\frac{(71-71.06)^2+(66-71.06)^2+.....+(71-71.06)^2}{17}} \\ &= 5.241\end{aligned}$$

나머지 측정항목들도 같은 방법으로 평균과 표준편차를 구한다.

2.2 정상그룹의 정규화

정상그룹 1번 시료의 첫 번째 측정항목 Triglyceride (x_1) 측정 데이터 71은 평균과 표준편차를 사용하여 다음과 같이 정규화된다.

$$Z_{1j} = \frac{(y_{1j}-m_1)}{s_1} \text{ (j=1,2,....,18) 로 부터 } Z_{11} = \frac{(71-71.06)}{5.241} = -0.011 \quad \text{이다.}$$

나머지 측정데이터에 대해서도 같은 방법으로 정규화하면 <표 12.6>과 같다.

⟨표 12.6⟩ 정상그룹 측정데이터의 정규화

번호	Triglyceride	Cholesterol	HDL-Cholesterol	LDL-Cholesterol	VLDL	Calcium (Ca)	Alk. phosphatase	RBC	Platelet	WBC
	X1	X2	X3	X4	X5	X6	X7	X8	X9	X10
1	-0.011	-0.563	0.152	-0.840	0.909	-0.796	-0.718	0.374	0.394	0.814
2	-0.965	-0.080	-1.214	1.427	0.909	0.207	1.584	0.767	0.003	1.680
3	0.753	-0.885	0.607	-0.084	0.909	-0.330	0.799	0.311	-0.974	0.212
4	-0.774	2.494	-0.304	-0.840	0.104	1.031	1.833	1.854	0.854	0.537
5	0.753	0.402	-0.759	-0.840	-0.969	-2.121	-1.455	0.613	0.033	0.645
6	-0.011	0.724	1.973	0.672	-0.700	0.672	-0.728	-0.670	-0.720	-0.882
7	0.180	1.207	-1.670	-1.595	0.104	0.672	-0.699	-1.610	-0.564	-2.037
8	-0.201	-1.046	0.152	-0.084	0.104	-0.151	-1.096	-0.888	-0.759	0.633
9	0.562	-0.080	1.062	0.672	-0.164	0.207	1.046	-0.741	0.697	-1.219
10	1.325	-1.207	-1.670	-0.840	-0.432	0.923	-1.329	0.304	-1.864	-0.954
11	-0.774	-1.529	0.152	-0.084	-0.432	1.138	0.141	-0.495	0.062	-0.497
12	-0.774	0.241	-0.304	-0.084	0.641	0.708	-0.945	0.206	2.692	-0.341
13	1.134	-0.080	0.607	-0.084	2.787	0.279	-0.266	-1.063	0.502	-0.569
14	2.279	-0.885	-1.214	-0.084	-1.505	-2.300	0.023	1.882	-0.466	0.249
15	-0.583	0.080	1.062	-0.084	0.104	-1.082	0.307	1.125	-0.173	1.968
16	-1.346	0.402	0.607	-0.084	-1.237	0.207	0.240	-0.902	1.216	0.020
17	-1.537	-0.402	0.152	-0.084	-0.700	0.064	1.282	-0.909	-0.720	0.309
18	-0.011	1.207	0.607	2.938	-0.432	0.672	-0.019	-0.159	-0.212	-0.569

2.3 정상그룹의 마하라노비스 거리

(1) 정상그룹의 정규화 데이터의 그람-슈미트 직교변환

정상그룹의 그람-슈미트 직교변환 식을 사용하여 <표 12.6>의 정상그룹 정규화 데이터를 직교변환 하면 <표 12.7>과 같다.

<표 12.7> 정상그룹 정규화 데이터의 그람-슈미트 직교변환 데이터

번호	Triglyceride	Cholesterol	HDL-Cholesterol	LDL-Cholesterol	VLDL	Calcium (Ca)	Alk. phosphatase	RBC	Platelet	WBC
	U1	U2	U3	U4	U5	U6	U7	U8	U9	U10
1	-0.011	-0.566	0.155	-0.876	0.826	-0.845	-0.589	0.499	-0.010	-0.228
2	-0.965	-0.337	-1.455	1.875	1.229	-0.709	0.702	0.069	-0.378	0.153
3	0.753	-0.684	0.805	-0.262	0.773	-0.084	1.121	0.109	-0.650	-0.234
4	-0.774	2.288	-0.525	-0.846	0.144	0.459	1.475	1.308	-0.093	0.175
5	0.753	0.603	-0.574	-0.542	-0.968	-1.554	-1.118	-0.181	-0.014	0.031
6	-0.011	0.721	1.963	-0.124	-0.912	0.830	-0.763	0.232	-0.848	-0.084
7	0.180	1.255	-1.638	-0.992	0.211	0.647	-0.427	-1.627	-0.457	-0.251
8	-0.201	-1.100	0.113	-0.105	0.083	-0.109	-1.017	-0.297	-0.649	0.452
9	0.562	0.070	1.204	0.279	-0.291	0.491	1.183	-0.866	1.265	0.032
10	1.325	-0.854	-1.325	-0.106	-0.350	1.715	-0.405	0.812	-0.841	0.161
11	-0.774	-1.735	-0.026	-0.101	-0.424	1.141	0.252	0.372	0.497	-0.151
12	-0.774	0.035	-0.501	0.003	0.721	0.175	-1.276	0.895	2.000	-0.264
13	1.134	0.222	0.893	-0.285	2.634	0.094	-0.090	-0.721	0.373	0.223
14	2.279	-0.278	-0.633	0.486	-1.483	-0.934	0.931	0.276	0.742	-0.029
15	-0.583	-0.075	0.915	-0.515	-0.011	-1.266	0.055	0.884	-0.859	0.003
16	-1.346	0.043	0.265	-0.373	-1.246	-0.021	-0.093	-0.650	1.019	0.418
17	-1.537	-0.812	-0.230	-0.168	-0.641	-0.321	0.890	-1.037	-0.713	-0.255
18	-0.011	1.204	0.592	2.652	-0.295	0.291	-0.830	-0.080	-0.384	-0.154
평균	0.000	0.000	0.000	0.000	0.000	0.000	0.000	0.000	0.000	0.000
표준편차	1.000	0.964	0.967	0.916	0.992	0.846	0.873	0.768	0.826	0.226

(2) 직교변환 데이타의 상관행렬과 역행렬

정상그룹의 직교변환 데이타를 이용하여 상관행렬(R_{u_z})과 역행렬($R_{u_z}^{-1}$)을 구한다.

정상그룹의 직교벡터 u_1 과 u_2의 상관계수 r_{12} 를 계산하면 아래와 같다.

$$r_{12} = \frac{1}{18-1}\sum_{p=1}^{18} u_{1p}u_{2p}$$
$$= \frac{1}{17}(u_{11} \times u_{21} + u_{12} \times u_{22} + \ldots + u_{118} \times u_{218})$$
$$= \frac{1}{17} \times \{-0.011 \times (-0.566) + (-0.965) \times (-0.337) + \ldots + (-0.011) \times (1.204)\}$$
$$= 0.000$$

직교벡터 u_1 과 u_2의 상관계수 r_{12}가 0.000 임을 알 수 있다.

나머지 직교변환 벡터들 사이의 상관계수를 계산하면 아래와 같은 10×10 상관행렬 (R_{u_z})을 얻는다.

$$\text{상관행렬}(R_{u_z}) = (R_{u_z}^{-1}) = \begin{bmatrix} 1.0 & 0.0 & 0.0 & 0.0 & 0.0 & 0.0 & 0.0 & 0.0 & 0.0 & 0.0 \\ 0.0 & 1.0 & 0.0 & 0.0 & 0.0 & 0.0 & 0.0 & 0.0 & 0.0 & 0.0 \\ 0.0 & 0.0 & 1.0 & 0.0 & 0.0 & 0.0 & 0.0 & 0.0 & 0.0 & 0.0 \\ 0.0 & 0.0 & 0.0 & 1.0 & 0.0 & 0.0 & 0.0 & 0.0 & 0.0 & 0.0 \\ 0.0 & 0.0 & 0.0 & 0.0 & 1.0 & 0.0 & 0.0 & 0.0 & 0.0 & 0.0 \\ 0.0 & 0.0 & 0.0 & 0.0 & 0.0 & 1.0 & 0.0 & 0.0 & 0.0 & 0.0 \\ 0.0 & 0.0 & 0.0 & 0.0 & 0.0 & 0.0 & 1.0 & 0.0 & 0.0 & 0.0 \\ 0.0 & 0.0 & 0.0 & 0.0 & 0.0 & 0.0 & 0.0 & 1.0 & 0.0 & 0.0 \\ 0.0 & 0.0 & 0.0 & 0.0 & 0.0 & 0.0 & 0.0 & 0.0 & 1.0 & 0.0 \\ 0.0 & 0.0 & 0.0 & 0.0 & 0.0 & 0.0 & 0.0 & 0.0 & 0.0 & 1.0 \end{bmatrix}$$

상관행렬과 역행렬 모두 대각 요소가 1이고 그 외의 요소는 모두 0인 행렬이다. 이렇게 된 이유는 10개의 측정항목이 서로 직교(*orthogonal*)하기 때문이다.

(3) 정상그룹의 마하라노비스 거리(MD) 계산

<표 12.8>의 정상그룹 1번 시료의 마하라노비스 거리(D_1^2)를 구하면 다음과 같다.

$$D_1^2 = \frac{1}{10}(u_{z_{11}}, u_{z_{21}}, ... u_{z_{101}}) R_{u_z}^{-1} (u_{z_{11}}, u_{z_{21}}, ..., u_{z_{101}})^T$$

$$= \frac{1}{10}(-0.011, -0.566, 0.155, ..., -0.228) R_{u_z}^{-1} (-0.011, -0.566, 0.155, ..., -0.228)^T$$

$$= 0.49$$

나머지 시료의 마하라노비스 거리를 모두 계산하면 아래 <표 12.8>과 같다.

〈표 12.8〉 정상그룹의 마하라노비스 거리

시료번호	1	2	3	4	5	6	7	8	9	10	11	12	13	14	15
MD	0.49	1.11	0.58	1.41	0.77	0.86	1.27	0.75	0.79	1.15	0.7	1.22	1.14	1.15	0.62
시료번호	16	17	18												
MD	0.98	0.86	1.21												

정상그룹의 마하라노비스 거리 최소값은 0.49이고 최대값은 1.41, 평균은 0.945이다.

2.4 10일 경과 후 비정상그룹1의 마하라노비스 거리

(1) 비정상그룹1 데이타의 표준화

방사능에 노출된 후 식이유형 1을 10일간 섭취한 6마리의 생쥐의 혈액을 채취하여 마하라노비스 거리를 구하고 정상그룹의 생쥐 대비 건강도 차이를 분석해 보자.

먼저 정상그룹의 측정항목별 평균과 표준편차로 비정상그룹 측정값을 표준화 한다. 방사능에 노출된 1번 시료의 첫 번째 측정항목 Triglyceride (x_1)의 값 508.00은 정상그룹의 평균과 표준편차로 다음과 같이 표준화된다.

$$Z_{11} = \frac{(508.00 - 71.06)}{5.241} = 83.37$$

나머지 측정항목에 대해서도 같은 방법으로 표준화하면 <표 12.9>와 같다.

〈표 12.9〉 비정상그룹1 혈청 측정 데이터 표준화

번호	Triglyceride	Cholesterol	HDL-Cholesterol	LDL-Cholesterol	VLDL	Calcium (Ca)	Alk. phosphatase	RBC	Platelet	WBC
	X1	X2	X3	X4	X5	X6	X7	X8	X9	X10
1	83.37	2.172	-4.401	2.938	4.664	-5.379	-0.661	1.279	-1.248	15.571
2	139.47	4.908	-5.767	2.183	10.297	-3.231	0.151	1.931	-1.102	16.774
3	98.25	1.046	-1.670	2.183	1.445	0.350	0.390	2.001	0.003	13.550
4	115.81	3.621	-6.678	6.716	7.078	-7.958	-1.287	0.381	-0.730	20.718
5	117.14	5.069	-3.491	5.205	8.151	-1.619	0.727	1.398	-0.769	17.134
6	89.86	-1.529	-0.759	0.672	-2.846	2.785	0.758	0.578	-0.026	2.413

(2) 비정상그룹1 표준화 데이터 직교변환

비정상그룹의 그람-슈미트의 변환 식 (식 4.5)을 사용하여 <표 12.9> 비정상그룹 표준화 데이터를 변환 하면 <표 12.10>과 같다.

⟨표 12.10⟩ 비정상그룹1의 그람-슈미트 변환

번호	Triglyceride	Cholesterol	HDL-Cholesterol	LDL-Cholesterol	VLDL	Calcium (Ca)	Alk. phosphatase	RBC	Platelet	WBC
	AU1	AU2	AU3	AU4	AU5	AU6	AU7	AU8	AU9	AU10
1	83.37	24.38	16.50	6.82	0.73	27.16	27.85	-14.74	33.68	80.22
2	139.47	42.06	29.19	8.01	3.31	50.88	48.67	-22.26	57.03	128.52
3	98.25	27.22	22.98	5.46	-3.76	40.39	35.80	-13.18	43.27	95.49
4	115.81	34.47	22.35	12.30	1.88	36.61	37.39	-22.33	47.64	110.87
5	117.14	36.28	25.86	9.53	2.35	43.50	40.68	-18.66	48.08	111.77
6	89.86	22.41	21.81	3.47	-7.82	41.04	34.60	-11.79	41.92	81.10

(3) 비정상그룹1의 마하라노비스 거리

역행렬($R_{u_z}^{-1}$)을 사용하여 마하라노비스 거리(MD)를 계산한다.

<표 12.10>에서 1번 생쥐의 마하라노비스 거리를 계산하면 다음과 같다.

$$MD_1 = D_1^2 = \frac{1}{10} \times [83.37 \ 24.38 \ \ldots\ldots \ 80.22] \times R_{u_z}^{-1} \times \begin{bmatrix} 83.37 \\ 24.38 \\ \cdot \\ \cdot \\ \cdot \\ \cdot \\ 80.22 \end{bmatrix} = 13780.7$$

나머지 시료에 대해서도 같은 방법으로 마하라노비스 거리를 계산하여 정리하면 <표 12.11>과 같다.

⟨표 12.11⟩ 비정상그룹1(방사능 노출 후 10일간 식이유형 1을 섭취한 생쥐)마하라노비스 거리

시료번호	1	2	3	4	5	6
MD	13780.7	35755.2	19630.3	26356.2	26895.3	14450.0

비정상그룹1의 마하라노비스 거리 최소값은 13780.7이고 최대값은 35755.2, 평균은 22811.28이다. 방사능에 노출되지 않은 정상그룹의 마하라노비스 거리보다 월등히 높다. 이는 정상그룹의 생쥐의 건강도와 큰 차이를 보이고 있음을 나타낸다.

(4) 측정항목의 예측 능력 분석

<그림 12.1>은 10개의 측정항목으로 계산된 정상그룹과 비정상그룹의 마하라노비스 거리를 비교한 그래프이다. 10개 측정항목은 정상그룹과 비정상그룹의 차이를 잘 구분해주고 있다.

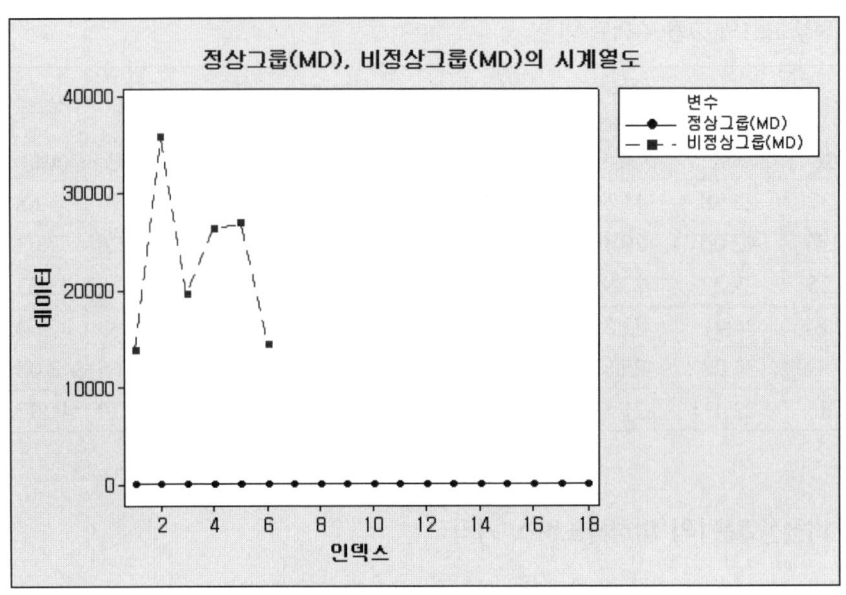

〈그림 12.1〉 정상그룹과 비정상그룹의 마하라노비스 거리 비교

2.5 10일 경과 후 비정상그룹2의 마하라노비스 거리

<표 12.3>의 비정상그룹2의 측정 데이터를 표준화 하면 <표 12.12>와 같고 이를 그람-슈미트 방법으로 변환 하면 <표 12.13>과 같다.

〈표 12.12〉 비정상그룹2 혈청 측정 데이터 표준화

번호	Triglyceride	Cholesterol	HDL-Cholesterol	LDL-Cholesterol	VLDL	Calcium (Ca)	Alk. phosphatase	RBC	Platelet	WBC
	X1	X2	X3	X4	X5	X6	X7	X8	X9	X10
1	-2.491	0.563	0.607	-0.084	0.104	-0.366	0.390	0.129	1.382	-0.425
2	-0.965	-0.241	0.607	0.672	-1.505	-1.798	-1.871	0.122	4.100	-3.215
3	-5.162	-0.724	1.062	0.672	-2.578	5.005	-0.247	-0.074	2.066	-1.868
4	-2.300	-0.080	0.152	-0.084	-0.700	-2.873	-0.868	-0.530	3.533	-0.545
5	-0.392	0.885	1.518	0.672	-0.164	1.066	0.454	0.094	3.777	-1.507
6	-3.063	-0.885	0.607	-0.084	-2.310	-5.379	-2.094	0.332	1.460	-1.147

<표 12.13> 비정상그룹2 표준화 데이터의 그람-슈미트 변환

번호	Triglyceride	Cholesterol	HDL-Cholesterol	LDL-Cholesterol	VLDL	Calcium (Ca)	Alk. phosphatase	RBC	Platelet	WBC
	AU1	AU2	AU3	AU4	AU5	AU6	AU7	AU8	AU9	AU10
1	-2.491	-0.101	-0.024	-0.411	0.162	-1.442	-0.601	0.260	0.024	-2.449
2	-0.965	-0.498	0.367	0.420	-1.485	-1.818	-2.313	0.242	3.542	-3.913
3	-5.162	-2.099	-0.226	0.150	-2.383	3.612	-1.434	3.306	1.118	-1.775
4	-2.300	-0.693	-0.425	-0.202	-0.596	-3.616	-1.841	-1.139	2.321	-2.894
5	-0.392	0.781	1.410	0.036	-0.292	0.869	0.200	0.670	3.442	-0.191
6	-3.063	-1.701	-0.153	-0.366	-2.229	-5.884	-3.232	-0.653	-0.118	-6.394

(3) 비정상그룹2의 마하라노비스 거리

역행렬($R_{u_z}^{-1}$)을 사용하여 <표 12.13>의 데이터로 마하라노비스 거리(MD)를 계산한다. <표 12.13>에서 1번 생쥐의 마하라노비스 거리를 계산하면 다음과 같다.

$$MD_1 = D_1^2 = \frac{1}{10} \times [-2.491 \; -0.101 \; .... \; -2.449] \times R_{u_z}^{-1} \times \begin{bmatrix} -2.491 \\ -0.101 \\ \cdot \\ \cdot \\ \cdot \\ -2.449 \end{bmatrix} = 12.72$$

나머지 시료에 대해서도 같은 방법으로 마하라노비스 거리를 계산하여 정리하면 <표 12.14>와 같다.

<표 12.14> 비정상그룹2(방사능 노출 후 10일간 식이유형 2를 섭취한 생쥐)마하라노비스 거리

시료번호	1	2	3	4	5	6
MD	12.72	33.32	14.00	20.29	2.30	80.95

비정상그룹2의 마하라노비스 거리 최소값은 2.30이고 최대값은 80.95, 평균은 27.26이다. 평균적으로 식이유형 2의 마하라노비스 거리가 식이유형 1보다 작다. 이는 식이유형2를 섭취한 생쥐의 혈청 데이터패턴이 식이유형 1을 섭취한 생쥐보다 정상그룹에 더 가깝다는 것을 의미한다. 방사능에 노출된 후 식이유형 2를 10일간 섭취한 생쥐의 건강도 회복 정도가 식이유형 1을 섭취한 생쥐 대비 우수하다고 볼 수 있다.

2.6 30일 경과 후 비정상그룹1과 비정상그룹 2의 마하라노비스 거리

<표 12.4>와 <표 12.5>의 데이터를 사용하여 2.4에서 분석한 순서대로 그람-슈미트 변환하여 비정상그룹 2의 마하라노비스 거리를 구하면 <표 12.15>와 <표 12.16>과 같다.

⟨표 12.15⟩ 비정상그룹1(방사능 노출 후 30일간 식이유형 1을 섭취한 생쥐)마하라노비스 거리

시료번호	1	2	3	4	5	6
MD	269.98	39.62	348.28	100.19	219.9	19.88

30일간 식이유형 1을 섭취한 비정상그룹1의 마하라노비스 거리 최소값은 19.88이고 최대값은 348.28, 평균은 166.31이다. 10일간 식이유형 1을 섭취 후에 측정된 마하라노비스 거리 보다 훨씬 작아서 생쥐의 건강도가 많이 회복되었음을 알 수 있다. 하지만 방사능에 노출되지 않은 정상그룹의 마하라노비스 거리 평균 대비 여전히 높다. 이는 식이유형 1을 30일간 섭취한 생쥐의 건강도가 회복되긴 하였으나 방사능에 노출되지 않은 정상그룹 생쥐 수준으로 회복되진 못했음을 나타낸다.

식이유형2를 30일간 섭취한 생쥐의 마하라노비스 거리를 계산하면 <표 12.16>과 같다.

⟨표 12.16⟩ 비정상그룹2(방사능 노출 후 30일간 식이유형 2를 섭취한 생쥐)마하라노비스 거리

시료번호	1	2	3	4	5	6
MD	15.70	9.37	27.16	19.75	25.92	35.53

30일간 식이유형 2를 섭취한 비정상그룹2의 마하라노비스 거리 최소값은 9.37이고 최대값은 35.53, 평균은 22.3이다. 마하라노비스 거리 평균은 식이유형 1보다 작고 정상그룹에 더 근접해 있으므로 식이유형 2의 건강도 회복 정도가 식이유형 1보다 더 우수하다 할 수 있다.

3 측정항목의 예측능력 분석

정상그룹으로부터 거리를 크게 하는 측정항목이 예측능력이 큰 항목이므로 망대특성의 SN비를 사용한다.

한 가지 유의할 것은 MTGS에서는 XZU 과정으로 변환하면 직교배열표 실험을 하지 않고 간편식을 사용하여 바로 SN비를 구할 수 있다.

(1) SN비 분석

비정상 그룹1의 그람-슈미트 변환 데이터로 망대특성의 SN비를 계산하는 식은 아래와 같다.

$$SN_i = -10LOG_{10}\left(\frac{1}{n}\sum_{j=1}^{n}\frac{1}{y_{ij}^2}\right)$$

여기서 $y_{ij} = \dfrac{u_{ij}}{s_i}$ $i=1,2,...,k$ $j=1,2,...,n$

정상그룹의 10개 측정 항목각각에 대하여 직교변환 데이터의 평균($\overline{u_i}$)과 표준편차(s_i)를 구해보자.

첫 번째 측정항목 Triglyceride (x_1)의 평균과 ($\overline{u_1}$) 와 표준편차(s_1)를 구하면,

평균 $\overline{u_1} = \dfrac{\sum_{j=1}^{18} u_{1j}}{18} = \dfrac{\{-0.011 + (-0.965) + ... + (-0.011)\}}{18} = 0.00$

표준편차 $s_1 = \sqrt{\dfrac{\sum_{j=1}^{18}(u_{1j} - 0.000)^2}{18-1}} = 1.00$ 이다.

비정상그룹1의 그람-슈미트 벡터 u_1의 첫 번째 요소 $u_{11} = 83.37$은 다음과 같이 y_{11}으로 변환된다.

$$y_{11} = \frac{au_{11}}{s_1} = \frac{83.37}{1.0} = 83.37$$

비정상그룹 그람-슈미트 변환 데이터를 이와 같이 변환하는 이유는 SN비 계산에 정상그룹 직교변환 데이터 산포를 가중치로 사용하기 위해서이다. 산포가 큰 변수는 SN비에 미치는 영향이 작아진다.

나머지 데이터에 대해서 같은 방법으로 계산하면 <표 12.17>와 같다.

<표 12.17> 방사능에 노출된 후 10일간 일반먹이를 섭취한 생쥐의 y값

시료	y_1	y_2	y_3	y_4	y_5	y_6	y_7	y_8	y_9	y_{10}
1	83.37	25.29	17.06	7.45	0.73	32.12	31.92	-19.18	40.77	354.69
2	139.47	43.64	30.17	8.74	3.35	60.17	55.78	-28.98	69.04	568.26
3	98.25	28.25	23.76	5.96	-3.79	47.76	41.02	-17.16	52.38	422.17
4	115.81	35.77	23.11	13.44	1.90	43.29	42.84	-29.07	57.67	490.20
5	117.14	37.64	26.73	10.41	2.37	51.44	46.62	-24.30	58.21	494.15
6	89.86	23.25	22.55	3.79	-7.89	48.54	39.66	-15.35	50.75	358.59

<표 12.17>의 첫 번째 측정항목의 SN비를 계산하면 다음과 같다.

$$SN_1 = -10Log_{10}\left(\frac{1}{6}\sum_{j=1}^{6}\frac{1}{y_{1j}^2}\right)$$

$$= -10Log_{10}\frac{1}{6}\left(\frac{1}{83.37^2} + \frac{1}{139.47^2} + \cdots + \frac{1}{89.86^2}\right)$$

$$= 40.22(db)$$

같은 방법으로 나머지 측정항목의 SN비를 계산하면 <표12.18>과 같다.

<표 12.18> 방사능에 노출된 후 10일간 일반먹이를 섭취한 생쥐의 측정항목별 SN비

시료	X1	X2	X3	X4	X5	X6	X7	X8	X9	X10
SN비	40.22	29.53	27.16	16.21	3.82	32.98	32.29	26.19	34.44	52.64

SN비가 큰 측정항목이 예측능력이 높은 측정 항목이다. 예측능력이 큰 순서로 나열하면 X10 > X1 > X9 > X6 > X7 > X2 > X3 > X8 > X4 > X5 이다. SN비가 가장 작은 X5를 제거한 후 9개 측정 항목으로 정상그룹과 비정상그룹을 오류 없이 잘 구분할 수 있다면 측정항목을 9개로 줄일 수 있어 매우 효율적인 측정 시스템을 개발할 수 있을 것이다.

4 결론

식이유형 1과 2 모두 섭취기간이 경과함에 따라 마하라노비스 거리가 점점 작아져서 생쥐의 건강도가 정상그룹에 가까워짐을 확인하였다. 건강도 개선정도는 식이유형 2를 섭취한 생쥐 그룹이 식이유형 1을 섭취한 생쥐 그룹보다 우수하였다.

방사능에 노출되지 않은 건강한 생쥐그룹(정상그룹)과 가장 근접하게 회복된 그룹은 식이유형 2를 섭취한 그룹이었다.

정상그룹과 비정상그룹의 마하라노비스 거리를 분석한 결과 10개의 측정항목은 정상그룹과 비정상그룹을 구분하는데 매우 우수한 것으로 나타났다. 10개의 측정항목은 방사능에 노출된 생쥐와 노출되지 않은 생쥐의 혈청 패턴 차이를 잘 설명해주고 있다.

SN비 분석 결과 측정 항목 X10의 예측능력이 가장 우수하였다. X10은 방사능에 노출된 생쥐와 노출되지 않은 생쥐의 혈의 차이를 가장 잘 설명 해주는 측정항목이며, 예측능력이 가장 낮은 측정항목은 X5이다. X5를 제거하여 보다 효율적인 측정시스템을 개발할 수 있는 기회가 있다.

연습문제

01. 어느 병원에서 검진자의 종양세포를 채취하여 3가지 항목(x_1, x_2, x_3)을 검사하여 악성종양, 양성종양으로 판단 한다고 하자. 지금까지 양성종양으로 확인된 종양세포 검사 결과는 아래표와 같았다.

⟨정상그룹: 양성종양 세포의 측정 데이타⟩

검진자	검사항목		
	x_1	x_2	x_3
1	5	1	1
2	5	4	4
3	3	1	1
4	6	8	8
5	4	1	1
6	1	1	1
7	2	1	2
8	2	2	1
9	4	2	1
10	1	2	1

1) 오늘 건강검진을 마친 검진자의 측정 데이타가 $x_1 = 1$, $x_2 = 8$, $x_3 = 7$이었다. 공분산을 사용하여 정상그룹과 오늘 검진자의 마하라노비스 거리를 계산하시오. 오늘 검진자의 종양 세포는 악성종양이라 할 수 있는지 통계적 가설검정을 하시오. (유의수준=0.05)

2) 이 병원에서 치료중인 환자의 치료효과 파악을 위해 3개월 단위로 3개 검사 항목을 측정하였다. 의사의 치료 프로그램이 효과가 있다고 할 수 있는가? 마하라노비스 거리를 계산하여 정상그룹(건강한 사람)의 마하라노비스 거리와 비교하여 판단하시오.

⟨환자의 치료 기간별 검사 데이타⟩

치료기간	검사항목		
	x_1	x_2	x_3
3개월	2	7	5
6개월	3	7	6

02. 스마트폰의 음성검색 애플리케이션을 사용하여 숫자 "11(십일)"의 음성을 10회 입력한 후 음성파로 변환 된 이미지를 채취하여 6개 항목을 측정한 결과 아래와 같은 데이터를 얻었다.

시료번호	Peak 개수	변화량	첫번 Peak 높이	마지막 Peak 높이	4번라인 정보량	10번라인 정보량
1	12	7	9	9	18	18
2	18	12	8	8	16	20
3	22	14	8	8	18	20
4	19	14	8	8	20	18
5	19	14	8	8	20	18
6	18	12	9	8	18	18
7	14	8	8	8	20	18
8	14	9	8	8	18	16
9	13	7	9	8	14	16
10	13	6	8	8	18	16

1) 4장에서 숫자 "1(일)"의 음성인식을 위해 측정한 <표 4.2> 데이터를 정상그룹으로 하여 숫자 "11(십일)"의 마하라노비스 거리(D^2)를 구하시오. (마하라노비스 거리 계산에 6개 측정항목 모두 사용하시오)

2) 숫자 "1(일)"과 숫자 "11(십일)"의 음성인식을 위한 문턱값(threshold value)과 1종 오류율, 2종 오류율, 전체 오류율을 구하시오.

3) 직교배열표를 사용한 실험과 SN 분석을 하여 숫자 "1(일)"과 숫자 "11(십일)"의 음성인식에 중요한 측정항목을 정하시오.

4) 3)에서 선정된 중요 측정항목만 사용하여 숫자 "1(일)"과 숫자 "11(십일)"의 마하라노비스 거리를 계산하고 문턱값을 정하시오. 6개 측정항목을 모두 사용했을 때의 결과와 비교 하시오. 오류율에 어떤 차이가 있는지 설명하시오.

03. 간염환자의 검진 데이터 중 10개 항목을 추출하여 생존율 예측을 위한 시스템을 개발하고자 한다. 간염환자 중 5년 생존자 20명을 정상그룹으로 하고 5년 내 사망자 10명을 비정상그룹으로 하였다. 다음 물음에 답하시오.
[데이터출처: Bojan Cestnik(1988). UCI Machine Learning Repository [http://archive.ics.uci.edu/ml. Irvin, CA:University of California School of Information and Computer Science]

■ **측정항목과 변수**

x_1: 나이, x_2: 성, x_3: 스테로이드, x_4: 항바이러스, x_5: 피로감, x_6: 불쾌감, x_7: 식욕부진, x_8: 간비대, x_9: 간경화, x_{10}: 비장만져짐

⟨정상그룹: 5년 생존자 그룹의 측정 데이타⟩

시료번호	x_1	x_2	x_3	x_4	x_5	x_6	x_7	x_8	x_9	x_{10}
1	30	2	1	2	2	2	2	1	2	2
2	50	1	1	2	1	2	2	1	2	2
3	78	1	2	2	1	2	2	2	2	2
4	34	1	2	2	2	2	2	2	2	2
5	39	1	1	1	2	2	2	1	1	2
6	32	1	2	1	1	2	2	2	1	2
7	41	1	2	1	1	2	2	2	1	2
8	30	1	2	2	1	2	2	2	1	2
9	38	1	1	2	1	1	1	2	2	2
10	40	1	1	2	1	2	2	2	1	2
11	38	1	2	2	2	2	2	2	2	2
12	38	1	1	1	2	2	2	1	1	2
13	22	2	2	1	1	2	2	2	2	2
14	27	1	2	2	1	1	1	1	1	1
15	31	1	2	2	2	2	2	2	2	2
16	42	1	2	2	2	2	2	2	2	2
17	25	2	1	1	2	2	2	2	2	2
18	27	1	1	2	1	1	2	2	2	2
19	58	2	2	2	1	2	2	2	1	2
20	61	1	1	2	1	2	2	1	1	2

⟨비정상그룹: 5년 내 사망자 그룹의 측정 데이타⟩

시료번호	x_1	x_2	x_3	x_4	x_5	x_6	x_7	x_8	x_9	x_{10}
1	39	1	1	1	1	1	2	2	1	2
2	37	1	2	2	1	2	2	2	2	2
3	58	1	2	2	1	2	2	1	1	1
4	30	1	3	2	1	1	1	2	1	2
5	38	1	1	2	1	1	1	2	1	2
6	59	1	1	2	1	1	2	2	1	1
7	47	1	2	2	2	2	2	2	2	2
8	48	1	1	2	1	1	2	2	1	2
9	47	1	2	2	1	1	2	2	1	2
10	33	1	1	2	1	1	2	2	2	2

1) 10개 측정항목을 모두 사용하여 정상그룹의 마하라노비스 거리(D^2)와 비정상그룹의 마하라노비스 거리(D^2)를 구하시오.

2) 10개의 측정항목은 5년 내 사망자와 생존자를 예측하는데 적합한가? 문턱값을 정하여 1종 오류율과 2종 오류율, 전체오류율을 구하시오.

3) 직교배열표를 사용하여 실험을 하고 예측능력이 있는 측정항목과 없는 항목을 구분하시오.

4) 예측능력이 없는 측정항목을 제외시키고 정상그룹과 비정상그룹의 마하라노비스 거리를 계산한 다음 오류율이 최소가 되도록 문턱값을 정하시오.

5) 최근 검진을 받은 간염환자 2명의 측정데이터는 다음과 같다. 생존자 그룹과 사망자 그룹 중 어디에 속하는지 예측 하시오.

〈표: 최근 검진받은 간염환자의 측정데이타〉

검진자	x_1	x_2	x_3	x_4	x_5	x_6	x_7	x_8	x_9	x_{10}
1	45	2	1	2	1	1	1	2	1	1
2	52	2	2	1	2	1	1	1	1	1

04. 어느 빌딩 공사 현장에서 사용중인 유리는 Float 공법으로 생산된 유리를 사용하고 있는데 육안으로 확인하기가 어려워 MTS법으로 Float 공법으로 생산된 제품인지를 판정하려한다. 납품 계약시 공급사로부터 받은 15개 시료를 정상그룹으로 정하여 7개 원소(Na, Mg, Al, Si, K, Ca, Fe)의 산소대비 무게비와 RI(곡률 지수)를 측정하였다. 오늘 공급받은 로트(비정상그룹)에서 시료 5개를 취하여 7개 원소의 산소대비 무게비와 RI를 측정하였다.

1) 정상그룹과 비정상그룹의 마하라노비스 거리(D^2)를 구하시오.

2) 오늘 공급받은 5개 시료중 Float 공법으로 생산된 유리는 어느 것인가?

3) Float 공법으로 생산된 유리를 예측하기 위한 문턱값(threshold value)을 정하고 1종 오류율과 2종 오류율을 구하시오.

⟨정상그룹: Float 공법으로 생산된 유리의 7개 원소와 RI 측정 데이타⟩

시료번호	RI	Na	Mg	Al	Si	K	Ca	Fe
1	1.52101	13.64	4.49	1.1	71.78	0.06	8.75	0
2	1.51761	13.89	3.6	1.36	72.73	0.48	7.83	0
3	1.51618	13.53	3.55	1.54	72.99	0.39	7.78	0
4	1.51766	13.21	3.69	1.29	72.61	0.57	8.22	0
5	1.51742	13.27	3.62	1.24	73.08	0.55	8.07	0
6	1.51596	12.79	3.61	1.62	72.97	0.64	8.07	0.26
7	1.51743	13.3	3.6	1.14	73.09	0.58	8.17	0
8	1.51756	13.15	3.61	1.05	73.24	0.57	8.24	0
9	1.51918	14.04	3.58	1.37	72.08	0.56	8.3	0
10	1.51755	13	3.6	1.36	72.99	0.57	8.4	0.11
11	1.51571	12.72	3.46	1.56	73.2	0.67	8.09	0.24
12	1.51763	12.8	3.66	1.27	73.01	0.6	8.56	0
13	1.51589	12.88	3.43	1.4	73.28	0.69	8.05	0.24
14	1.51748	12.86	3.56	1.27	73.21	0.54	8.38	0.17
15	1.51763	12.61	3.59	1.31	73.29	0.58	8.5	0

⟨비정상그룹: 오늘 공급받은 유리의 7개 원소와 RI 측정 데이타⟩

시료번호	RI	Na	Mg	Al	Si	K	Ca	Fe
1	1.52152	13.05	3.65	0.87	72.32	0.19	9.85	0.17
2	1.52152	13.12	3.58	0.9	72.2	0.23	9.82	0.16
3	1.523	13.31	3.58	0.82	71.99	0.12	10.17	0.03
4	1.51574	14.86	3.67	1.74	71.87	0.16	7.36	0.12
5	1.51848	13.64	3.87	1.27	71.96	0.54	8.32	0.32

05. 12명의 학생이 손으로 쓴 한글 자음 "ㅅ"을 CCD 카메라로 촬영하여 5×5 크기의 이미지로 조정한 다음 X방향 존재량과 Y 방향 존재량을 측정하였다. 다른 한 명의 학생에게 "ㄷ"자와 "ㅈ"자를 쓰게 한 다음 "ㅅ"자와 같은 방법으로 X방향 존재량과 Y 방향 존재량을 측정하였다.

"ㅅ"을 정상그룹으로 하고 "ㅈ", "ㄷ"을 비정상그룹으로 하여 마하라노비스 거리를 계산하시오. X 방향 존재량과 Y 방향 존재량은 3개 문자를 구분하는데 적합한 특징량이라 할 수 있는가?

〈정상그룹: "ㅅ"의 특징량 측정 데이타〉

시료번호	X방향 존재량					Y방향 존재량				
	X1	X2	X3	X4	X5	Y1	Y2	Y3	Y4	Y5
1	1	1	1	2	2	2	2	2	3	1
2	1	1	2	2	2	2	2	3	1	0
3	1	1	2	2	2	1	2	3	1	0
4	1	2	1	3	3	2	3	4	2	0
5	1	1	1	2	2	1	2	3	1	0
6	1	1	1	2	2	1	2	2	2	0
7	2	2	2	3	2	3	3	3	2	0
8	1	1	1	2	2	1	1	2	2	1
9	1	1	2	2	1	1	2	2	3	0
10	1	1	2	2	2	1	2	2	3	0
11	1	2	1	2	2	0	2	1	2	2
12	2	2	1	3	1	0	2	2	3	2

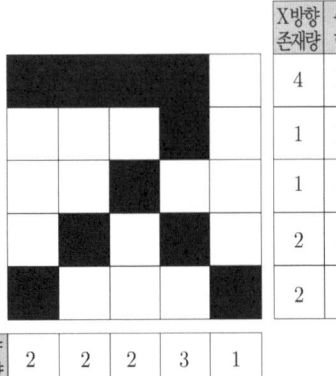

X방향 존재량	측정 항목
4	X1
1	X2
1	X3
2	X4
2	X5

Y방향 존재량	2	2	2	3	1
측정 항목	Y1	Y2	Y3	Y4	Y5

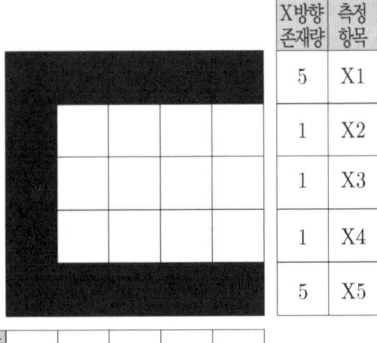

X방향 존재량	측정 항목
5	X1
1	X2
1	X3
1	X4
5	X5

Y방향 존재량	5	2	2	2	2
측정 항목	Y1	Y2	Y3	Y4	Y5

06. 어느 회사의 입사시험 합격자와 불합격자의 점수는 〈표 1〉, 〈표 2〉와 같았다. 합격자 그룹을 정상그룹으로 하고 불합격자 그룹을 비정상그룹으로 하여 아래 물음에 답하시오.

〈표 1〉 합격자 그룹의 점수

번호	학점(X1)	적성검사(X2)	영어(X3)
1	3.0	90	80
2	2.9	70	90
3	3.2	80	75
4	2.8	90	95
5	3.9	80	90
6	3.2	85	85

〈표 2〉 불합격자 그룹의 점수

번호	학점(X1)	적성검사(X2)	영어(X3)
1	3.8	60	70
2	2.9	70	65
3	2.7	80	60

1) 합격자 그룹 점수를 MTGS의 XZU 과정으로 직교변환 하여 직교벡터 집합 $U = \{u_1, u_2, u_3\}$ 를 구하시오.

2) 불합격자 그룹 점수를 MTGS의 XZU 과정으로 변환하여 그람-슈미트 벡터 집합 $AU = \{au_1, au_2, au_3\}$ 를 구하시오.

3) 그람-슈미트 변환 데이터 U와 AU로 합격자 그룹과 불합격자 그룹의 마하라노비스 거리(MD)를 구하시오.

4) SN비 분석을 하고 합격, 불합격 결정에 가장 중요한 항목을 쓰시오.

5) 합격자 그룹과 불합격자 그룹 구분을 위한 임계값(거리)을 정하시오.

6) 어떤 수험생의 점수가 다음과 같다고 할 때 이 수험생은 합격자 그룹과 불합격자 그룹 중 어느 그룹에 속하는지 예측하시오.

학점 (X1)	적성검사 (X2)	영어 (X3)
3.4	85	80

참고문헌

1. 홍정의, 권홍규. *Mahalanobis Taguchi System을 이용한 자동차 브레이크 성능 만족도를 고려한 설계조건 선정에 관한 연구*, Journal of the Society of Korea industrial and Systems Engineering, Vol, 30, No. 1, pp.41-47, March 2007.
2. 홍정의, *Mahalanobis Taguchi System을 이용한 파킨슨병 환자의 음성분석을 통한 진단에 관한 연구*, Journal of the Society of Korea industrial and Systems Engineering, Vol, 32, No. 4, pp. 215-222, December 2009.
3. 박상길, 김호산, 배철용, 이봉헌, 오재응. *Mahalanobis Distance를 이용한 주행중 차량 실내음의 음질평가*, 한국 소음진동학회지, Vol.,18, No. 1, pp 57-60, 2008.
4. 박상길, 박원식, 심현진, 이정윤, 오재응. *Mahalanobis Distance를 이용한 차량 D단 소음의 음질평가 및 음질 등급화 구축*, 한국소음진동학회지, Vol. 18, No, 4. pp, 393-399, 2008.
5. 다구찌 겐이찌, *다구찌 기법의 발상법:"왜 내가 미국을 되살린 남자인가."* 한국품질재단, 장기일, 이상복 번역, 2004.
6. 박원식, 이해진, 이정윤, 김동섭, 오재응. *MTS 기법을 이용한 회전기기의 이상진단*, 한국 소음진동학회지, Vol. 18, No, 4. pp, 393-399, 2008.
7. 한국법원 경매정보 홈페이지. http://www.courtauction.go.kr
8. 한학용. *패턴인식 개론* 한빛 미디어, 2009
9. 박성현, 김종욱. *Minitab을 활용한 현대실험계획법*, 민영사, 2011
10. Taguchi,G., Jugulum, R., *The Mahalanobis-Taguchi Strategy: A Pattern Technology System*, John Wiley & Sons, 2002.
11. Taguchi. G., Chowdhury Subir, Wu Yuin. *Mahalanobis-Taguchi System*, McGraw-Hill, 2002.
12. Taguchi. G, Taguchi. S. Jugulum. R. *Computer-Based Robust Engineering*, American Society for Quality, 2004.
13. Fisher, R.A. *The use of multiple measurements in taxonomic problems,* Analysis of Eugenics, 7:179-188, 1936.
14. Huei-Chun Wang, Chih-Chou Chiu, Chao-Ton Su. *Data Classification Using the Mahalanobis-Taguchi System*, Journal of the Chinese Institute of Industrial Engineers, Vol. 21, No. 6, pp. 606-618, 2004.
15. Chao-Ton Su, Huei-Chun Wang. *Robust Design of Credit Scoring System by the Mahalanobis-Taguchi System*, The Asian Journal of Quality Vol. 5, No.2
16. Ratna Babu Chinnam, Bharstendra Rai, Nanua Singh. *Tool-Conditioning Monitoring from*

Degration Signals using Mahalanobis-Taguchi System Analysis, ASI's 20th Annual Symposium.

17. Min Soo Kim, Jin Hyung Kim. *Digitalization System of Historical Hanja Documents using Mahalanobis Distance-based Rejection.* Journal of Korean Data & Information Science Society, 2005, Vol. 16, No.2, pp. 313~325.

18. UCI Machine Learning Repository [http://archive.ics.uci.edu/ml. Irvin, CA: University of California School of Information and Computer Science]

19. Jungeui Hong, Elizabeth A. Cudney, David Drain, Kioumars Paryani and Naresh Sharma, *A comparision study of Mahalanobis-Taguchi System and Neural Network for Multivariate Pattern Recognition,* Proceedings of ASME IMECE, Nov. 5-11, 2005, Orlando, Florida.

20. Chao-Ton Su, Te-Sheng Li. *Neural and MTS Algorithms for feature Selections.* The Asian Journal on Quality, Vol., No. 2, pp. 113-131.

21. David Drain, Beth Cudney. *A Statistican's View of the Mahalanobis-Taguchi System,* Joint Research Conference, 2006.

22. Woodal W.H., Koudelik R., Tsui K-L., Kim S.B., Stoumbos Z.G., and Carvounis C.P. *A review and Analysis of the Mahalanobis-Taguchi System,* Technometrics, February 2003, Vol., 45, No.1, pp, 1-15.

23. Seyedeh Elaheh Abbasi, Abdollah Aaghaie, Mahboubeh Fazlali, *Applying Mahalanobis-Taguchi System in Detection of High Risk Customers-A case-based study in an Insurance Company,* Journal of Industrial Engineering, University of Tehran, Special Issue, 2011, pp. 1-12.

24. Elizabeth A. Cudney, Kioumars Paryani, Kenneth M. Ragsdell, *Identifying Useful Variables for Vehicle Braking Using the Adjoint Matrix Approach to the Mahalanobis-Taguchi System.* Journal of Industrial and System Engineering, Vol 1, No 4, pp. 281-292. Winter, 2008.

찾아보기

국문

ㄱ

감정가 • 299
강건성(robustness) • 56
건강검진 • 329
검색자 • 127
경매 • 299
경매물건 • 299
경매시장 • 299
계측기 • 85
계측시스템 • 129
공분산(covariance) • 16
공분산행렬 • 17
균질한 단위공간 • 31
그람-슈미트 직교과정(Gram-Schmidt orthogonalization process) • 85
기각역(critical region) • 21
기상예측 • 4
기울기(β) • 8
기준공간 • 37
기준그룹 • 5

ㄴ

낙찰가격 • 299
난수(random number) • 190
내측배열 • 55
노이즈 • 128

ㄷ

다구찌 박사 • 8, 35, 173
다변량분석(multivariate analysis) • 5
다중 공선성(multicollinearity) • 3
다차원 공간 • 6

다차원측도(multidimensional scale) • 10
단말기 • 127
단위공간 • 35
대각요소 • 46
대립가설(H_1) • 21
대조군 • 49
대조그룹 • 21
데시벨(db) • 8
데이터베이스 • 130
동특성(dynamic characteristics)의 SN비 • 8
동특성의 SN비 • 8, 55
디지털기기 • 4

ㅁ

마케팅 계획 • 58
마하라노비스 • 3
마하라노비스 거리 참값 • 8
마하라노비스 거리 평균 • 37
마하라노비스 거리(D^2) • 21
마하라노비스 거리(MD: mahalanobis distance) • 5
마하라노비스 거리의 정확성 • 37
마하라노비스 거리제곱(D^2) • 21
마하라노비스 공간(mahalanobis space) • 6
마하라노비스-다구찌-그람-슈미트 (Mahalanobis-Taguchi-Gram-Schmidt) • 3
망대특성(larger-the-better)의 SN비 • 8
망대특성의 SN비 • 8, 55
망목특성(nominal-the-best)의 SN비 • 8
망목특성의 SN비 • 55
망소특성(smaller-the-better) • 8
망소특성의 SN비 • 55
매각수입(revenue) • 299
매크로 파일 • 48

문자패턴인식 • 261
문턱값(threshold value) • 36
민감도 • 8

ㅂ

반응표 • 225
범주형 변수 • 4
벡터 • 4
변화량 • 129
보안시스템 • 127
부분상관계수(partial correlation coefficient) • 107
분류(classification) • 3
분류의 오류 • 3
붓꽃 setosa • 157
비례식 • 57
비정상그룹(abnormal group) • 190
빅 데이타 • 3

ㅅ

사망률 예측 • 4
사영연산자(projection operator) • 87
상관계수 • 15
상관관계 • 15
상관행렬(R) • 29
색도계 • 213
색상각 • 213
세션창 • 24
셀 라인 • 261
손실함수 • 173
스마트폰 • 3, 127
신호인자(M) • 8
신호처리기술 • 127
실험군 • 49
심장박동 패턴 • 13

ㅇ

악성종양(malignant cell) • 189
양성종양(benign cell) • 189
얼굴인식 시스템 • 3
영가설(H_0) • 21
영상인식 • 4
예측능력 • 5
예측오류 • 69
외측배열 • 55
요인 실험계획법 • 9
요인분석(factor analysis) • 5
원(circle) • 15
유사성(similarity)평가 • 13
유의성 검정 • 35
유크리드 거리(euclidean distance) • 13
음성검색 • 127
음성인식 • 127
음파 • 128
응답자수 • 65
이미지 프로세싱 • 189
일부실험계획법 • 9
임계값(critical value) • 26
입력신호 • 8

ㅈ

잠재고객 • 58
전체손실 • 69
전치행렬 • 166
정규 직교 기저 벡터(orthonormal basis vector) • 86
정규분포 • 10
정규화(normalize) • 6
정방행렬 • 44
정보검색기능 • 3
정상그룹(normal group) • 190
제어인자 • 56
존재량 • 261
종양세포 • 189
종합적 지표 • 35
주성분분석(principle components analysis) • 5
주효과 • 9

중심(원점) • 6
지문인식 시스템 • 3
지문인식시스템 • 4
지진예측 • 4
직교(orthogonality) • 9
직교배열표(orthogonal array) • 5, 36
진동분석 • 4
진동파 • 127

ㅊ

차량번호판 인식 • 3
최적 수준조합 • 225
측정단위 • 6
측정단위(scale) • 29
측정항목 • 7
측정항목 수 • 7
측정효율 • 293

ㅋ

카이제곱 통계량 • 21
카이제곱(χ^2) 분포 • 10

ㅌ

타원(ellipse) • 10
톨스토이 • 36
특이행렬(singular matrix) • 85

ㅍ

판별분석(discriminant analysis) • 5

판정오류(1종오류와 2종오류) • 36
패턴벡터 • 37
패턴분류 • 5
패턴인식(pattern recognition) • 3
피셔(R.A Fisher) • 157

ㅎ

행렬식(determinant) • 85
혈(blood) • 315
홈뱅킹 시스템 • 127
화상샘플 • 216

영문

3색 색도계 • 213
ATM • 127
CCD (charge-coupled device) • 261
FNA법 • 189
Matlab • 99
MTGS • 3
MTS • 8
peak 개수 • 129
scaled mahalanobis • 40
SN비 이득(gain) • 8
SN비(signal-to-noise ratio) • 5, 8
versicolor • 157
virginica • 157
XU 과정 • 89
XZU 과정 • 89

김 종 욱
(joenmaple@yahoo.ca)

▎학력: 동국대학교 산업공학 학사
　　　　미국 뉴저지 공과대학교(NJIT) 경영공학 석사

▎경력:
　- 삼일PwC를 비롯한 경영컨설팅 회사에서 전자, 기계, 화학,
　　식품산업의 경영혁신, Six Sigma, DFSS 컨설턴트로 활동
　　하는 동안 SKC, 삼성전자, 현대·기아자동차, LG화학, LS전선,
　　롯데중앙연구소, (주)동부한농, (주)대상, 삼성SDI, GS칼텍스,
　　(주)팬택의 혁신을 위한 교육과 컨설팅을 수행함.
　- (주)LG전자 주임연구원

▎현재: 도요다고세이 캐나다 TPS엔지니어

▎저서: Minitab을 활용한 현대실험계획법
　　　　(박성현, 김종욱 공저 민영사. 2010)

Minitab을 이용한 빅데이터 분석
- Mahalanobis-Taguchi System을 이용한 패턴인식 시스템 개발-

인　　쇄	:	2019년 6월 5일 개정판 1쇄
저　　자	:	김 종 욱
발 행 인	:	박 준 선
발 행 처	:	(주) 이레테크
홈페이지	:	www.datalabs.co.kr
이 메 일	:	minitab@minitab.co.kr
주　　소	:	경기도 안양시 동안구 시민대로 401 대륭테크노타운15차 901호
전　　화	:	(031) 345-1170(대)　　팩　스 : (031) 345-1199
등　　록	:	제 1072-64 호
ISBN	:	978-89-90239-47-1 (93310)

정가 23,000원

저작권법에 의하여 보호를 받는 저작물이므로 이 책의 일부 또는 전부의 무단 복제를 금하며 이를 위반 시 법에 의해 처벌받게 됩니다.